Python
实战技巧精粹

313

秘技大全

[日] 金城俊哉 著
翟亚蕾 译

中国青年出版社

图书在版编目（CIP）数据

Python实战技巧精粹：313秘技大全 /（日）金城俊哉著；翟亚蕾译. --北京：中国青年出版社，2023.3
ISBN 978-7-5153-6769-9

I.①P… II.①金… ②翟… III.①软件工具—程序设计 IV.①TP311.561

中国版本图书馆CIP数据核字（2022）第168162号

版权登记号：01-2019-1883

策划编辑 张 鹏
执行编辑 田 影
责任编辑 张睿智
书籍设计 乌 兰

Python实战技巧精粹：313秘技大全
著 者：[日]金城俊哉
译 者：翟亚蕾

出版发行：中国青年出版社
地 址：北京市东城区东四十二条21号
网 址：www.cyp.com.cn
电 话：（010）59231565
传 真：（010）59231381
企 划：北京中青雄狮数码传媒科技有限公司
印 刷：北京永诚印刷有限公司
开 本：787 x 1092 1/16
印 张：18.5
字 数：493千
版 次：2023年3月北京第1版
印 次：2023年3月第1次印刷
书 号：ISBN 978-7-5153-6769-9
定 价：128.00元（附赠本书同步案例素材文件）

本书如有印装质量等问题，请与本社联系
电话：（010）59231565
读者来信：reader@cypmedia.com
投稿邮箱：author@cypmedia.com
如有其他问题请访问我们的网站：http://www.cypmedia.com

前 言

大家常说“用Python编写的代码整洁美观，清晰易懂”，甚至初学者也可以迅速掌握。这是因为，Python所独具的代码编写规则及其语法自身的简洁性发挥了重要作用。

虽说学起来容易，但我们也要明白Python实则是一种功能强大的面向对象的语言，现多用于机器学习和深度学习领域。例如之前备受舆论关注的情感认知型人形机器人Pepper，在其人工智能开发方面就利用了Python。

定期公开发布的“编程语言流行指数”显示，目前Python仍保持在榜单第二位，且与排名第一的Java相距甚微。而考虑到Java的应用领域之广泛，紧追其后的Python人气之高可想而知。

IDLE是Python下自带的集成开发环境，本书将从IDLE的基础使用技巧入手，对Python程序开发进行详细说明。此外，还会介绍基于Python的Web程序开发和文本挖掘等相关内容，以及如何利用Jupyter Notebook进行统计分析。

总之，本书会尽量系统地介绍Python程序开发的各方面，通过阅读本书，相信你一定能对Python有一个系统的了解。读者朋友们可以在编写程序时将本书置于手边，作为使用指南进行查询，以充分发挥它的作用。

希望本书能为Python程序开发提供指导和帮助。

金城俊哉

目录

即学即用！
Python编程实战技巧
精粹大全
313条秘诀

第10章 GUI

第11章 基于Jupyter Notebook的统计分析

关于样本数据

本书涉及和使用的样本数据可以在读者QQ群的群文件中进行下载。

Python _GOKUI的构成与保存地址

将Python _GOKUI.zip解压后，在Python _GOKUI文件夹下，会生成如下文件夹。

“Python逆序”文件夹：按章节保存本书第1章至第11章中的样本数据

样本数据的保存地址会因代码文件存储的位置不同，影响到最终的结果，请多加注意。

使用须知

收录文件已经通过充分的检测，但无法确保运行环境的绝对安全。除此之外，因使用下载的文件导致的任何问题，作者与本社不承担任何责任，敬请悉知。

操作环境

本书以书面形式再现操作界面，所示界面均以安装了Windows 10、Python 3.6系统的计算机为例。用户使用其他操作系统时，基本操作方法一致，只是部分画面和操作会有不同，敬请注意。

●注意

（1）本书为作者独立完成。

（2）本书是作者尽全力所著，若有疏漏和不妥之处，请以书面形式联系出版社。

（3）关于使用本书产生的结果和影响，作者不承担任何责任，敬请悉知。

（4）未经许可，不得以任何方式复制或抄袭本书之部分或全部内容。

●商标

· Microsoft、Windows 10、Windows 8、Windows 7是美国微软公司旗下的美国及其他国家商标、注册商标。

· CPU和软件名一般为各厂家商标及注册商标。

另，本文没有明确标注™和®标记。

书中会使用通称及其他名称表示，敬请悉知。

本书的使用方法

大家的疑问和困惑之处，本书将以秘技形式指出。请按照目录查阅所需“秘技”。

另外，本书的构成如下图所示。关于本书使用的标记、图标，也请参照下图。

秘技构成示意图

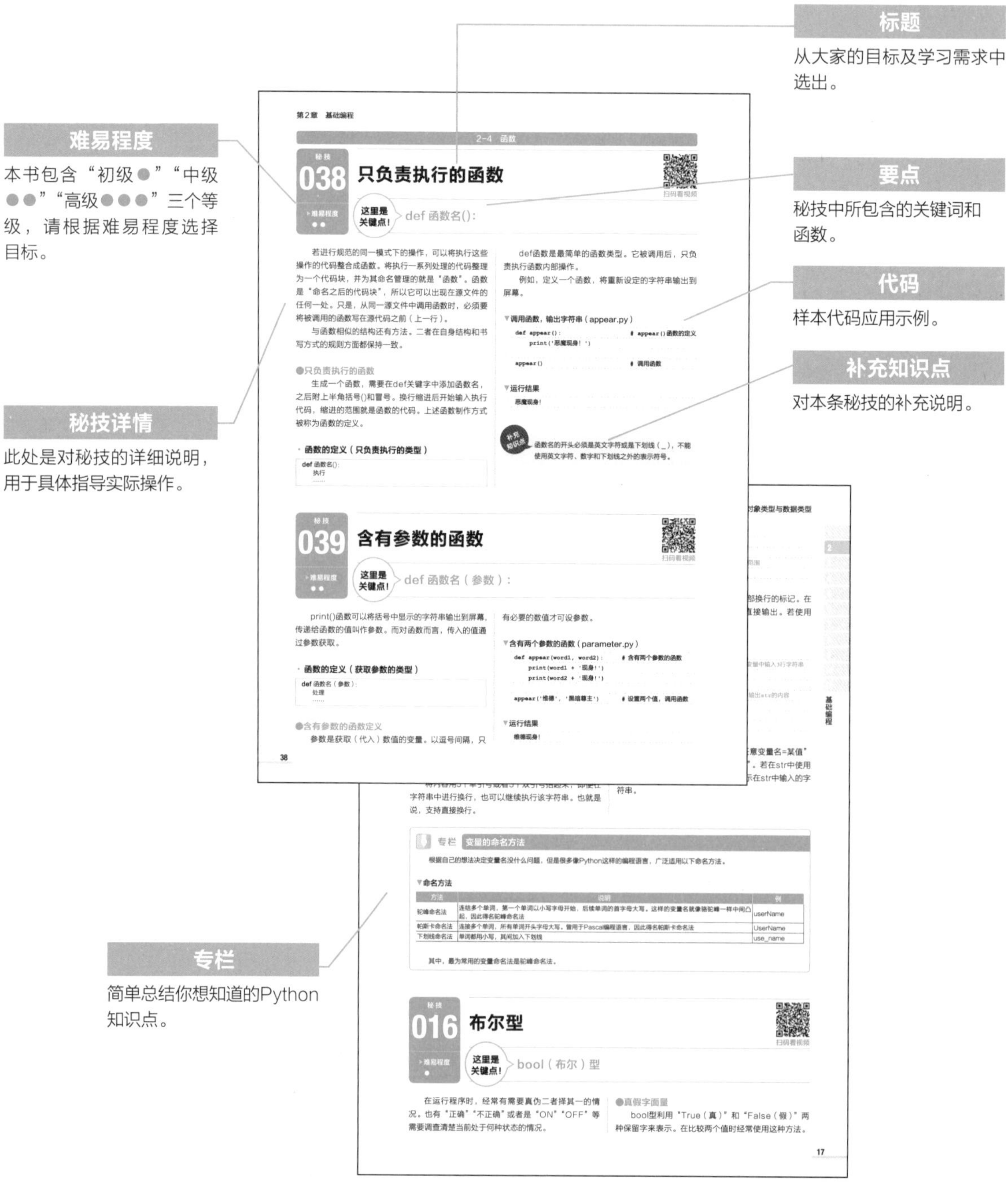

第 1 章

001~005

Python概述

1-1　Python基本情况简介

秘技 001

何为Python

▸难易程度 ●

这里是关键点！ Python的特征

Python是一种程序设计语言，由荷兰人吉多·范罗苏姆（Guido van Rossum）研究开发，于1991年问世。其名称源于英国BBC监制的喜剧《飞行马戏团》（*Monty Python's Flying Circus*）。Python这个单词本义即蟒蛇，因此“蟒蛇”也被作为该语言的吉祥物和代号使用。

Python源代码的写法对应面向对象、命令型、顺序型、函数型等多种形式，可以按实际情况选择使用。使用面向对象的写法能够进行更高层次的编程，而命令型、顺序型、函数型根据其名称各自对应不同的特征，却是编写程序的基础。因此一般情况下，还是先从这些基本写法学起，再逐步向面向对象型过渡为好。

Python的用途极为广泛，从使用个人计算机进行一般程序开发，到Web App（基于Web形式的应用程序）开发、游戏开发、图像处理自动化运维，在统计分析、人工智能开发的深度学习领域，都能见到Python活跃的身影。

●主要程序设计语言简介

所谓程序设计语言，就是将计算机可识别的命令（由0和1构成）以人类能够理解的语言重新编写后所生成的新形式命令。下面就是目前程序开发领域中主要使用的几种编程语言。

- **Java**

广泛应用于Web系列和嵌入式领域。若掌握了Java，便可于各领域大展身手。另外，它还是安卓系统的程序开发语言，人气极高。

- **PHP**

正式名称为PHP:Hypertext Preprocessor，主要应用于Web App的开发。很多网站都在使用由PHP开发的Web App。比如雅虎（Yahoo!）的网站服务就利用了该语言，还有脸书（Facebook）使用的也是基于PHP自行开发的Hack语言。

- **Ruby**

小规模网络服务和大规模程序开发都能胜任。以前是推特（Twitter）的开发语言（现推特开发语言为Java）。

- **Perl**

因操作简单，易于开发，以前几乎所有网络上的公告板和博客网站的开发都使用Perl。Perl早在1987年就已问世，现今人们仍乐于使用它进行编程，并将其运用于mixi（日本最大社交网站）和Hatena Bookmark。

- **JavaScript**

Java和PHP主导下的Web App开发主要用于服务器端，而JavaScript则作用于客户端浏览器（即浏览器端）。谷歌地图所使用的“Web浏览器应用App”正是基于JavaScript开发完成的。

- **Visual Basic和Visual C#**

微软公司开发的可视化工具集Visual Studio中包含了Visual Basic与Visual C#这两种语言。它们被广泛应用基于ASP的Web App开发。

- **C和C++**

Windows和Linux等操作系统基于C语言开发完成。而Python和Ruby等编程语言的基础部分也是由C语言编译而成的。C语言乃至由它派生而来的C++是支撑软件存在的根本。

●Python——立即执行给定代码的“解释型语言”

上文列举的几种编程语言中，与Python类似的有PHP、Ruby、Perl。包括Python在内，它们都属于解释型语言。在使用这几种语言时，内含的解释程序可以在代码执行时将其动态翻译为机器语言。而像C语言这一类的编译型语言，则必须在执行程序之前进行编译，将源代码提前翻译为机器语言。

不必提前编译即可轻松进行程序开发是Python的显著特征。基于此，无论是需要反复试验的统计分析工作还是全球热门的人工智能开发，Python都可以完美应对。

由于动态翻译的原因，与编译型语言相比，Python

在执行速度方面略有逊色。但是不论针对哪种语言，目前解释器的处理速度都在逐步提升。虽说达不到编译型语言的速度，但仍可以做到令用户感到满意。

●Python简洁的语言体系

常有人评价称“Python最适用于学习”。的确，适用大规模开发的同时，Python也同样易于初学者掌握，理由如下。

• 简洁的语言体系

由于Python要求必须对源代码进行正确的缩进，所以由它编写的代码整体构造简单易懂。

与其他语言相比，少了许多麻烦的步骤，也就减少了用以描述的代码数量，使得用Python编写的代码简洁有序。

较少使用符号，因此编写代码更为轻松。

• 学习成本低

语法浅显易懂，易理解。

说明语言方法时使用的解释简单明了，几乎没有难以理解的地方。

●无冗杂的操作步骤

Python中10行代码就能搞定的问题，用Java需要写20行才能解决，而用C语言甚至需要40多行。为解决同样问题所需要的步骤，是按Python、Java、C语言的顺序逐渐递增的。特别是C语言，作为能够直接作用于硬件的强大语言，它所需书写的代码也是最多的。粗略估算，C语言所需的代码行是Python的3倍之多。

Python实现简洁代码的方式不是“简化必要的部分”，而是“剔除正题之外的繁杂操作”。由于无须进行与目标无关的复杂操作就能完成代码编写，因此程序结构极易搭建。不过要想实现相对复杂的处理，就需要更多的代码。先将大的问题分解成小单位，再去思考以什么顺序运行比较好，这种方式被称作算法。但若是处理问题之前的阶段所必需的操作太多，就会被繁杂的操作绕进去，而难以抓住程序的本质。Python几乎没有复杂的操作，因此可以快速掌握其编程技巧。

●任何人都能使用Python写出简洁易懂的代码

强制缩进是Python的一大特征。下面是用C语言编写的阶乘求解程序。

▼使用C语言编写的阶乘求解程序

```
#include <stdio.h>
int factorial(int x)
{
    if (x == 0) {
        return 1;
    } else {
        return x * factorial(x - 1);
    }
}
```

使用括号明确区分了各代码块，因此整体构造清晰易懂。但是，同样的程序也可以通过以下方式来表示。

▼无视缩进和换行的C语言程序

```
#include <stdio.h>
int factorial(int x) {
 if(x == 0) {return 1;} else
 {return x * factorial(x - 1); } }
```

这样写，程序依然可以运行。表示方法因人而异，有的人习惯大幅度缩进；有的人极少换行，一行代码字多而长。根据不同人的喜好，源代码的外观也会变得多种多样。这样的程序如果非本人来维护，仅是读取内容就已经十分困难了。

但是Python会根据源代码的构造进行换行和缩进。

▼使用Python编写的阶乘求解程序

```
def factorial(x):
    if x == 0:
        return 1
    else:
        return x * factorial(x - 1)
```

无视源代码构造而不进行换行或缩进，就会立刻显示错误。当然，代码本身就很清晰，在此基础上，又严格规定了写法。因此内容相同的情况下，任何人来写都会得到相同的代码。

他人能轻易读懂的代码，自己写起来也极易理解。因此，也就有了“用Python写代码简单容易”这一说法。

补充知识点

阶乘是指对某一数字（正整数）而言，将从1到此数字之间的所有数字相乘。比如说，3的阶乘就是1×2×3，即到3为止，将前面的数字依次相乘。在本小节中用作示例以介绍源代码的编写方式。

秘技

002

Python的下载与安装

▶难易程度 ●○○

扫码看视频

这里是关键点！

Python主体与开发环境的安装

Python的安装包可于python.org网站下载。

●Python的下载与安装（Windows版）

❶登录https://www.python.org/downloads/后，可以单击最新版下载链接进行安装，也可以选择以前的版本（写作本书时的最新版本是Python 3.6.3）。

▼Python的下载页面

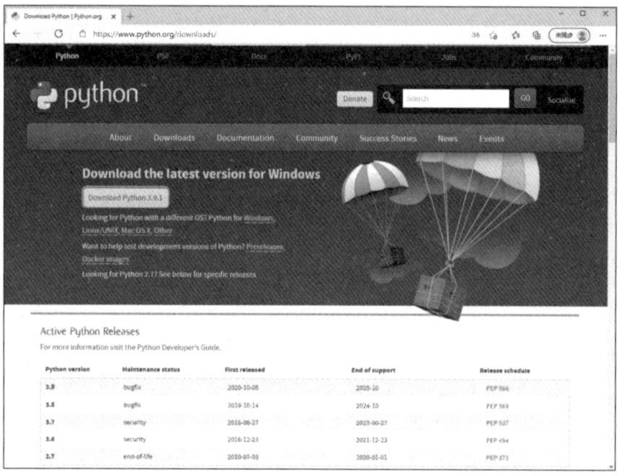

❷启动安装程序，勾选Add Python 3.6 to PATH复选框，单击Install Now开始安装。

补充知识点

勾选Add Python 3.6 to PATH复选框，则通往Python执行文件的路径被传入Windows的环境变量中。登录路径后，使用控制台（命令提示符）运行Python，可以省略至安装文件夹的路径。

▼开始安装

❸安装完毕后，单击Close按钮即可。

▼安装完毕

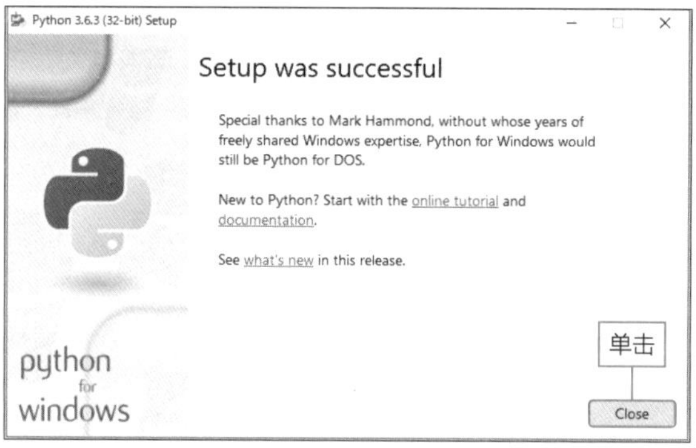

●Python的下载与安装（Mac OS X）

Mac OS X用的dmg软件可以在python.org网站下载。双击下载的dmg软件就可以启动安装程序，然后依次单击Next按钮进行安装。

秘技 003

启动IDLE（Python GUI）运行程序

扫码看视频

难易程度 ●○○

这里是关键点！ Python的开发环境IDLE

安装好Python，也就意味着自动安装了IDLE开发工具。IDLE是集编程所必需功能为一体的集成型应用程序。除了能在页面上直接输入代码、执行程序之外，还兼具制作源文件并保存的功能，以及调试（找出程序中的错误）功能。

●启动IDLE

依次单击Windows开始菜单中所有的App、Python 3.×、IDLE、Python3.×(××-bit)，启动IDLE。若使用Mac系统，则在应用程序文件夹中找到Python文件夹，再双击里面的IDLE启动。

▼刚启动的IDLE

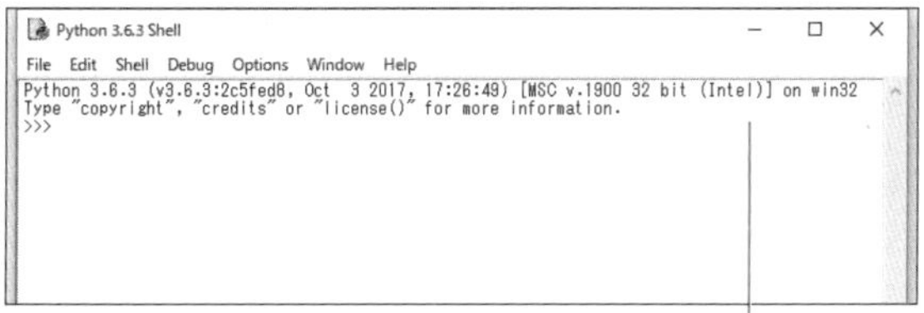

变成可输入源代码的状态

放大部分展示的是源代码的输入画面。虽说看起来像编辑程序的界面一样，但它实际上与Windows PowerShell以及Mac的终端一样，都可以立即执行输入命令。在这里输入的源代码可以由Python的解释程序进行翻译并被立即执行，因此也被称作对话型解释程序（交互式命令解释程序）。

●在交互模式下执行程序

输入源代码，并尝试立即执行。当交互式命令解释程序界面显示“>>>”时，提示输入，表示“Hello world!”的代码输入并按<Enter>键。

▼交互式命令解释程序

```
>>> print('Hello world!')    输入后按<Enter>键
Hello world!                 执行结果
```

print()是将()中的字符串输入到页面中的命令（函数）。将字符串以“'”（单引号）的形式括起来，就像'Hello world!' 这样，括起来的部分就会被作为字符串识别，直接输出到页面上。

秘技 004

在源文件中输入代码并保存

扫码看视频

难易程度 ●○○

这里是关键点！ File菜单→New File选项

将源代码保存到文件后，打开文件，就能随时执行代码。

●制作源文件

建立一个空的源文件。

❶ 在IDLE的File菜单中选择New File选项。

▼IDLE的File菜单

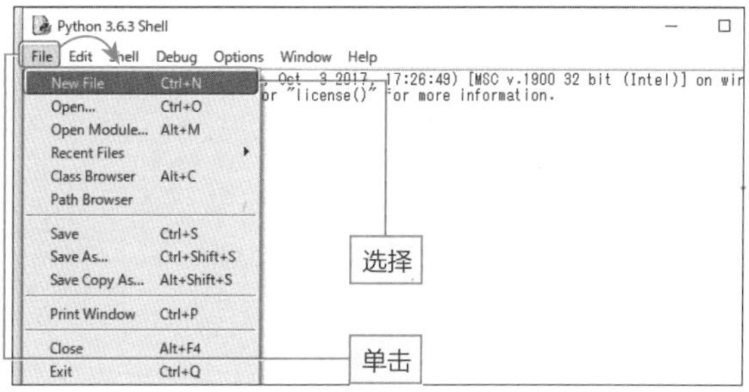

❷打开编辑窗口，由于窗口的内容是空的源文件，因此可以任意输入源代码。在这里我们输入print(‘Hello world!’)。

▼输入源代码

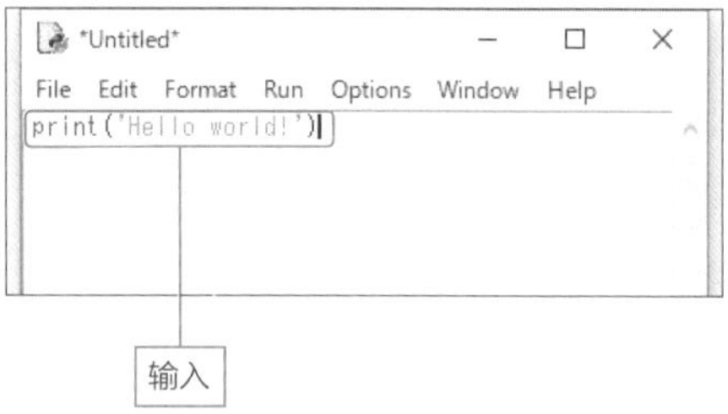

●执行源文件代码

打开编辑窗口的Run菜单，选择Run Module选项，或者按<F5>键（Mac按<Fn+F5>组合键），即可立即执行源文件的代码，其运行结果由IDLE输出。

❶打开Run菜单，选择Run Module选项，或者按<F5>键（Mac按<Fn+F5>组合键）。

▼执行源代码

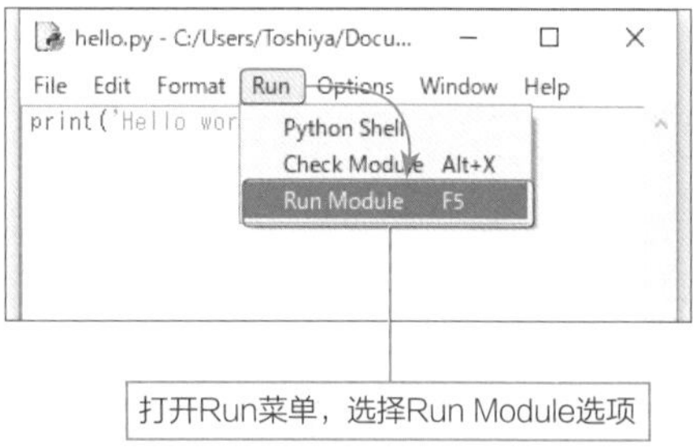

❷其运行结果由IDLE输出。

●源文件的保存

源文件支持自由命名，但是其扩展名必须为代表Python的.py，请务必注意这一点。在这里我们暂且用hello.py作为文件名进行保存。

❶选择File菜单中的Save选项。

▼File菜单

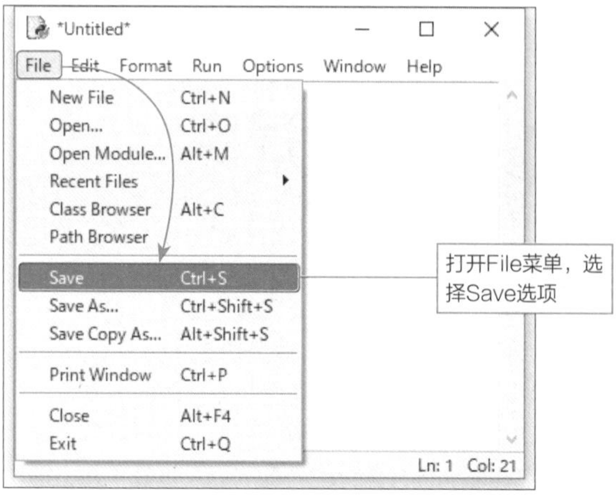

❷页面显示保存用的对话框之后，选择保存地址，输入文件名后，单击“保存”按钮完成操作。保存完毕后，单击对话框右上角的叉号（×）暂时关闭文件。

▼源文件的保存

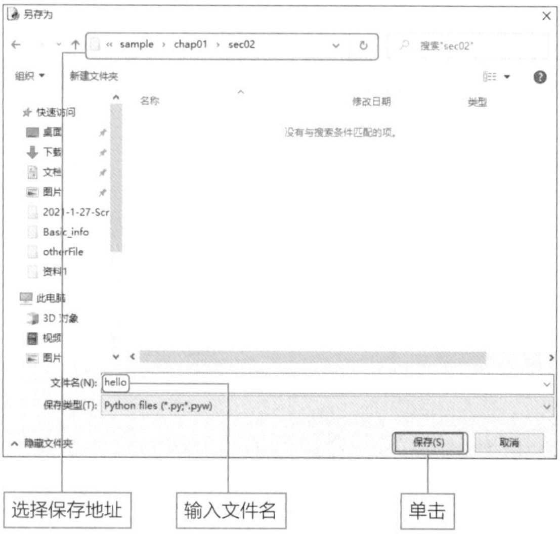

●关闭源文件

保存完毕后，暂时关闭文件。选择File菜单的Close选项或者单击编辑窗口右上角的“×”。

补充知识点 系统默认显示扩展名.py，所以只输入文件名即可。

秘技 005

打开已保存的源文件并运行程序

扫码看视频

难易程度 ●○○

这里是关键点！ File菜单→Open选项

打开IDLE的File菜单，选择Open选项，打开保存的源文件。如果直接双击源文件，程序会在一瞬间运行完成后马上关闭，所以请务必通过IDLE打开文件。

❶打开IDLE的File菜单，选择Open选项。

▼File菜单

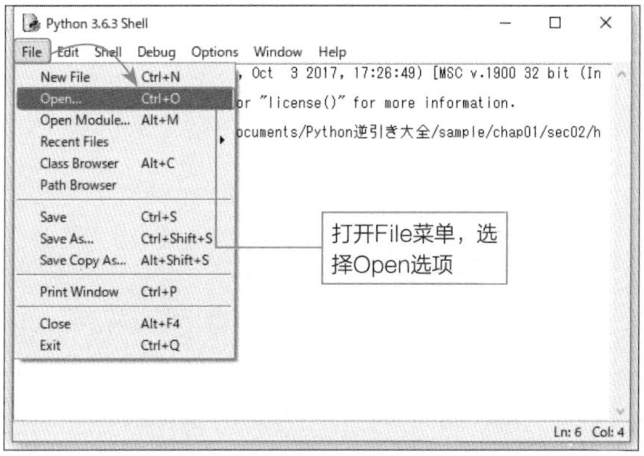

❷在“打开”对话框中，按照提示找到保存位置，打开已保存的文件夹，选择源文件，单击“打开”按钮。

▼“打开”对话框

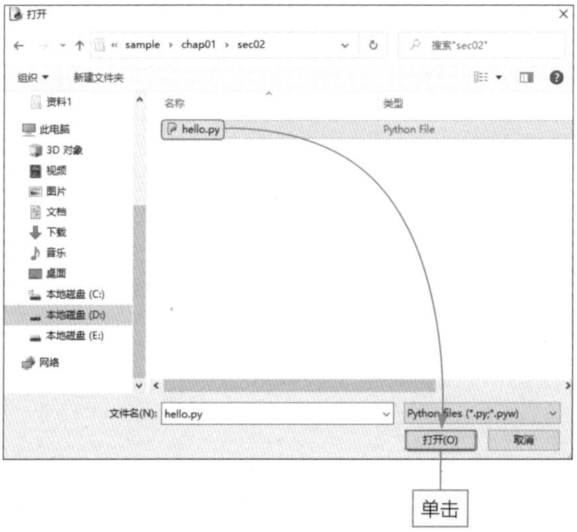

❸打开源文件。

▼编辑窗口

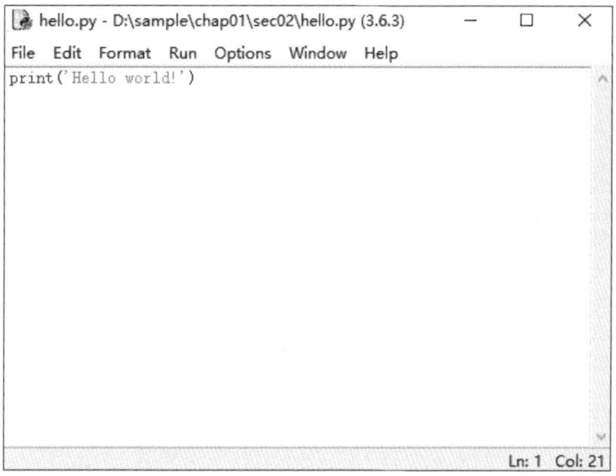

编辑源文件后，选择File菜单的Save选项，就可以保存编辑后的文件。

第2章

006~092

基础编程

2-1 对象类型与数据类型

秘技 006

对象与变量

扫码看视频

难易程度 ●○○

这里是关键点！ 变量=程序处理的数据

Python将程序的数据都当作对象进行处理。一旦执行程序，存储器就会读取必要的数据。简单来说，这些“被读取的数据”就是所谓的对象。

●程序中所有的数据都是对象

在交互式运行程序中输入100+100，其运算结果如下。

▼用交互式运行程序计算100+100

```
>> 100+100 —— 输入后按<Enter>键
200 ———————— 得出结果
```

源代码中的100等字面量，在Python中被称作对象。可以说，对象是Python的根本所在，整个Python程序都是以对象为中心构建而成的。

●变量——连接对象的方法

编写程序的时候，经常存在想将同一数值用于多处的情况。首先我们在交互式运行程序中输入100+100，其运算结果如下。

▼用交互式运行程序计算100+100

```
>> 100+100
200 ———————— 得出结果
```

计算结果显示的是200，在计算完毕得出结果的一瞬间，这个数值就消失了，没有存留在程序中。

对于源代码中的100等字面量，计算机存储器只进行暂时性记忆。

▼源代码中的字面量

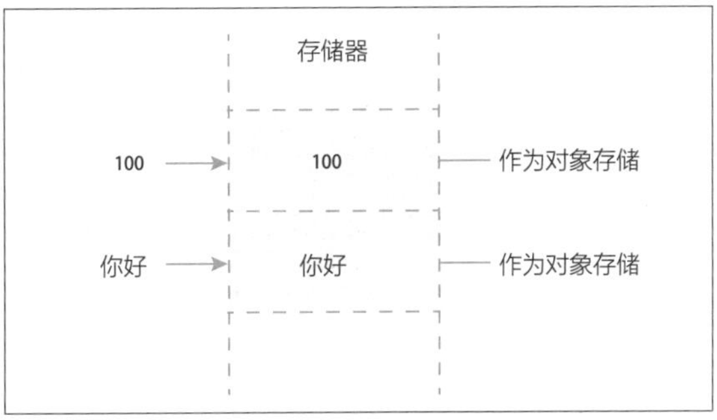

像这样在存储器上运行的“对象”，一旦运行结束就无法再使用了。即便对象（也就是变量）还留存在存储器中，也没有与之连接的方法。这里我们使用名为x的变量进行说明。

```
>>> x = 100+100 ———————— 计算结果用x表示
>>> print(x) ——————————— 输出x的内容
200 ———————————————————— x的内容
```

变量就像是对象的一张名片。在Python中，若是写下“变量名=值”，变量就能够使用了，同时=右侧的值被命名为x。

当写下x=100+100时，则=右侧的计算结果200（int型对象）就被赋予了x这一名称。之后只要写下x，随时都可以得到200这个结果。

虽然也有“给对象命名”这一说法，但是对编程而言，更多使用的是“赋值”这一说法。就像刚才的例子，给变量x赋值100+100的结果，x表示的就是存储器内的对象200。但以上表述是在x与对象存储地址（存储器的地址编码）关联的基础上成立的。Python的解释程序可以将上述操作解释为“x是存储器的某某地址编号”，然后将其转换为机器语言。实际的存储器地址编码根据程序执行时段的不同而各有不同，因此会使用程序实际执行时的地址编码。

▼变量x参照对象

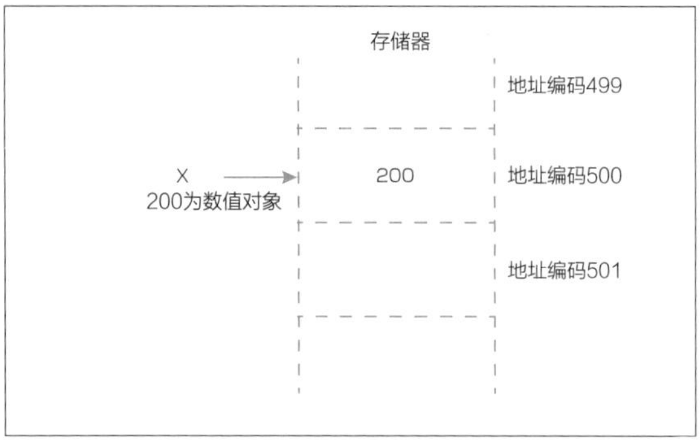

●关联对象与函数（方法）

由于对象的内容是字面量，所以字符串和数值等信息得以保留下来，而且对象拥有固有的方法。“拥有”这个说法可能过于抽象，但是在Python中，根据对象内容的不同，对象各自特有的方法与内部相互连接。因为变量x表示“数值200这一对象”，因此数值与相关方法得以连接。

▼执行数值使用方法

```
>>> x = 100+100
>>> x.bit_length()    ——— 执行统计数值字节数的方法
8
```

因此，需要使用对象的方法时，要像“对象.方法”这种形式一样用终止符（.）连接。int型对象具有bit_length()这种方法，为表现持有的数值会对必要的字节数进行调查并返还结果。

将对象代入变量，通过变量操作对象而得出的程序灵活度高，这就是变量的作用。

补充知识点 方法是为了操作对象而对源代码进行的整合，根据功能不同其名称也各不相同。

秘技 **007**

变量赋值

扫码看视频

难易程度 ●○○

这里是关键点！ 赋值、重复赋值

变量以对象为参照，若写下x='Python'，x就变成了str型的对象。对象的内容为Python。=叫作赋值运算符，它不仅能为字面量赋值，也可以为计算的结果赋值。

• **赋值**

变量名=值或者表达式

若将Python赋值给变量，就可以使用变量名连续输出。

▼对Python进行3次输出

```
>>> str = 'Python'
>>> print(str)
Python
>>> print(str)
Python
>>> print(str)
Python
```

●重复赋值

使用Python处理的值（字面量）有着不同的数据类型。Python是一种功能强大的语言，它所持有的数据都是数值型对象。虽然通过使用方法能够由数值10得出文字型的10，但原有的数值型对象会原样保留下来。

另一方面，若有必要的话，x这一变量的值无论几次都可以变更。也就是为变量赋值的对象可以替换。

▼反复赋值

```
>>> x = 12345    ——— 赋予数值型的值
>>> print(x)
12345            ——— 变量x的内容
>>> x = '代入'   ——— 赋值字符串
>>> print(x)
代入             ——— 令变量x参照最后赋值的文字型对象
```

●变量的复制

复制变量内容至其他变量中。

```
>>> x = '复印'   ——— 将字符串赋值给变量x
>>> y = x
>>> print(y)
复印             ——— 变量y的内容变为与x相同
```

确切地说，不是参照了x值的y对象被复制了，而是“x参照的对象，y也参照了”。

●变量的内容更换意味着新的对象生成

将其他值赋值给y，就会生成新的对象，并以此作为参照。

▼接上一流程

```
>>> y = 1000 ———————— 把1000赋值给y
>>> print(y)
1000 ———————————————— y的值
>>> print(x)
复印 ———————————————— x的值保持不变
```

y不再与x参照同样的对象，转而参照新的对象。由此可见，变量具有“赋予其他值后，就会生成新的对象，并以此为参照”的特征。

这一点可以通过用以查找对象地址的id()函数来确认。id(x)意为：变量x指的是存储器的何处。因此，通过这一函数可得知参照对象的存储地址。

▼变量可用于查找参照对象的地址

```
>>> x = 100
>>> y = x ——————————————— 把x赋值给y
>>> id (x)
1506275120 —————————————— x所参照对象的地址
>>> id (y)
1506275120 —————————————— y也参照同一地址
>>> y = 'Python' ———————— 将字符串赋值给y
>>> id (y)
2728280529864 ——————————— y的地址改变
>>> id (x)
1506275120 —————————————— x的地址保持不变
```

虽然变量y最初与x参照同一对象，但当赋予y其他值后，其参照对象也就随之改变。当然，若也将其他值赋值给x，那现有的对象都将改变，转而以新的对象为参照。

▼将其他值赋值给x

```
>>> x=1
>>> id (x)
1506275408 —————————————— 原地址1506275120变更
```

秘技 008

难易程度 ●○○

Python处理的数据类型

这里是关键点！ 字面量与嵌入式数据类型

编程的目的是对“值”进行操作。不管是进行数据分析还是深度学习，基于某种目标对值进行的操作才是编程，也因此编程常常就是在处理值。

●使用程序处理的元素

源代码要处理以下元素。

- **字面量**

真实的值，也就是指源代码处理的数据。数值100或是字符串Hello world!都被叫作字面量，与其他的元素相区别。

- **保留字**

Python中含有特殊意义的单词。比如，像if这样的保留字，表示的是“如果……则执行……”，主要用于运行重新设置好的操作命令，保留字总计约30个。

- **标识符**

在Python中为了保管值或传递其他源代码，会使用“变量”。在程序中，几乎不会直接取字面量，而是在对其命名之后，再使用，这个名称就是变量。我们可以根据个人喜好为其命名。

另外，可以对进行某一操作的源代码集合命名，进行管理。像这样对变量和源代码的集合进行命名而得到的名字，统称为“标识符”。虽说标识符指的只是“名字”，但是为了避免混乱，选择了这种叫法。

- **冒号与换行代码**

源代码中的“:”和换行代码也是Python语法的构成要素。

- **小括号()和中括号[]**

用print()表示“Hello world!”时，会用到“()”。除此之外，在计算公式中也会用到。而中括号则用于列表的操作。

- **符号**

输出字符串时，会用“'”这样的符号将其括起来，例如“print ('Hello world!')”。

●字面量与基本数据类型

对编程而言，在进行“值”(数据)的处理时，非常重要的一点就是“是哪种值”。像1这种数字，是可以与其他数字进行计算的。但是，字面量包含了数字和文字等不同种类，如此一来是无法一同进行计算的。

因此，在Python中，为便于区分，将数据的种类按照数据类型进行划分。各种数据类型都只能在编程中使用。例如，数据类型中包含数值类型，这一类型包含了整数字面量和小数(浮点数)字面量，适用于加减运算。而字符串型包含了字符串字面量，适用于进行文字的结合与切分等操作而非运算。

▼Python的基本数据类型

数据种类	字面量种类	嵌入式数据类型	例
数值型	整数字面量	int型	100
	小数字面量	float型	3.14159
字符串型	字符串字面量	str型	你好、Program
布尔型	真假字面量	bool型	包含两种情况，分别是表示真的True和表示假的False

以上是表示字面量种类的几种基本数据类型。

秘技 009

整数型

扫码看视频

难易程度 ●○○

这里是关键点！ int型

数值型也就是所显示的数的值，但是当出现“值=字面量”时，是仅指整数还是也包含了小数呢？确认这一点十分重要。在Python的数值类型中，整数归为整数型(int型)，含小数的值被归为浮点型(float型)。

●整数字面量

在源代码上表示整数字面量时，保持其原样即可。

▼整数字面量(十进制数)的写法

```
10
150
1000000
```

这是我们平时使用的十进制写法，Python不仅能够表示十进制，二进制、八进制和十六进制也不在话下。计算机的最小处理单位是字节，1字节等于8位，也就是说8位的二进制数所表示的值，换成十六进制表示的话只需要2位。4位二进制数正好等于1位的十六进制数。在计算机的世界里，1字节的数据常常要用到十六进制数来表示。

• **二进制数的写法(基数2)**

开头写0b或者是0B(两个0表示的都是数值零)。

▼二进制数的标记方法

```
0b1  0B100    0b101010
```

• **八进制数的写法(基数8)**

开头写0o或者是0O(0和字母o)。

▼八进制数的标记方法

```
0o8  0O23  0o10000
```

• **十六进制数的写法(基数16)**

开头写0x或者是0X(两个0表示的都是数值零)。

▼十六进制数的标记方法

```
0x1  0x100    0xCCB8
```

●int型的整数范围

Python的数值类型处理的范围能够达到64位，而Python 3甚至可以处理大于64位的数值。这里的64位是指二进制数的64位数据。Python整数的处理范围如下所示。

最小值	－9,223,372,036,854,775,808
最大值	9,223,372,036,854,775,807

在这个范围内的数值都可以处理，所以那些数值巨大、不好处理的数据，例如天文学的数值，可以通过它来表示。

●将整数型的值在页面表示出来

Python的解释程序可以处理指定基数，让我们在交互式运行环境中依次尝试几种进制。

▼十进制数的10

```
>> 10 ——— 输入后按<Enter>键
10 ——— 结果（整数型的值）
```

▼二进制数

```
>> 0b10 ——— 一个十进制的2
2
```

▼八进制数

```
>> 0o10 ——— 一个十进制的8
8
```

▼十六进制数

```
>> 0x10 ——— 一个十进制的16
16
```

读取源文件运行的程序时，交互式运行环境会采取完全相同的操作。但也有一个例外，那就是输入值（字面量）时，会自动表示该值。例如只输入10，会解释为print(10)并最终以10的形式表示出来。

补充知识点

十六进制数中9之后的数字用A或者a表示，字母表中A到F对应的是十进制数中的10到15。

秘技

010 生成int型对象

扫码看视频

难易程度 ●○○

这里是关键点！ int()方法

整数字面量是一种int型对象。在源代码中输入100等整数自变量，就生成了int型对象。使用int()这种构造函数明确生成int型对象。

• int()方法

生成int型对象。

形式	int（x.base=10）	
参数	x	指定整数字面量或者字符串形式的整数值
	base=10	为x指定字符串时，指定2、8、10、16中任一基数都可以，默认10

▼int型对象的生成

```
>>> int(10)      # 输入10生成int型对象
10
>>> int(-10)     # 输入-10生成int型对象
-10
>>> int(3.14)    # 若含小数，则舍弃小数点后的数字
3
```

▼可以在指定字符串时指定基数

```
>>> int('100')        # 若省略基数则变为十进制数
100
>>> int('100', 2)     # 二进制数
4
>>> int('100', 8)     # 八进制数
64
>>> int('100', 10)    # 十进制数
100
>>> int('100', 16)    # 十六进制数
256
```

int型对象可以实现全角字符的“数字”转换，只不过十六进制下的A到F只能是半角形式。

▼输入全角符号的数字也可以成功生成对象

```
>>> int('１００')                # 全角字符的100
100
>>> int('１２３a', base=16)     # 全角字符的123和半角状态下的a
4666
```

专栏　变量命名规则

编写程序时，可为变量指定任意名称，但是也必须遵守以下几条规则。

- 为使变量名生效，需使用半角英文、数字和下划线。
- 变量名不能以数字开头。
- 保留字不可作变量名。但是，变量名内可含部分保留字。
- 变量名是一个单词，所以不可加入空格，令一个以上的单词作变量名。若要使用多个单词，或以[userName]的形式继续写，或在中间加入下划线，变成[user_Name]的形式。

另外，源代码也同样要区分大小写。变量A与变量a是完全不同的两个变量。

▼Python的保留字（关键字）

False	None	True	and	as
assert	break	class	continue	def
del	elif	else	except	finally
for	from	global	if	import
in	is	lambda	nonlocal	not
or	pass	raise	return	try
while	with	yield		

秘技 011

字节串与int型对象的相互转换

扫码看视频

难易程度 ●

这里是关键点！ int.from_bytes()、int.to_bytes()

字节串等二进制数据和int型对象的相互转换需使用int.from_bytes()、int.to_bytes()这两种方法。

●字节串→int型对象

int.from_bytes()方法将“1字节等于8位”的字节串转换为int型对象。

• int.from_bytes()方法

将给定的字节串转换生成int型对象并将其返回。

形式	int.from_bytes(bytes, byteorder, *, signed=False)	
参数	bytes	指定整数值字节串
	byteorder	若指定big，则最高顺位的字节将被置于字节序列的开头；若指定little，则最高顺位的字节将被置于字节序列的最底端
	signed=False	虽表示的是整数，但需指定是否使用2的补数。若指定为真（True），则负值用2的补数来表示

字节串被视为bytes型对象处理，并且要以字母b作为字面量的开头。这时候，b'\x00\x10'表示的就是00000000 00000000 00000000 00010000序列。

▼由字节串转换生成int型对象

```
>>> int.from_bytes(b'\x00\x10', byteorder='big')
# 注:\是键盘上的反斜杠
16
```

若设定signed=True，则字节串将被转换为以2的补数表示的带符号的整数。b'\xfe\xff\xff\xff'则表示的是11111110 11111111 11111111 11111111序列。

▼以2的补数表示的负数

```
>>> int.from_bytes(b'\xfe\xff\xff\xff', byteorder=
'little', signed=True)
-2
```

●int型对象→字节串

使用int.to_bytes()方法可以将int对象转换为任意长度的字节串。

• int.to_bytes()

返回表示整数的字节串。

形式	int.to_bytes(length, byteorder, *, signed=False)	
参数	length	指定输出字节串的长度
	byteorder	若指定big，则最高顺位的字节将被置于字节序列的开头；若指定little，则最高顺位的字节将被置于字节序列的最末端
	signed=False	虽表示的是整数，但需指定是否使用2的补数。若指定为真（True），则负值用2的补数来表示

将十进制数255转换为2位×4字节串的十六进制数，表示方式如下。

```
b'\x00\x00\x00\xff'
```

这表示的是00000000 00000000 11111111。

▼由int型对象转换生成字节串

```
>>> (255).to_bytes(4, byteorder='big')
b'\x00\x00\x00\xff'
```

为了表示负值，则必须要用到2的补数，因此需要指定signed为True。

▼用字节串表示负值

```
>>> (-2).to_bytes(4, byteorder='little', signed=True)
b'\xfe\xff\xff\xff'
```

b'\xfe\xff\xff\xff'表示的序列如下。

```
11111110 11111111 11111111 11111111
```

秘技 012

浮点型

扫码看视频

难易程度 ●○○

这里是关键点！ float型

在计算机中，含有小数的值会被作为浮点数处理，包括0.00001这样常见的定点数在内。虽说浮点数和定点数都是包含小数的值，但它们的表现形式各不相同。处理Python中小数的数据类型就是浮点型（float）。

▼定点数

```
>> 3.14 ——— 以定点方式输入
3.14 ——— 虽然输出时也以定点方式处理，但内部运行时会作为浮点型（float）处理。
```

虽然定点数看起来更清晰，但是假如要表示千兆分之一，使用定点数就会变成0.000000000000001这种需要很多位来表示。像这种小数点之后位数很多的情况，若使用浮点数，就能用1.0e-15轻松表示。对于计算机而言，位数越少，计算速度越快。因此若进行大范围的高速运算，使用浮点数要比定点数方便得多。

处理Python中小数的数据类型是浮点型（float），因此，即便输入的是定点数，内部的运行也会以浮点数进行。

●浮点表示法

浮点数使用符号、尾数、指数来表示值。以位的排列形式来存储。-10.25就可以表示为-1.025e1（最后的指数1表示10的1次方）。

而且，对于尾数（的部分），若某一比特是1/2，则其下位是1/4，再下位是1/8。与其他进制有所不同，十进制数的小数点第1位是1/10，第2位是1/100，因此会有误差出现。十进制数的小数未必就能用浮动小数点正确表示出来，因此计算机将这种误差当作浮动小数点的化整误差来处理。

▼浮点数

```
>> 1.0e4 ——— 以浮点数方式输入
10000.0 ——— 以定点数方式输出
```

秘技 013

生成float型对象

扫码看视频

难易程度 ●○○

这里是关键点！ float.fromhex()方法

使用float.fromhex()方法可以将十六进制下的字符串转换生成float型对象。与十进制下的浮点数字面量不同，十六进制下的字符串在转变为二进制数时不会产生化整误差，所以多用于数值要求比较准确的情况。

- **float.fromhex()方法**

由十六进制下含小数的字符串转换生成float型对象。

形式	float.fromhex()	
参数	s	指定十六进制下含小数的字符串

• hex()方法

在右侧的实例中，1比特包含两个十六进制数，返回字符串对象。

参数 转换对象的数值表示.hex()

▼float型对象的生成

```
>>> str = (3.14).hex() # 生成十六进制下的字符串
>>> str
'0x1.91eb851eb851fp+1' # 3.14的十六进制数
>>> float.fromhex(str) # 生成float型对象
3.14
```

秘技 014

无穷大与非数

扫码看视频

难易程度 ●○○

这里是关键点！ inf、nan

浮点数运算的结果可能是无穷大或非数。

●无穷大（inf）

若浮点数的值超过有效位数，“无穷大”就会以inf这一关键词形式表示出来。

▼结果变为无穷大（inf）的运算

```
>>> 1e200 * 1e200
inf                    # 无穷大
>>> 1e200
1e+200
>>> -1e200 * 1e200
-inf                   # 负的无穷大
>>> 1e200 ** 1e200 # 若值过大，不会变为无穷大而是成为误差
Traceback (most recent call last):
  File "<pyshell#45>", line 1, in <module>
    1e200 ** 1e200
OverflowError: (34, 'Result too large')
```

●非数（nan）

对无穷大的值展开运算时，结果可能会变成表示“非数”的nan（Not A Number）。在Python中，对无法运算的、不正确的值进行运算并将这一过程表示出来的值就是nan。

▼0乘以无穷大

```
>>> 0 * 1e1000
nan ——— 输出表示非数的nan
```

●有意识地生成float型的inf和nan

可以有意识地生成含有inf和nan这两种形式值的float型对象。

▼生成含有inf和nan这两种形式值的float型对象

```
>>> x = float('inf')    # 无穷大
>>> x
inf
>>> y = float('-inf')   # 负的无穷大
>>> y
-inf
>>> z = float('nan')    # 非数
>>> z
nan
```

秘技 015

字符串型

扫码看视频

难易程度 ●○○

这里是关键点！ str型

字符串型（str型）是处理文字字面量的数据类型。具体来说，它表示0个以上的Unicode文字序列。

●字符串字面量的表示方法

字符串字面量通过单引号和双引号来表示。

▼字符串的表示

```
'Python'
"这是字符串"
```

字符串使用单引号或双引号都可以。

```
'I'm a programmer.'
```

但是上面这种情况，只有字母I变成了字符串字面量，无法正确运行。这时要用双引号将字符串整体括起来。

```
>> "I'm a programmer."  ——用双引号括起整个字符串
"I'm a programmer."  ——输出
```

像这样，字符串整体用双引号括起来，里面还可以用单引号。而将字符串整体用单引号括起来用，里面也还可以用双引号。

• 三引号的使用

将内容用3个单引号或者3个双引号括起来，即便在字符串中进行换行，也可以继续执行该字符串。也就是说，支持直接换行。

▼三引号的使用

```
>>> '''aaa
bbb
ccc'''  ——到这是输入范围
'aaa\nbbb\nccc'  ——输出
```

上述操作中加入的\n，是程序内部换行的标记。在交互式运行环境中，换行文字会被直接输出。若使用print()，会在换行状态下输出。

▼使用print()输出字符串

```
>>> str = '''今日计划  ——在str这个变量中输入3行字符串
清扫卫生
洗衣服'''
>>> print(str)  ——用print()输出str的内容
今日计划
清扫卫生
洗衣服
```

str是这3行字符串的变量名。“任意变量名=某值”表示的是“任意变量名”表示“某值”。若在str中使用=输入字符串，变成print(str)，则表示在str中输入的字符串。

专栏　变量的命名方法

根据自己的想法决定变量名没什么问题，但是很多像Python这样的编程语言，广泛适用以下命名方法。

▼命名方法

方法	说明	例
驼峰命名法	连结多个单词，第一个单词以小写字母开始，后续单词的首字母大写。这样的变量名就像骆驼峰一样中间凸起，因此得名驼峰命名法	userName
帕斯卡命名法	连接多个单词，所有单词开头字母大写。曾用于Pascal编程语言，因此得名帕斯卡命名法	UserName
下划线命名法	单词都用小写，其间加入下划线	use_name

其中，最为常用的变量命名法是驼峰命名法。

秘技 **016**

布尔型

扫码看视频

▶难易程度 ●

这里是关键点！ bool（布尔）型

在运行程序时，经常有需要真伪二者择其一的情况。也有“正确”“不正确”或者是“ON”“OFF”等需要调查清楚当前处于何种状态的情况。

●真假字面量

bool型利用“True（真）”和“False（假）”两种保留字来表示。在比较两个值时经常使用这种方法。

比如说，判断左侧数值是否大于右侧数值，用>这一运算符表示。

▼左侧数值是否大于右侧数值

```
>> 10 > 1
True
```

10大于1，因此返回True，并且不返回True所代表的字符串，而是返回真假字面量的True，这是交互式运行环境适当地对True代表的字符串进行的表示。

• **空值视为False**

空值即数字的0、字符串的''，也就是只有字符串的字面量，而不显示任何内容。Python将这样的空值视为False。

▼被视为False的几种表现

要素	值	说明
整数的0	0	
小数的0	0.0	
空的字符串	''	
空的列表	[]	
空的元组	()	

（续表）

要素	值	说明
空的字典	{}	
空的集合	set()	
值不存在	None	表示值不存在的关键字（保留字）

除了比较>等符号的左右两侧，0本身表示False。值是空的情况下，not成为返回真的运算符。若notx，则x代表False，返回True。

▼判断值是否为False

```
>> not 0 ―――――― 0表示False吗
True ―――――――― 0表示False，所以返回True

>> not 1
False ――――――― 1不是False，所以返回False

>> not '' ――――― 两个单引号
True ―――――――― 空的字符串（False）
```

或许会有人质疑这有何意义，但在程序中经常会判断“是否为0”“字符串是否为空”。若值的内容为False，则会进行相应的处理。

秘技 017

表示值不存在

扫码看视频

难易程度

这里是关键点！ None

空值即0或者''。严格说，前者是空的数值型，后者是空的字符串型。但是，在程序处理中有“值本身不存在”的情况。例如，本想在某处读取数据却没有读取到任何东西，在对数据类型进行操作之前，就已经是“值本身不存在”的情况了。

为了应对这种情况，可以先进行判断：“是否认真读取了数据”→“值是否存在”。但在此应采用“值是否为None”这种判断方式。

●None的要点

· None是表示“值本身不存在”的字面量。
· 用于判断程序运行中的值是否存在。

●表示什么也不是的特殊字面量None

None是表示什么都不存在的特殊字面量。只靠True或False是无法判断值本身是否存在的，这时候就要使用None来进行判定。

▼判断值是否存在

```
>>> x = None ―――――― 对x输入None
>>> x is None ――――― x是否为None
True ――――――――――― 结果显示x是None（值存在）
```

由上述运算可知，x这一数据容器（变量）为None，x中不存在任何东西。然后在下一行中使用了is运算符，意为左右元素相同则返回True，不同则返回False。结果x中不存在任何东西，所以输出为True。

因此，使用None是为了判断值是否存在。

秘技 018

用源代码写说明

扫码看视频

难易程度 ●○○

这里是关键点！ 注释

字符串不是作为数据使用，而是为保留源代码内的记录而使用。编写程序时，肯定都会有这样的疑问：为什么要进行这样的处理？这一部分又是为什么存在？为了之后不会忘记，也为了别人能看懂，注释的存在就显得极为重要了。

●注释的写法

在一行的开头添加“#”，这一行字符串就会被作为注释处理。

▼添加注释

```
>>> # 作源代码时不显示，所以写任何内容都可以。
>>>
```

按<Enter>键之后，即便程序运行也不会引起任何变化

▼在源文件中，可以以多行表示

```
# 在源文件中
# 各行开头输入#
# 可添加多行注释
```

补充知识点 字符串中包含的“#”会被作为字符的一部分处理。

2-2 运算

秘技 019

算术运算符

扫码看视频

难易程度 ●○○

这里是关键点！ +（单项加）、-（单项减）、+、-、*、/、//、%、**

数学中使用的算式，是“通过运算符号将数字和文字连接而成”；而编程中的表达式指“用数值将结果返回”。整数字面量、字符串字面量，甚至连变量也是一种表达式。

●算术运算符

=、+、-等用于计算的符号被称为运算符号。通过使用运算符号，可以将表达式加以组合，形成一个完整的式子。用运算符号对表达式进行处理的过程便称为运算。

加法、减法、乘法、除法（加减乘除）被称为四则运算。此外，还有用于处理数值符号的单项加减运算符号，这些运算符号和四则运算符号统称为算术运算符。

同理，在编程中也经常用数值进行计算，这种情况下使用的便是算术运算符。

▼算术运算符的种类

运算符号	功能	案例	说明
+（单项加运算符号）	正整数	+a	用于表示正整数，即便加在数字前，符号意义也不会发生改变
-（单项减运算符号）	符号反转	-a	将a的数值符号反转（负数）
+	加法	a + b	a加b
-	减法	a - b	a减b
*	乘法	a * b	a乘b
/	除法	a / b	a除b
//	取整	a // b	去掉a除b所得结果中小数部分
%	余数	a % b	取a除b所得结果的余数
**	乘方	a**b	求a的b次方

●加法、减法、乘法

在交互式运行环境输入加法、减法、乘法的算式。

▼加法、减法、乘法

```
>>> 10 + 5
15
```

```
>>> 100 - 25
75
>>> 10 + 5 - 7 ———— 只可以追加必要的数值和运算符号
8
>>> 25 * 4
100
```

虽然在数值和运算符号之间加入了空格，但这只是为了便于理解，不必非要如此。

●除法和余数

除法有以下两个形式。

・/

虽是一般的除法，但由于执行的是浮点数的除法，便将数值精确到小数点之后。

・//

只执行取整的除法，对于那些无法被整除的部分进行舍弃。

・%

对除法运算结果进行取余。想知道某一数值能否被整除时可执行这一运算。

▼两个形式的除法和余数

```
>>> 4 / 2 ———— 浮点数的除法
2.0 ———— 浮点数被返回
>>> 7 / 5
1.4
>>> 7 // 5 ———— 取整的除法
1 ———— 舍弃余数部分
>>> 7 % 5 ———— 取余
2 ———— 所得余数
```

如果用0执行除法运算，会变成“0除法”，出现错误提示。

▼零除法

```
>>> 7 / 0 ———— 0除法会导致错误
Traceback (most recent call last): ———— 错误信息
  File "<pyshell#105>", line 1, in <module>
    7/0
ZeroDivisionError: division by zero
```

●使用变量进行运算

将整数字面量赋值给变量，进行运算。

▼使用变量的运算

```
>>> a = 10 ———— 将10赋给变量a
>>> a - 3 ———— a-3
7
>>> a ———— 表示a的值
10 ———— 赋给的值不变
```

上述运算的a-3中，没有将结果赋值给a，所以a的值不变。若赋值给结果，则表示如下。

▼将运算结果赋值给变量

```
>>> a = 10
>>> a = a - 3
>>> a
7 ———— 为运算结果赋值
```

●单项加运算符（+）、单项减运算符（-）

由于单项加减运算符都是单项运算符，所以就像+2和-2一样，运算对象只有一个。对于单项加运算符，+2就等同于2。另外，+（-2）也就是-2，没有必要再添加+。而且，a=-1即表示+a的值就是-1，不用进行任何处理。

与之相对，单项减运算符进行的是“反转符号”的处理。-2即-（+2），也就是将()中的+2符号反转，结果还是-2。对变量来说，这种效果极为显著。对于x=2，因为y=-x，x值的符号发生了反转，所以y的值为-2。

由于单项加运算符不对数值进行任何处理，所以几乎不被使用，但单项减运算符会被应用于“将负值变为正”这种情况。

▼使用单项加减运算符

```
>>> 2
2
>>> +2 ———— +2，结果不变
2
>>> +(-2) ———— +(-2)，结果不变
-2
>>> a = -1
>>> +a ———— +a，结果不变
-1
>>> -2
-2
>>> -(+2) ———— -(+2)，将+2的符号反转
-2
>>> x = 2
>>> y = -x ———— 令x的符号反转
>>> y ———— 将x符号反转后的结果赋值给y
-2
```

秘技 020

赋值运算符

扫码看视频

难易程度 ●○○

这里是关键点！ 变量=赋予的值

赋值运算符是一种复合型运算符。它包括了“=”这种单纯地将右侧的值赋值给左侧的运算符和“=”与其他运算符组合而成的运算符。

●使用赋值运算符

赋值运算符是将右边（“=”的右侧）的值赋值给左边，因此左边必须是变量。

▼赋值运算符

运算符	内容	例	变量x的值
=	将右边的值赋值给左边	x = 5	5

• **赋值表达式的写法**

```
变量名 = 值（或表达式）
```

▼字符串的赋值

```
>>> name = 'Python'  ——— 赋值'python'
>>> print(name)
Python
```

●再赋值

再赋值指的是右边的表达式中包含左边的变量。进行再赋值的变量，必须被赋予新的值。若变量中没有内容，则运算无法继续进行。

▼再赋值

```
>>> num = 10 ——————— 赋值10
>>> num = num + 10 —— 将num+10的计算结果再次赋值给num
20 ———————————————— num的值为20
```

●多重赋值

赋值运算符可以按照a=b=c的形式连续书写，这被称为多重赋值。因为赋值运算符是右结合（从右侧的值开始顺次赋值），用下面的例子来讲，就是从右侧开始依次赋值。a、b、c的值都变成了c的值。

▼多重赋值（在交互式运行环境中执行）

```
>>> a = 'Py'
>>> b = 'thon'
>>> c = 'Python'
>>> a = b = c          # 多重赋值
>>> a
'Python'
>>> b
'Python'
>>> c
'Python'
```

秘技 021

基于复合赋值运算符的算式简化

扫码看视频

难易程度 ●○○

这里是关键点！ +=、-=、*=、/=、//、%=、**=

再赋值使用了复合赋值运算符，简单表示如下。

▼再赋值

```
>>> a = 10
>>> b = 20
>>> a = a + b
```

第3行的a=a+b也可以写成下面的形式。

▼使用复合赋值运算符再赋值

```
a += b
```

另外，像下面的a+=b+c也可以被解释为a=a+b+c。

▼再赋值

```
>>> a = 10
>>> b = 20
>>> c = 30
>>> # 在a的值的基础上添加b+c的结果
>>> a += b + c
>>> a
60
>>> b
20
>>> c
30
>>>
```

复合赋值运算符包括+=、-=、*=、/=、%=、**=。

▼复合赋值运算符的简略标记

通常标记	简略标记
a = a + b	a += b

（续表）

通常标记	简略标记
a = a - b	a -= b
a = a * b	a *= b
a = a / b	a /= b
a = a // b	a //= b
a = a % b	a %= b
a = a ** b	a **= b

▼复合赋值运算符的操作

运算符	内容	例	变量x的值
+=	左值加右值后赋值给左边	x = 5　x += 2	7
-=	左值减右值后赋值给左边	x = 5　x -= 2	3
*=	左值与右值相乘后赋值给左边	x = 5　x *= 2	10
/=	左值除以右值后赋值给左边	x = 10　x /= 2	5.0
//=	左值除以右值后将得到的整数赋值给左边	x = 5　x //=3	1
%=	左值除以右值后将得到的余数赋值给左边	x = 5　x %= 3	2
**=	右值为左值乘方，幂运算后将结果赋值给左边	x = 2　x **= 3	8

秘技 022

运算符优先级

扫码看视频

难易程度

这里是关键点！

运算符的优先程度和结合原则

多个运算符并列出现时，其执行顺序根据“运算符的优先级”来确定。

例如乘法（*）的优先级高于加法（+）的，所以先进行3*4的计算，再将运算结果12与前面的2相加。

▼加法与乘法

```
>>> 2 + 3 * 4
14
```

从上面的运行结果可知，运算符是使用由优先级来确定的，使用()可以改变优先级。

▼使用括号

```
>>> (2 + 3) * 4
20
```

记住所有的运算符优先级实在是太困难，使用()就可以不必再为此烦恼，也更易读取其内容。

●运算符的优先级和结合规则

与数值运算密切相关的运算符结合规则和优先级如下表所示。一个算式涉及多个运算符时，按下表展示的优先程度处理。

▼运算符的优先级

运算符	内容	结合规则	优先程度
[v1, …]、{key1:v1, …}、(…)	列表、集合、字典、生成器的制作、括号中的表达式	无	高
x[index]、x[index:index]、func(args, …)、obj.attr	下标、寻址段、函数调用、属性参考	左	↑
**	指数（幂运算）	右	
+、-、~	正、负、比特单位的NOT	左	
*、/、//、%	乘法、浮点数的除法、整除、取余	左	
+、-	加法与减法	左	
<<、>>	左右移位	左	
&	比特单位的AND	左	
|	比特单位的OR	左	
<、<=、>、>=、!=、==	比较	左	
in、hot in、is、is not	成员与同一性测试	无	
not X	布尔“非”	无	
and	布尔“与”	左	
if … else	条件表达式	右	↓
lambda …	lambda表达式	无	低

秘技 023

逻辑运算符

难易程度 ●●○

这里是关键点！ or、and、no

扫码看视频

逻辑运算符包括作用于左右两边的逻辑或、逻辑与以及否定运算逻辑非。

▼逻辑运算符

运算符	例	运算内容
or	x or y	x与y的交集
and	x and y	x与y的并集
not	not x	对x的否定

逻辑运算符在True和False的真假值基础上，指定数值和字符的真假。逻辑运算中被作为False处理的情况如下。

▼逻辑运算中被作为False处理的元素

- bool型的False
- None
- 数值0,0.0、0+0j（复数）
- 空的字符串（‘’、“”）
- 空的列表、空的字典等（[ ]、{}、()）

●逻辑或（or）

x or y是指若x是真，则返回x的值；若y是真，则返回y的值；若二者都为假，则返回y的值。

▼x or y模式

```
>>> 1 or 0              # 左值为真
1
>>> 0 or 2              # 右值为真
2
>>> True or False       # 左边为真
True
>>> 0 or 0.0            # 两边都为假
0.0
>>> False or False      # 两边都为假
False
```

▼x or y的结果

x	y	x or y的结果
真	假	x
假	真	y
真	真	x
假	假	y

利用or的运作机制如下。

```
z = x or y    # x为真则将x代入z，y为真则将y代入z
```

下面，就完成了条件表达式般的写法。

```
zz = x or y or z
```

这样一来，就可以将x、y、z中第一个真的值带入到zz中。若x为真，则无须判断y、z，直接将x赋值到zz中。像这样，省略对不必要表达式的判断，被称作短路。若只要其中一个条件成立即可，那就先写容易成立的表达式，这样就不必再对剩下的进行判断，可提高运行效率。

●逻辑与（and）

x and y是指若x是假，则返回x的值；若y是假，则返回y的值；若二者都为假，则返回x的值。

▼x and y模式

```
>>> 1 and 2          # 左边右边都为真
2
>>> True and True    # 左边右边都为真
True
>>> 0 and 1          # 左边为假
0
>>> 1 and 0.0        # 右边为假
0.0
>>> True and False   # 右边为假
False
>>> False and True   # 左边为假
False
```

▼x and y的结果

x	y	x and y的结果
真	假	y
假	真	x
真	真	y
假	假	x

在and运算中，短路依然有效。

```
z = x and y
```

所以，若x为假，则表达式的值就是x，无须再判断y，即可确定z的值就是x。

●逻辑非（not）

not x是指若x是假，则返回布尔型的True；若真，则返回False。与or和and不同，一般都返回布尔型的值。

▼not x模式

```
>>> not 0
True
>>> not 1
False
```

▼not x的结果

x	not x的结果
假	True
真	False

秘技 024

位运算符

扫码看视频

难易程度 ●●

这里是关键点！ |、^、&、 ~、<<、>>

位运算符是指对整数型的数据进行以比特为单位的运算。由于无法在Python内部进行位运算，因此我们将模拟位运算过程，返回运算结果。

▼位运算符的种类

运算符	处理
x | y	按位或
x ^ y	按位异或
x & y	按位与
~x	取反
x << y	左移
x >> y	右移

●按位或（|）

按位或的运算即同一位置有1，则结果为1。其目的是强制运行特定位，剩余的放置不管，这被称为确定位或调整位。

▼求按位或

```
>>> 0b0101 | 0b0001
5
```

在上述表达式中，进行了如下运算。

- **根据0b0101 | 0b0001的运算**

  结果是0101，用十进制表示就是5。

●按位异或（^）

按位异或的运算即同一位置的位不同，则结果为1。其目的是强制反转特定位（0反转为1，1反转为0），剩余的放置不管。

▼求按位异或

```
>>> 0b0101 ^ 0b0001
4
```

在上述表达式中，进行了如下运算。

- **根据0b0101 | 0b0001的运算**

  结果是0100，用十进制表示就是4。

●按位与（&）

按位与的运算即同一位置二者皆为1，则结果为1。其目的是强制运行特定位，剩余的放置不管，这被称为覆盖位（覆盖遮挡）。

▼求按位与

```
>>> 0b0101 & 0b0001
1
```

在上述表达式中，进行了如下运算。

- **根据0b0101 | 0b0001的运算**

  结果是0001，用十进制表示就是1。

●按位取反（~）

取反是指若该位上的数字是1，则取其相反值0；若该位上的数字是0，则取其相反值1。其目的是强制反转（是0则反转为1，是1则反转为0）。

▼求按位与

```
>>> ~0b0101
-6
>>> ~5
-6
>>> ~(-6)
5
```

位反转运算符（~）无法在Python内部进行位运算，因此我们选择虚拟位运算过程，返回其运算结果。

●左运算符（<<）

左移运算是将一个二进制位的操作数按指定移动的位数向左移位，在右边空白处补0。高位左移后溢出，舍弃；空出的低位处补0。对二进制数而言，左移1位相当于该数乘以2，左移2位相当于该数乘以4，左移3位……以此类推。2字节（16位）的情形如下。

▼2字节的位列左移4位

```
>>> 0b0000000011111111 << 4      # 0000 0000 1111 1111将其向左移4位
4080
```

• 移位前2字节的值

0000 0000 1111 1111（十进制数的255）

• 移位后的值

0000 1111 1111 0000（十进制数的4080）

因向左移4位，所以补4个0

●右运算符（>>）

右移运算是将一个二进制位的操作数按指定移动的位数向右移动，在左边空白处补0。低位右移后溢出，舍弃；空出的高位处补0。对二进制数而言，右移1位相当于该数除以2，右移2位相当于该数除以4，右移3位……以此类推。2字节（16位）的情形如下。

▼2字节的位列右移4位

```
>>> 0b0000000011111111 >> 4      # 0000 0000 1111 1111将其向右移4位
15
```

• 移位前2字节的值

0000 0000 1111 1111（十进制数的255）

• 移位后的值

0000 0000 0000 1111（十进制数的15）

因向右移4位，所以补4个0

秘技 **025**

二进制运算法则

扫码看视频

难易程度 ●●○

这里是关键点！ 二进制进位条件为逢2进1

我们平时常使用的十进制运算法是逢10进位。例如，29加1，则最右边的一位变为0，高位的2加上1之后变为3，最终结果为30。

与十进制不同，二进制进位的条件是逢2进1。在01的基础上加1，则最右边的一位变为2，逢2进1，所以右边又变为0，高位的0再加上1之后变为1，最终结果为10。

• 0011+0101的计算

在二进制中，两个1相加即可进位。

上述计算的第4位中，“1+1”即得到2。逢2进1，因此第4位变为0，第3位则加1（进位）。

由于上一步的进位，使得第3位在原有基础上再加1，变为2。于是第3位变为0，第2位加1（进位）。

由于上一步的进位，使得第2位在原有基础上再加1，变为2。于是第2位变为0，第1位加1（进位）。

由于上一步的进位，使得第1位在原有基础上再加1，即“0+1”，得到1（不进位）。

- **1010-0101的计算**

减法运算中，由于同一位上被减数过小而无法完成计算时，要向高一级借位。要注意，二进制借位的原则是借1当2。

上述计算中，被减数的第4位过小需向第3位借位进行计算。借来的值被当作2使用，因此这一位的运算就变成了“2-1”，结果为1。

被减数1010的第3位向第4位借出了一位，因此变为0。于是第3位的计算就变为“0-0”，结果为0。

被减数的第2位过小，需向第1位借位进行计算。借来的值被当作2使用，因此这一位的运算就变成了“2-1”，结果为1。

被减数1010的第1位向第2位借出了一位，因此变为0。于是第1位的计算就变为“0-0”，结果为0。

●二进制转十进制

二进制向十进制的转变，需通过二进制数各位的幂运算实现。例如，4位的二进制数，从左至右应变为2^3、2^2、2^1、2^0。

- **将1101转为十进制数**

1101➡$1\times2^3+1\times2^2+0\times2^1+1\times2^0=13$

●十进制转二进制

用2整除十进制整数，可以得到一个商和余数；再用2去除商，又会得到一个商和余数。如此进行，直到商小于1为止。然后把先得到的余数作为二进制数的低位有效位，后得到的余数作为二进制数的高位有效位，依次排列起来。

- **将13转为二进制数**

十进制数　　二进制数
13 →　1101
　　　　↓　　余数
用2整除　110　→　1
用2整除　11　→　0
用2整除　1　→　1
用2整除　　　→　1

●基于补数的负数表现

在十进制中，表现负的值，一般是像“-128”这样在数字前添加负号表示。而在C语言等编程语言中，不会直接使用+或-这样的符号表示，而是利用2的补数表现负值。若二进制数的最高位（MSB：most significant bit）是0，则为正数；若是1，则为负数。

而Python无法用补数形式来处理负数，但可以用2的补数这种位模式进行模拟运算。

●基于补数的负数表现方法

按照以下步骤求2的补数。

❶将用补数表示的数，以正的二进制数形式表现出来。
❷将二进制数各位的1和0反转。
❸加1运算。

- **用2的补数表示-2,147,483,648**
- **用二进制数表示2,147,483,648**

1000 0000 0000 0000 0000 0000 0000 0000

- **按位取反**

0111 1111 1111 1111 1111 1111 1111 1111

- **加1运算**

1000 0000 0000 0000 0000 0000 0000 0000

▼使用bin()方法执行

```
>>> bin(-2147483648)
'-0b10000000000000000000000000000000'
```

- **正数2,147,483,647**
- **用二进制数标记，MSB（最高位是0）**

0111 1111 1111 1111 1111 1111 1111 1111

●补数的计算（int型）

进行“-100+100”的运算时，最上位的1溢出，因此舍弃，结果变为0。因此，补数的计算也有像这样，利用位的溢出表现负数的运算方式。

▼使用bin()方法执行

```
>>> bin(-100+100)
'0b0'
```

秘技 026

不允许小数误差存在的十进制浮点型

▶难易程度 ●●

这里是关键点！ decimal 模块：Decimal型

我们可以使用二进制计算含小数的值。像0.1这样的实数，多数情况下会在计算前将其转换为二进制下的浮点数再进行运算，但这也导致了一个问题：用指数符号表示0.1就会变成10^{-1}的形式，但是二进制无法正确地将其表示出来，只能体现为循环小数。循环小数是指像1/3=0.333……一样无限循环同一值的小数。若将0.1转换为浮点数，则会有微小的误差。

本来，0.1等同于分数的1/10，但浮点数的0.1却并非如此。

• float.as_integer_ratio()

返回以分数表示浮点数时的分子和分母。

▼查找表示0.1的分数

```
>>> 0.1.as_integer_ratio()
(3602879701896397, 36028797018963968)
```

不是1/10，而是3602879701896397/36028797018963968。像0.1这种极简单的值，用浮点数计算都会出现误差。

▼浮点数的减法

```
>>> 0.3 - 0.2
0.09999999999999998
```

从上面的浮点数减法来看，计算结果会有微小的误差。而且不仅是Python存在这样的问题，C、C++以及Java也有同样的问题。虽说这样微小的误差在科学技术计算中几乎不构成问题，但是用在财务计算方面，像是1日元和0.09999999999999998日元这样的差别是不被允许的。

因此，Python提供了decimal模块用以处理针对二进制数以及十进制数的浮点数运算。

●decimal.Decimal型

由decimal模块定义的Decimal型是十进制浮点数对象。使用时，先利用import语句导入（读取）decimal模块。

• decimal.Decimal()方法

生成十进制浮点数对象。

形式	decimal.Decimal(value='0', context=None)	
参数	value='0'	用整数和浮点数等数值、字符串、元组等形式来指定
	context=None	指定上下文以进行value的尾数处理和误差处理

▼Decimal对象的生成

```
>>> import decimal                # 导入decimal模块
>>> decimal.Decimal('0.1')        # 生成Decimal型的0.1
Decimal('0.1')
>>> # 十进制浮点数的计算
>>> decimal.Decimal('0.3') - decimal.Decimal('0.2')
Decimal('0.1')
```

用浮点数计算“0.3-0.2”时，由于误差，不能得到0.1这一结果。但用十进制进行运算的Decimal型却能准确得到0.1的结果。

●decimal.Context对象

decimal.Context对象用于指定Decimal型对象在小数点运算时的有效位数、进位和舍弃等数值操作方法。导入decimal模块时，会自动分配Context。被分配的Context对象可通过decimal.getcontext()方法来获取。

▼获取decimal.Context对象

```
>>> import decimal
>>> context = decimal.getcontext() # 获取
                                     decimal.Context对象
>>> context.prec                   # 获取小数部分的有效位数
28
```

可以通过prec完成对小数部分有效位数的获取和设定。prec是一种“属性”，它为设定decimal.Context对象的“属性”而存在。

▼指定小数部分的有效位数

```
>>> decimal.Decimal('1') / decimal.Decimal('3')
Decimal('0.3333333333333333333333333333')
>>> context.prec = 3    # 小数部分的有效位数为3
>>> decimal.Decimal('1') / decimal.Decimal('3')
Decimal('0.333')
```

●操作数值

通过decimal.Context对象的rounding属性指定数值的操作，具体使用下列常量来指定。

- **decimal.ROUND_CEILING**

  正向进位。

- **decimal.ROUND_DOWN**

  舍弃为0。

- **decimal.ROUND_FLOOR**

  反向操作。

- **decimal.ROUND_HALF_DOWN**

  对最近的整数进行操作。操作位的值为中间的（5）时，舍弃为0。

- **decimal.ROUND_HALF_EVEN**

  对最近的整数进行操作。操作位的值为中间的（5）时，取偶数。

- **decimal.ROUND_HALF_UP**

  对最近的整数进行操作。操作位的值为中间的（5）时，正的值向正的方向进位，负的值向负的方向进位。

- **decimal.ROUND_UP**

  正的值向正的方向进位，负的值向负的方向进位。

- **decimal.ROUND_05UP**

  舍弃为0时，若有效位数末尾的位是0或5，则正的值向正的方向进位，负的值向负的方向进位。若为0或5以外的数，则舍弃为0。

▼**通过decimal.Context对象的rounding属性指定数值的操作方法。**

```
>>> import decimal
>>> context = decimal.getcontext()
>>> context.prec = 2                          # 有效位数为2
>>> context.rounding = decimal.ROUND_HALF_UP
                                              # 进行四舍五入
>>> decimal.Decimal('3.14') + 0
Decimal('3.1')
>>> decimal.Decimal('3.15') + 0
Decimal('3.2')
>>> context.rounding = decimal.ROUND_FLOOR
                                              # 反向舍弃
>>> decimal.Decimal('3.14') + 0
Decimal('3.1')
```

2-3　流程控制

秘技 027

流程控制的构成要素

难易程度 ●●○

这里是关键点！　代码块

在Python中，不用做任何处理，程序就能够按照源代码的输入顺序运行。但是若想令程序更智能，比如说跳过特定的代码，或者是循环同一代码，又或是在多个代码中挑选特定的部分进行操作等处理，使用流程控制语句就变得极为必要。

之所以叫流程控制语句，是因其能够使用流程图符号构成流程图，进而实现流程控制。

●流程控制结构

流程控制是由“代码块”构成的，这些代码块通过if、for、while等语句构成的“流程控制语句”来运作。

- **流程控制语句**

  流程控制语句即if、for、while与条件表达式的组合，最后添加冒号（:）结束。根据条件式的True和False，来决定接下来的操作。条件式由等价运算符和比较运算符构成。

- **代码块**

  负责执行流程控制。虽然也有一行代码就能完成任务的时候，但多数情况下需要多行代码。像这样，将负责执行一个流程控制语句的源代码归拢在一起，就形成**代码块**，有的时候也称其为**块**。Python的代码块区间为缩进。

· 代码块于缩进完成时开始。
· 一个代码块中可包含其他代码块。
· 缩进的位置与流程控制语句处于同一水平线，若换行，则代码块运行终止。

▼if语句下的代码块示例

```
if条件表达式:  ——— 流程控制语句
  # 处理 ┐
  # 处理 ┘——— if语句的代码块
```

秘技 028

改变程序运行流程

扫码看视频

难易程度 ●●○

这里是关键点！ if语句

if语句是一种流程控制语句，意为“如果条件表达式为真，则执行代码块”，其作用是实现反复试验的流程。下面试举一例说明。

“放学回去的路上想买点心，于是去了便利店。今天有300日元可以用来买点心。甜点固然很棒，但也有点在意它的卡路里含量……”

将上面这段话按照程序语言的方式整理一下就是：

· 能用于买点心的钱有多少?
· 是否选择甜点?
· 是否在意卡路里含量?

由此，我们得知这段话由以上3个要素组成。将其制成流程图，如下所示。

▼买点心时的反复试验过程

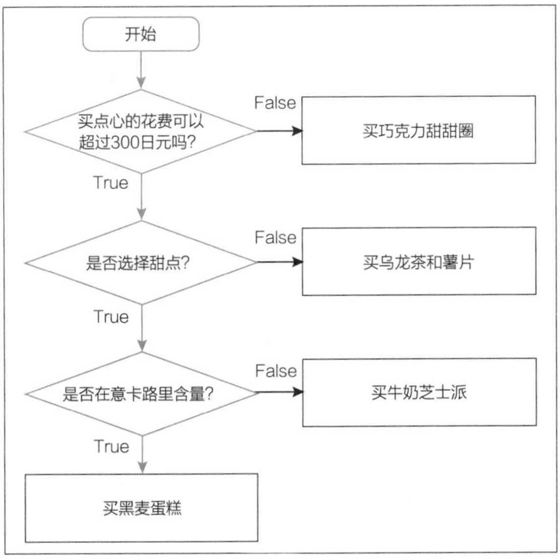

这个流程图中含有3个“如果”，分别是“如果花费超过300日元”“如果选择甜点”“如果在意卡路里”。这种“如果……就”模式可以通过if语句来实现。

• if语句的写法

```
if条件表达式:
  "缩进"条件表达式为True时的处理方式
```

if条件表达式为True，则执行代码块。将“可使用的金额超过300日元”作为表达式写下。条件成立时条件表达式本身就会返回True，进而执行缩进的代码块。反之，若为False，则不执行代码块。跳过该代码块的代码转而执行下一级源代码。也就是说，在False情况下，跳过if全体，因此不会引发任何变化。if语句自身也变为“无”。

● 比较运算符——制作条件表达式

if语句的重点就是条件表达式。条件表达式会用到以下的比较运算符。

▼Python的比较运算符

比较运算符	内容	例	内容
==	等于	a == b	若a与b的值相等，则为True，否则为False
!=	不等于	a != b	若a与b的值不相等，则为True，否则为False
>	大于	a > b	若a的值大于b，则为True，否则为False
<	小于	a < b	若a的值小于b，则为True，否则为False
>=	大于或等于	a >= b	若a的值大于等于b，则为True，否则为False
<=	小于或等于	a <= b	若a的值小于等于b，则为True，否则为False
is	是	a is b	若a与b是同一对象，则为True，否则为False
is not	不是	a is not b	若a与b不是同一对象，则为True，否则为False
in	在	a in b	若a在b中，则为True，否则为False
not in	不在	a not in b	若a不在b中，则为True，否则为False

这些比较运算符会将“符合表达式，则为True，否则为False”返回。

- **=和==的不同**

=是赋值运算符，而双等号（==）是用于判定左右两边的值是否相等的比较运算符。

▼使用==

```
>>> a = 5      # 将5赋值给a
>>> a == 5     # a的值是否等于5
True
>>> a == 10    # a的值是否等于10
False
```

●第1个if语句

在第1个if语句中，若可花费金额超过300日元，就可以买“乌龙茶和薯片”“牛奶芝士派”“黑麦蛋糕”这几种食品中的任意一种，因此直接输出就好。

▼超过300日元时的处理方式（if_1.py）

```
q1 = int(input('能用于买点心的钱有多少？>'))
if(q1 >= 300):
    print('买乌龙茶和薯片')
    print('买牛奶芝士派')
    print('买黑麦蛋糕')
```

- **input()函数**

返回在交互式运行环境等程序运行环境中输入的字符串。

形式	input（提示符形式的字符串）

使用input()函数能够获取可花费的金额，但输入的是字符串形式，因此要将其转换为int型。这样一来就能通过q1>=300这一条件表达式判断得出“超过300日元”的结论。

●else语句“否则”

要对“可花费的金额不超过300日元”这一情况进行处理时，则“if的条件不成立”，要用else语句进行处理。

- **if语句和else语句**

```
if（条件表达式）:
    条件成立时的操作
else: 条件不成立时的操作
```

▼追加else语句（if_1.py）

```
q1 = int(input('能用于买点心的钱有多少？>'))
if q1 >= 300:
    print('买乌龙茶和薯片')
    print('买牛奶芝士派')
    print('买黑麦蛋糕')
else:
    print('买巧克力甜甜圈')
```

保存源文件后选择Run菜单中的Run Module选项，运行程序。

▼程序运行

```
能用于买点心的钱有多少？>300 — 输入300
买乌龙茶和薯片 ———— 执行条件表达式成立时对应的操作
买牛奶芝士派
买黑麦蛋糕
```

●将花费超过300日元时对应的操作分开

在上面的流程中，已经对“可以花费超过300日元的金额”和“不可以花费超过300日元的金额”这两种情况作出了相应的处理。在这里，再为“可以花费超过300日元的金额”这一情况添加一种处理方式。即如果选择甜点，那是选择“牛奶芝士派”，还是“黑麦蛋糕”呢？如果两者都不选，就回到“乌龙茶和薯片”。

▼程序整体结构

```
if（可以花费超过300日元的金额吗）:                      ┐
    if（是否选择甜点）:                          ┐      │
        if（是否在意卡路里）       ┐             │      │
            #牛奶芝士派            │ 第3个if语句 │ 第2个if语句 │ 第1个if语句
        else:                      │             │      │
            # 黑麦蛋糕             ┘             │      │
    else:                                        │      │
        # 乌龙茶和薯片                           ┘      │
else:                                                   │
    # 巧克力甜甜圈                                      ┘
```

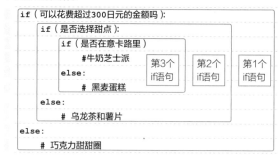

在if语句中又添加了两个if语句，构成三重嵌套结构，看起来比较复杂。但是将流程图中的问题用if语句顺次输入，也会更容易梳理。

▼“今天的点心”程序（buy_sweets.py）

```
# 获取可花费金额
q1 = int(input('能用于买点心的钱有多少？>'))
# 判断可花费金额的if语句
if q1 >= 300:
    q2 = input('是否选择甜点？(Y/N)>')
    # 判断是否买甜品的if语句
    if q2 =='Y':
        q3 = input('是否在意卡路里？(Y/N)>')
        # 判断是否在意卡路里的if语句
        if q3=='Y':
            print('买黑麦蛋糕')
        else:
            print('买牛奶芝士派')
```

```
    else:
        print('买乌龙茶和薯片')
else:
    print('买巧克力甜甜圈')
```

我们来试着运行该程序。在最初的问题处输入超过300日元，对于之后的问题，只要输入Y，最终会输出“买黑麦蛋糕”。

▼试着运行程序

```
能用于买点心的钱有多少？>300 ———— 输入300
是否选择甜点？(Y/N)>Y ———— 输入Y
是否在意卡路里？(Y/N)>Y ———— 输入Y
买黑麦蛋糕
```

若不能花费超过300日元的金额，那么接下来的问题是一旦输入Y以外的答案，则各自返回不同的结果。

补充知识点 这一部分我们用到了三重嵌套结构的if语句。但是，“深层嵌套”很难读取源代码，所以嵌套结构最多可到3层。更深层的结构或许只能在条件方面下功夫了，关于这一点，可以使用下一条秘技中介绍的elif语句。

秘技 029

利用elif语句实现多模式处理

扫码看视频

难易程度 ●●

这里是关键点！ if、elif、else

在if语句中加入elif语句，就可以在“如果……”的基础上添加“那如果……”。

• if语句、elif语句、else语句

```
if条件表达式1:
    条件表达式1为True时的操作
elif条件表达式2:
    条件表达式2为True时的操作
else:
    所有的条件表达式都为False时的操作
```

关于elif语句，在必要时可以在其后面设定相应的条件表达式。而else则用于所有条件都不成立的情况下，因此如非必要，无须使用。

●将嵌套的if语句改写成elif语句

在上一条秘技中用到的程序是通过if语句嵌套处理多条件。使用elif语句可以丰富条件，不使用嵌套也可以达到目的。

▼使用了elif语句的“今天的点心”程序（buy_sweets_elif.py）

```
# 开始先总结问题
q1 = int(input('能用于买点心的钱有多少？(Y/N)>'))
q2 = input('是否选择甜点？(Y/N)>')
q3 = input('是否在意卡路里？(Y/N)>')

# 超过300日元，甜品和卡路里都是Y的情况
if (q1 >= 300 and   # ❶
    q2 == 'Y' and
    q3 == 'Y'):
    print('买黑麦蛋糕')
# 超过300日元，只有甜品是Y的情况
elif (q1 >= 300 and          # ❷
      q2 == 'Y'):
    print('买牛奶芝士派')
# 超过300日元，甜品和卡路里都不是Y的情况
elif q1 >= 300:             # ❸
    print('买乌龙茶和薯片')
# 哪个条件都不成立（可花费的金额不超过300日元）的情况
else:
    print('买巧克力甜甜圈')
```

因为if和elif都是自上而下的判断，所以在最开始就用if设定好所有的条件，接着再用elif对条件进行逐条筛减，就能够处理所有的情况。最后所有条件都不成立的情况下，就会得出“可花费的金额不超过300日元”这一结论。之前的if嵌套语句按照“大→中→小”的顺序缩小条件范围，而这次的要点是按照“小→中→大”的顺序，从最细微的条件开始进行。

●连接多个条件的and和or

A and B意味着只有A、B都成立时，条件表达式整体才成立。而A or B意为A、B之中任意一个成立，条件表达式整体就成立。

• and

连接两个条件，两个条件都成立时结果为True。

条件A	条件B	结果
True	True	True
True	False	False
False	True	False
False	False	False

- **or**

连接两个条件，两个条件中任一条件成立时结果为True。

条件A	条件B	结果
True	True	True
True	False	True
False	True	True
False	False	False

- **❶的条件表达式**

开始的if语句结构如下。

```
if (q1 >= 300 and
    q2 == 'Y' and      ── 条件有3个
    q3 == 'Y'):
```

用两个and连接“超过300日元”（q1是超过300）、“选择甜品”（q2是Y）和“在意卡路里”（q3是Y）这3个条件。若这3个条件成立，则结果为买黑麦蛋糕。

- **❷的条件表达式**

第一个elif语句包含“超过300日元”（q1是超过300）和“选择甜品”（q2是Y）这两个条件。若只是不在意卡路里，则条件成立。

```
elif (q1 >= 300 and    ── 条件有两个
      q2 == 'Y'):
```

- **❸的条件表达式**

第二个elif语句中的条件只有“超过300日元”。

```
elif q1 >= 300:    ── 条件有1个
```

选择Run菜单中的Run Module选项，运行程序。

虽然最终结果和上次一样，但是上次是基于嵌套的if语句，根据当前问题的答案来决定是否进行下一个问题的判断。而这一次不同，在程序的开头部分就总结了问题。

▼运行结果

```
能用于买点心的钱有多少？>300    ── 输入300
是否选择甜点？>Y                ── 输入Y
是否在意卡路里？>N              ── 输入Y之外的答案
买牛奶芝士派
```

秘技 **030**

反复执行同一程序段

扫码看视频

▸难易程度 ●●

这里是关键点！ **for循环、range()构造函数**

为了让编程人员知道程序出现了问题，系统会连续发出“错误”的提示。反复执行一定次数的同一操作需使用for语句（for循环）和range()构造函数。

- **for循环**

for 变量 in 可迭代对象：反复执行

“可迭代对象”的迭代（iterate）是“反复执行”的意思。可迭代指的是可以从该对象中顺次取值。可迭代对象由range()构造函数生成。构造函数是拥有生成对象功能的函数。

- **range()构造函数**

将第1个参数指定的整数值到第2个参数指定的整数值之间所有的数值代入并生成对象。但是，代入的是从开始值到结束值的前一个值为止的数字。第3个参数是计数完成时的步长，默认为1。

形式	range(start, end, step)

range(0,5)就是生成含有0、1、2、3、4几个并列数值的range对象。然后从for循环的in以下的range对象中将其顺次取出。

▼用range()函数表示返回的值（在交互式运行环境中执行）

```
>>> for count in range(5):
        print(count)

0
```

```
1
2
3
4
```

若执行for循环，首先要参照in之后的“可迭代对象”，即 range()函数的返回值——range对象。range对象中包含0、1、2、3、4几个并列数值，第1次操作时，应将0代入变量count。接着再执行代码块的print(count)，完成第1阶段的处理。

再次将返回for循环的range对象的第2个值1代入变量count，执行代码块，返回for语句。将最后的4代入count，执行代码块，在下一次返回for循环时range对象为空，所以终止for循环。

秘技 031

难易程度 ●●

若条件成立则执行for循环语句

扫码看视频

这里是关键点！ if语句中for循环语句的嵌套

若某一条件成立，则表示基于for循环语句的循环过程开始。其运行主要借助if语句中for循环语句的嵌套来完成。

这一程序以对战型游戏为原型编写完成。玩家输入名字则开始对战，5次连续攻击后击退敌人。

▼对怪兽施展五连击（battle.py）

```
# 获取用户名
brave = input('请输入用户名>')

# 输入用户名后执行以下操作
if (brave):
    # 重复5次攻击
    for count in range(5):
        print(brave + '的攻击！')
    # 重复5次后输出结束信号
    print('恶魔已被击退')
# 不输入任何指令，游戏结束
else:
    print('游戏结束')
```

▼执行结果

```
请输入名称>python —— 输入用户名后开始
python的攻击！ —— 开始重复操作
python的攻击！
python的攻击！
python的攻击！
python的攻击！ —— 重复5次后结束
恶魔已被击退 —— 执行for循环语句之后的代码，程序结束
```

秘技 032

难易程度 ●●

视情况更改循环体内容

扫码看视频

这里是关键点！ for语句中if循环语句的嵌套

在for循环语句的代码块中加入if语句，能够在循环中形成分支。例如将上一条秘技中用到的程序进行改造，令操作次数为奇数时，玩家攻击；操作次数为偶数时恶魔回应。现在我们再来看一下改造后的程序。

▼勇士的攻击和恶魔的回应交互进行（battle_for_if.py）

```
name    = input('请输入用户名>')    # 获取用户名
brave   =  (name + '的攻击！')      # 玩家的攻击模式
mamono1 = '恶魔畏惧'                # 恶魔的回应模式1
mamono2 = '恶魔已被击退'            # 恶魔的回应模式2

# 输入用户名后对战开始
if (brave):
    print('恶魔现身！')
    # 重复10次
    for count in range(10):
        # 操作次数为偶数时，输出玩家攻击
        if count % 2 ==0:          ❶
```

```
            print(brave)
        # 操作次数为偶数时，输出恶魔的回应模式mamono1
        else:
            print(mamono1)
    # for语句结束后输出恶魔的回应模式mamono2
    print(mamono2)
# 不输入任何指令，游戏结束
else:
    print('游戏结束')
```

条件表达式❶中的判断条件如下。

```
    count % 2 ==0
```

所以，count的值除以2余0。也就是说，若操作次数为偶数，则玩家攻击，这之外的奇数次则执行else代码块，输出恶魔的回应mamono1。

▼运行结果

```
请输入用户名>python — 输入用户名后开始
恶魔现身!
python的攻击! ———— 第1次count值为0，因此作偶数次处理
恶魔畏惧 ———— 第2次count值为1，因此作奇数次处理
python的攻击!
恶魔畏惧
python的攻击!
恶魔畏惧
python的攻击!
恶魔畏惧
python的攻击!
恶魔畏惧 — 最后一次，即第10次count值为9，因此作奇数次处理
恶魔已被击退 ———— 执行for循环语句之后的代码，程序结束
```

for语句的变量count在操作刚开始时值为0，随着之后的每一次操作，由1至9的数值被顺次代入。因为if语句的条件表达式为count%2==0，即“除以2余0”，也就是说以偶数次的操作作为条件。所以，当操作次数为偶数时，输出玩家攻击。另外，除以2余0之外的情况即无法用2整除，也就是奇数。因此else之后，输出恶魔回应。这样一来，就实现了玩家攻击和恶魔回应之间的交互进行，战斗结束。

秘技 033 ▶难易程度 ●●

随机交叉的3种处理方式

扫码看视频

这里是关键点! 伪随机数的生成——基于random.randint()

在上一条秘技中，进行了玩家攻击和恶魔回应的反复交互操作，但是我们要做的不是单纯的反复交互，而是随机交叉玩家的攻击和恶魔的回应。这种操作的实现要借助于random模块，生成伪随机数，之后再根据生成的数值分配具体操作步骤。

●利用random.randint()生成伪随机数

输入Python下的“random模块”，即可使用randint()方法生成伪随机数。

• random.randint()方法

返回数值A和数值B之间的随机整数。

形式	randint(数值A、数值B)

执行randint()方法，在1到10的范围内任取一值，写法如下。

▼在1~10中任取一值

```
num = random.randint(1, 10)
```

直至代码被执行，代入变量num的值都处于未知状态。可能会是1，也可能会是9，还可能会是10。

本次将在for循环语句代码块中多次执行random()方法，然后使用生成的随机值分配具体操作步骤。大概就像是1、2、3时玩家攻击，4或者5时恶魔回应这种分配机制。这样一来，就能带给玩家一种未知的游戏体验：不真正去玩就不知道结果会怎样。

▼反复随机攻击操作（battle_random.py）

```
import random                                  # 输入random模块

print('恶魔现身!')                              # 最开始输出

brave    = input('请输入用户名!>')               # 获取勇士姓名
brave1   = brave + '的攻击!!'                   # 生成第1个攻击模式
brave2   = brave + '吟诵咒语!'                   # 第2个攻击模式
mamono1  = '恶魔畏惧'                            # 恶魔的回应模式1
mamono2  = '恶魔反击!'                           # 恶魔的回应模式2

if(brave):
    print(brave1)                  # 进行反复之前输出勇士的攻击
```

```
    for count in range(10):           # 反复10次
        x = random.randint(1, 10)     # 随机生成1~10
                                        范围内的值
        if x <= 3:        # 生成的值不超过3则执行brave1
            print(brave1)
        elif 4 <= x <= 6:    # 生成的值在4到6之间则执行
                               brave2
            print(brave2)
        elif 7 <= x <= 9:    # 生成的值在7到9之间则执行
                               mamono1
            print(mamono1)
        else:     # 生成的值在上述情况之外则执行mamono2
            print(mamono2)
    print('恶魔已经被击退')
else:
    print('游戏结束')  # 若没有输入名称，则不进行任何操
                        作，游戏结束
```

▼运行情况示例

```
恶魔现身!
请输入用户名>python ——— 输入用户名后开始
python的攻击!
恶魔反击! ——— 此处开始进行反复操作
python的攻击!
恶魔畏惧
python吟诵咒语!
恶魔反击!
恶魔畏惧
python的攻击!
python吟诵咒语!
python的攻击!
python吟诵咒语! ——— 第10次操作
恶魔已被击退
```

随机生成的值在1~3、4~6以及7~9之间，用if…else处理即可。生成10，即出现上述条件之外的情况，则执行最后的else。

秘技 034

反复执行至指定条件成立

扫码看视频

难易程度 ●●

这里是关键点！ while循环

在反复操作机制中，也会用到while语句（while循环）。for用来“指定反复操作的次数”，而while用来“指定反复操作的条件”。

如果给出“条件表达式返回True，则执行反复操作”这一条件，那么该程序无法通过for语句实现，这是因为这一条件没有声明反复的次数。而while循环语句则只需条件自身成立，就可以进行反复操作。

• 基于while循环语句的反复操作

```
while条件表达式:
    反复操作
```

●条件为True则进行反复

while循环语句在“条件表达式为True”时进行反复操作。当a==1时，对于变量a的值，反复执行“若是1”的操作；当a!=1时，则反复执行“若不是1”的操作。

在对战游戏中，若不吟诵咒语，游戏就会长时间持续下去。让我们试着将这一模式加入编程中。

▼不使用咒语则重复战斗（battle_while.py）

```
print('恶魔现身!')                    # 最开始输出
brave = input('请输入用户名!>')        # 获取勇士姓名
prompt = brave + '的咒语 > '          # 生成提示符
attack = ''                        # 准备好代入咒语的变量

while attack != '绝地':        # attack不是‘绝地’，则反复
    attack = input('' + prompt)   # 获取咒语
    print(brave + '吟诵了“' + attack + '”的咒语!')

    if attack != '绝地':# 若attack不是‘绝地’，则表示如下
        print('恶魔在暗中观察，等待机会')

print('恶魔全军覆没')
```

while的条件表达式为attack!=‘绝地’，因此只要不输入‘绝地’，该程序就不会进行反复操作。并且，若不将某个值代入attack中，就会出现错误，然后重新代入一个空的字符串。

while代码块中，首先获取表示提示符的、由用户输入的咒语。输入了‘某某吟诵了xx咒语！’之后，使用if语句表示‘恶魔在暗中观察，等待机会’。在这里使用if语句是为了不紧跟在‘绝地’之后输入。

▼运行结果

```
恶魔现身!
请输入用户名 > python ———— 输入用户名后开始
python的咒语 > lalihoyi ———— 输入咒语（第1次反复）
python吟诵了“lalihoyi”的咒语!
恶魔在暗中观察，等待机会
python的咒语 > hoyihoyi ———— 输入咒语（第2次反复）
python吟诵了“hoyihoyi”的咒语!
恶魔在暗中观察，等待机会
python的咒语 > 绝地 ———— 输入咒语（第3次反复）
python吟诵了“绝地”的咒语! ———— 在此跳出while代码块
                               （条件不成立）
恶魔全军覆没 ———— 跳出while代码块之后的操作
```

秘技 035

跳出无限循环

▶难易程度 ●●

扫码看视频

这里是关键点！ break语句

如果while循环语句的条件表达式只对应True，那么这一操作将永远重复下去，我们称这种现象为无限循环。即便不是True，像下面这个例子一样，除了True之外，输入了不可能实现的条件，也会引发无限循环。

▼无限反复（infinite_loop.py）

```
counter = 0
while counter < 10:
    print('无限')
```

条件表达式是counter<10，但counter的值是0，所以无论何时，该程序只能对应True。

▼运行结果

```
无限
无限
无限
……省略……
无限
无限
———— 按Ctrl和C组合键（Ctrl+C）结束程序运行
```

●计算操作次数

要点是变量counter。虽然为其赋值了0，但是在重复操作的最后，可以在counter之后加1，再进行逐个递增操作，直到值变为10时，counter<10为False，跳出while循环。

下面对上一条秘技中用到的程序进行改造。即便不输入指定字符串，重复3次操作之后，也能跳出while循环，终止程序。

▼最多重复3次while语句（battle_while_break.py）

```
print('恶魔现身! ')          # 最开始输出
brave = input('请输入用户名! >')     # 获取勇士姓名
prompt = brave + '的咒语 > '        # 生成提示符
attack = ''              # 准备好代入咒语的变量
counter = 0


while counter < 3:       # attack不是'绝地'则反复操作
    attack = input('' + prompt)   # 获取咒语
    print(brave + '吟诵了“' + attack + '”的咒语! ')

    if attack == '绝地':   # 若attack是'绝地'，则程序终止
        print('恶魔全军覆没')
        break                     #在此跳出while循环
    else:
        print('恶魔在暗中观察，等待机会')

    counter = counter + 1         # 加1

if counter == 3:                  # 反复3次时的操作
    print('恶魔离开了……')
```

• break——强制跳出while循环

break语句会帮助我们强制跳出while循环。使用break语句就可以在输入指定字符串时给出回应，从而跳出while循环。判定输入内容的任务由while代码块中的if语句承担。最后的if语句负责处理重复的3次操作。

▼没有输入指定字符串的情况

```
恶魔现身!
请输入用户名 > python
python的咒语 > 不知 ———— 第1次反复
python吟诵了“不知”的咒语!
恶魔在暗中观察，等待机会
python的咒语 > xi xi ———— 第2次反复
python吟诵了“xi xi”的咒语!
恶魔在暗中观察，等待机会
```

```
python的咒语 > 终了 ——————— 第3次反复
python吟诵了“终了”的咒语!
恶魔在暗中观察，等待机会
恶魔离开了……
```

▼输入指定字符串的情况

```
恶魔现身!
请输入用户名 > python
python的咒语 > 绝地 ——————— 第1次反复
python吟诵了“绝地”的咒语!
恶魔全军覆没
```

秘技 036

中断当前循环后转至下一轮循环

扫码看视频

难易程度 ●●○

这里是关键点！ continue语句

在循环体中加入continue语句，就可以跳过continue之后的操作开始新一轮循环。break是直接跳出了整个循环，而continue则是中断本次操作，转而进行接下来的操作。

▼用户名和密码检查

```
while True:
    name = input('请输入用户名! >') # 获取用户名
    if name != '穴金':             # 检查输入的用户名
        print('不认识! ')
        continue          # 用户名不一致则返回循环开始处
        password = input('欢迎! 请输入密码>')
                          # 用户名一致则查看密码
    if password == 'good':  # 检查密码
        break               # 密码一致则跳出循环
print('认证成功')
```

在第1个if语句中进行了用户名检查，若不一致则返回循环开始处。由于条件表达式一般是True，所以一定会执行代码块，查看用户名。若用户名一致，则查看密码，这一操作由第2个if语句执行。若不一致，则返回while循环开始处，从获取用户名这一步重新开始。若一致则通过break跳出循环，并得出结论：“认证成功”。

▼运行结果

```
请输入用户名! > 这里并非指自己的真实姓名
不认识!
请输入用户名! > 穴金
欢迎! 请输入密码 > good
认证成功
```

秘技 037

若条件成立则程序终止

扫码看视频

难易程度 ●●○

这里是关键点！ sys.exit()方法

Python中sys模块下的sys.exit()用于终止程序。将其置于while语句中，当与指定的输入值一致时终止程序。

▼exit与终止程序（exit.py）

```
import sys                                  # 导入sys模块

while True:
    response = input("exit表示终止>")       # 获取输入值
    if response == 'exit':                 # 检查输入值
        sys.exit()          # 若输入值为exit，则程序终止
    print(response + '则程序不能终止') # 若不是exit，
                                          则程序不能终止
```

在该程序中，只要不输入exit则不能终止程序。输入exit后，则开始执行sys.exit()，程序终止。

2-4　函数

秘技 038　难易程度 ●●

只负责执行的函数

扫码看视频

这里是关键点！ def 函数名():

若进行规范的同一模式下的操作，可以将执行这些操作的代码整合成函数。将执行一系列处理的代码整理为一个代码块，并为其命名管理的就是“函数”。函数是“命名之后的代码块”，所以它可以出现在源文件的任何一处。只是，从同一源文件中调用函数时，必须要将被调用的函数写在源代码之前（上一行）。

与函数相似的结构还有方法。二者在自身结构和书写方式的规则方面都保持一致。

●只负责执行的函数

生成一个函数，需要在def关键字中添加函数名，之后附上半角括号()和冒号。换行缩进后开始输入执行代码，缩进的范围就是函数的代码。上述函数制作方式被称为函数的定义。

· 函数的定义（只负责执行的类型）

```
def 函数名():
    执行
    ……
```

def函数是最简单的函数类型。它被调用后，只负责执行函数内部操作。

例如，定义一个函数，将重新设定的字符串输出到屏幕。

▼调用函数，输出字符串（appear.py）

```
def appear():                      # appear()函数的定义
    print('恶魔现身！')

appear()                           # 调用函数
```

▼运行结果

```
恶魔现身！
```

补充知识点　函数名的开头必须是英文字符或是下划线（_），不能使用英文字符、数字和下划线之外的表示符号。

秘技 039　难易程度 ●●

含有参数的函数

扫码看视频

这里是关键点！ def 函数名（参数）:

print()函数可以将括号中显示的字符串输出到屏幕，传递给函数的值叫作参数。而对函数而言，传入的值通过参数获取。

· 函数的定义（获取参数的类型）

```
def 函数名（参数）:
    处理
    ……
```

●含有参数的函数定义

参数是获取（代入）数值的变量。以逗号间隔，只有必要的数值才可设参数。

▼含有两个参数的函数（parameter.py）

```
def appear(word1, word2):          # 含有两个参数的函数
    print(word1 + '现身！')
    print(word2 + '现身！')

appear('维德', '黑暗尊主')          # 设置两个值，调用函数
```

▼运行结果

```
维德现身！
```

```
黑暗尊主现身!
```

调用函数时，按照“输入的顺序”将输入的值传到参数中。

▼调用函数时，值传入参数的过程

```
appear('维德', '黑暗尊主')  ——— 函数的调用

def appear(word1, word2):
    print(word1 + '现身! ')
    print(word2 + '现身! ')
```

在上面的程序中，当顺序反转为appear(‘黑暗尊主’,‘维德’)时，输出就变成了：“黑暗尊主现身！维德现身！”。

秘技 **040**

返还执行结果的函数

扫码看视频

难易程度 ●●

这里是关键点！ return语句

有的函数在被调用时会返回某个值，这样的函数会以**返回值**的形式返回执行结果。

• **函数的定义（以返回值的形式返回执行结果的类型）**

```
def 函数名（参数）:
    执行
    ……
    return 返回值
```

●定义返还返回值的函数

在执行函数的最后，即“return 返回值”的部分，调用函数时即返回执行结果。返回值可以直接设定为字符串、数值等字面量，但更多时候则设定可于函数内使用的变量。通常是将某一执行结果赋值给变量，再用return语句将其返回。

▼返还返回值的函数（return.py）

```
def appear(word1, word2):               # 含有两个参数的函数
    result = word1 + '和' + word2 + '现身! '
    return result                  # 将执行的字符串作为返回值返回
```

```
show = appear('维德', '黑暗尊主')   # 设定两个值，调用
                                      函数
print(show)                        # 输出函数的返回值
```

▼运行结果

```
维德和黑暗尊主现身!
```

调用返还返回值的函数时，准备好获取返回值的变量。这样一来，返回值就会按以下流程被返还。

▼调用函数时的操作流程

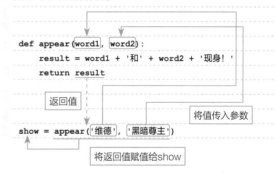

```
def appear(word1, word2):
    result = word1 + '和' + word2 + '现身! '
    return result

show = appear('维德', '黑暗尊主')
```

返回值

将值传入参数

将返回值赋值给show

秘技 041 难易程度 ●●

指定参数名和传递参数

扫码看视频

这里是关键点！ 关键字参数

要保证调用的参数和函数中参数的顺序一致。但是，参数数量多时输入顺序就变得极为繁杂，这也就造成了混乱。我们可以通过指定参数名、设定参数值的操作来改善这一状况，并将其称为关键字参数。

●向参数传递关键字

使用关键字作为参数的值。

```
参数名 = 参数值
```

▼使用关键字参数（keyword_arg.py）

```
def appear(name, action):              # 含有两个参数的函数
    result = name + action + '!'
    return result          # 将执行的字符串作为返回值返回

show = appear(action = '现身',         # 传入action
              name = '维德'            # 传入name
              )
print(show)                            # 输出函数的返回值
```

▼运行结果

```
维德现身!
```

像下面这样，指定位置的参数和关键字参数混用也没问题。只是，关键字参数必须在指定位置的参数之后输入。若顺序颠倒，会引发错误，请务必注意。

▼使用指定位置的参数和关键字参数

```
show = appear('维德! ',                # 传入name
              action = '现身'          # 传入action
              )
```

秘技 042 难易程度 ●●

设定参数初始值

扫码看视频

这里是关键点！ 默认参数

不是所有含有参数的函数都必须向参数传递值。也有提前设定好参数值，无须向参数传递值的情况，这种参数被称为**默认参数**。

▼默认参数

```
# 含有两个参数的函数
def appear(name,                  # 只有参数名
           action = '逃走了'      # 设定参数默认值
           ):
    result = name + action + '! '
    return result          # 将执行的字符串作为返回值返回

show = appear('黑暗尊主')         # 传入name
print(show)                       # 输出函数的返回值
```

▼运行结果

```
黑暗尊主逃走了!
```

默认参数必须在不包含默认值的参数之后输入。上面给出的例子只介绍了仅指定1个参数的情况，所以向参数name传递的即为此值。若指定两个参数，则参数action的默认值将被覆盖。

秘技 043 难易程度 ●●

程序整体有效变量和函数内有效变量

这里是关键点！ 全局作用域和局部作用域

函数的参数和函数内部的变量只限于函数内部有效，也就是我们所说的局部作用域。作用域指的是变量的有效范围。而在函数外设定的变量则作用于全局作用域。局部作用域中的变量被称为局部变量，全局作用域中的变量被称为全局变量。任意一种作用域的消失都会导致其中的变量不复存在。

●局部作用域和全局作用域的有效时间

全局作用域只有一个，它在程序运行时生成，程序结束时则消失，然后所有的全局变量会随之消失而不复存在。

而局部作用域在调用函数时生成，它涵盖了参数和设定于函数内部的变量。函数操作完成的同时，局部作用域消失，所有的局部变量也因其消失而不复存在。因此，无论对变量进行何种操作，再次调用时也不会留有上次结束时的值了。

●作用域的规则

变量的作用域有以下规则。

- 可以在局部作用域内访问全局变量。
- 不可以在全局作用域内访问局部变量。
- 函数的局部作用域下的源代码不可以使用其他函数的局部变量。
- 作用域不同也可以使用相同的变量名。

这些规则的作用是为了使那些用于函数内部的变量不对其他的变量产生影响。若所有的变量都存在于全局作用域中，一旦函数中的变量发生变化，就会影响到所有的变量。关于同名变量这一情况，即便变量不同名，在函数整体作用域中执行函数内部操作，也会令我们感到混乱。万一有来自别处的同名变量混入，在意料不到的地方更改了变量值，就不仅是造成故障这么简单了，还会使我们无法锁定具体的故障原因。

因此，作用于局部作用域的函数将程序中的其他部分和互换的路径限定为参数返回值，这样即使函数中的变量改变了，也不会影响到程序中的其他部分。

秘技 044 难易程度 ●●

局部变量不能作用于全局作用域和其他局部作用域

扫码看视频

这里是关键点！ 局部作用域的生成与失效

不能通过全局作用域的源代码使用局部变量。

▼不可以从全局作用域访问局部作用域

```
def pi():
    rate = 3.14  # 局部变量
pi()             # 调用pi()
print(rate)      # 不能使用rate
```

若运行该程序，则会显示以下错误。

▼错误信息显示

```
Traceback (most recent call last):
  File "C:/local_scope.py", line 4, in <module>
    print(rate)
NameError: name 'rate' is not defined
```

变量rate是调用pi()函数时仅存在于局部作用域中的变量。若返回pi()的控制，局部作用域就会消失，rate这一变量也将不复存在。所以，即便要执行print(rate)，对应的变量也不存在，最终会引发错误。

●某一局部作用域中的变量不能在另一局部作用域中使用

函数被调用的一瞬间，局部作用域生成。从某一函数中调用其他函数时也会生成局部作用域。

▼在函数内部调用其他函数（local_scope.py）

```
def pi():
    rate = 3.14  # ❶
    tax()        # ❷
    print(rate)  # ❸

def tax():
    rate = 0.08  # ❹

pi()             # ❺
```

▼运行结果

```
3.14
```

当运行程序时，通过操作❺调用pi()函数，生成局部作用域。通过pi()函数的操作❶将3.14赋值给局部变量rate，再通过操作❷调用tax()函数。这时，tax()函数的局部作用域已生成，也就是说，在这一刻，存在两个局部作用域。在刚生成的tax()函数的局部作用域中，通过操作❹将0.08代入变量rate中。这一变量不存在于pi()函数的局部作用域中。

若tax()函数调用完成，返回pi()的控制，则tax()的局部作用域消失。通过操作❸输出变量rate的值。这时，pi()函数的局部作用域尚在，rate的值即为3.14。

也就是说，某一函数中的局部变量完全区别于其他函数中的局部变量。

●全局变量在局部作用域中的参照

可以在局部作用域内访问全局变量。

▼在局部作用域内访问全局变量（global_scope.py）

```
def pi():
    print(rate)  # 参照全局变量    # ❶

rate = 3.14      # 全局变量
pi()             # 调用pi()
```

▼运行结果

```
3.14
```

pi()函数中不含有变量rate。操作❶中参照的是全局变量rate。最终，调用pi()输出全局变量的值3.14。

秘技 045

全局变量操作

扫码看视频

难易程度 ●●○

这里是关键点！ global语句

若想在函数中变更全局变量，需要使用global语句。若在函数中写下“global 全局变量名”则可以操作全局变量。同时也意味着，此处指定的全局变量与同名的局部变量是无法生成的。

▼在函数内部改变全局变量的值（global.py）

```
def msg():
    global word      # ❶将全局变量设置为可更改状态
    word = 'Hello'   # ❷设定全局变量的值

word = 'global'      # 全局变量
msg()                # 调用msg()
print(word)          # 输出全局变量的值
```

▼运行结果

```
Hello
```

因为❶中word声明了全局变量，所以向❷中word代入Hello，也就意味着向全局变量的word进行了赋值操作。当然，并未生成局部变量。

●全局变量和局部变量的行动

让我们通过以下程序来试着确认全局变量和局部变量的行动。

▼同名的全局变量与局部变量（global2.py）

```
def square():
    global word        # ❶将全局变量设置为可更改状态
    word = 'square'    # 代入全局变量

def triangle():
    word = 'triangle'  # ❷局部变量word
```

```
def show():
    print(word)          # ❸参照全局变量

word = 'form'            # 全局变量
square()                 # ❹执行square()
show()                   # ❺执行show()
print(word)              # ❻输出全局变量word
```

▼运行结果

```
square —— square()的执行结果
square —— print(word)的结果
```

square()函数的❶中含有global语句，因此word就成了全局变量。在triangle()函数的❷中进行了赋值操作，因此word就成了局部变量。虽然show()函数的❸中不含global语句，但没有进行赋值操作，所以这里的word为全局变量。最终，程序运行后，基于❹中square()的调用，全局变量的值变为square；基于❺中show()的调用，输出全局变量值square。若在❻中输出全局变量，则表示同一值。

秘技 046

异常处理

扫码看视频

难易程度 ●●○

这里是关键点！ try代码块和except代码块

当错误，也就是“异常”发生时，程序会终止。对这种异常进行处理，实施应对策略的过程就叫作异常处理。

捕捉异常可以使用try代码块和except代码块。

• **异常处理**

```
try:
    运行可能会引发异常的代码
except 错误对象名:
    为应对错误而进行的操作
```

try代码块中发生错误时，流程控制就转移至except代码块。这样一来，输入应对错误的操作，程序就不会异常终止，此为Python提供的异常处理机制。

●执行异常处理

以下为执行“零除法”的程序。

▼执行包含零除法的运算样本（err_sample.py）

```
def calc(num1, num2):
    return num1 / num2

print(calc(100, 10))
print(calc(100, 0))
print(calc(5, 2))
```

若运行程序，会出现以下错误信息，进而导致程序异常终止。

▼显示的错误信息

```
10.0
Traceback (most recent call last):
  File "C: /err_sample.py", line 5, in <module>
    print(calc(100, 0))
  File "C:/err_sample.py", line 2, in calc
    return num1 / num2
ZeroDivisionError: division by zero —— 显示进行了零除法
```

在程序第2行return num1/num2处执行零除法时被告知发生了ZeroDivisionError错误。接下来try和except代码块将会对该错误进行捕捉。

▼执行零除法的异常处理（try_except.py）

```
def calc(num1, num2):
    try:
        return num1 / num2
    except ZeroDivisionError:
        print('指定了错误的参数。')

print(calc(100, 10))
print(calc(100, 0))
print(calc(5, 2))
```

▼运行结果

```
10.0
指定了错误的参数。
None
2.5
```

try代码块中发生错误时，流程控制就转移至except代码块。若发生的错误是零除法错误ZeroDivisionError，则输出“指定了错误的参数。”而后结束处理过程。当然，此时的结束是在没有显示任何错误的情况下正常的程序终止。但是，由于在try代码块中直接嵌入了这一处理，所以甚至能够注意到return语句的异常处理。若在函数调用一方配置try和except代码块，则只能对零除法错误进行处理。

▼在函数调用一方执行异常处理（try_except2.py）

```
def calc(num1, num2):
        return num1 / num2

try:
    print(calc(100, 10))
    print(calc(100, 0))
    print(calc(5, 2))
except ZeroDivisionError:
    print('指定了错误的参数。')
```

▼运行结果

```
10.0
指定了错误的参数。
```

由于是在函数调用一方执行异常处理，所以只能对零除法错误进行处理。因为不返回try而利用except处理，所以不再执行零除法之后的print(calc(5,2))。

●异常类型

在Python中，使用“异常类型”的对象来告知发生了何种错误。告知零除法错误的ZeroDivisionError也是异常类型的对象。异常类型对象的各种类型由以BaseException为顶点的树形结构来决定。

▼异常类型

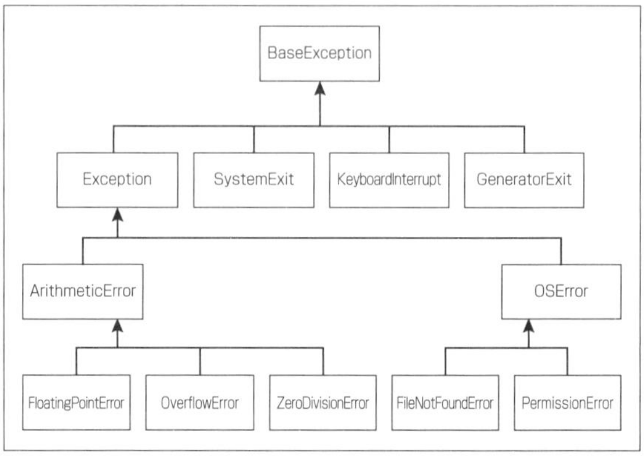

通过except指定异常类型时，若指定顶点的Base-Exception，则所有的异常都可以得到解决，甚至是键盘中断这种特殊异常的处理也没有问题。因此在一般的程序中，通常指定Exception、ZeroDivisionError或者是FileNotFoundError等派生类型。

还有一点，若将刚才程序的ZeroDivisionError改写成Exception，也能够进行零除法的异常处理。

2-5 列表

秘技 **047**

将任意数量的数据集中管理

扫码看视频

难易程度 ●●

这里是关键点！ 列表型

序列指的是将数据按顺序排列并按顺序进行数据处理的一组对象，它的反义词是“随机”。字符串（str型）是将字符按顺序排列，意思与之相符，因此也属于序列。先不提str型对象，在Python中表示序列的数据类型有列表和元组两种。列表型对象也好，元组型对象也好，其共有特征是一个对象中可容纳多个对象。

●创建列表

创建一个列表，只要使用方括号把逗号分隔的不同数据项括起来即可。

• **创建列表**

```
变量=[元素1, 元素2, 元素3, …]
```

▼所有元素都是int型的列表

```
number = [1, 2, 3, 4, 5]
```

▼所有元素都是str型的列表

```
greets = ['早上好', '下午好', '晚上好']
```

▼str型、int型、float型混合的列表

```
data = ['身高', 160, '体重', 40.5]
```

列表的内容被称为元素。元素的数据类型可以是任意类型，多种数据类型混合也没有问题。元素之间靠逗号分隔，但最后一个元素之后无须再添加逗号（添加了也不会引发错误）。另外，元素和元素之间的间隔是为了更方便地读取代码，若非必要，可以不添加。

秘技 048

对创建完成的列表追加元素

扫码看视频

难易程度 ●●○

这里是关键点！ append()方法

我们也可以在程序运行的过程中决定列表内容。这时，就要重新准备好无任何元素的“空列表”。

- **使用括号运算符创建空列表**

```
变量名=[ ]
```

- **使用构造函数list()创建空列表**

```
变量名 = list()
```

因为内容是空的，所以可以在程序运行过程中追加元素。这时用到的是append()方法。

- **append()方法**

  对列表型对象追加元素。

形式 列表型对象.append(追加的元素)

▼使用append()方法追加元素（在交互式运行环境中执行）

```
>>> sweets = []
>>> sweets.append('提拉米苏')          追加元素
>>> sweets
['提拉米苏']
>>> sweets.append('巧克力泡芙')        追加元素
>>> sweets
['提拉米苏', '巧克力泡芙']
```

在交互式运行环境中，只要将变量名输入，就可以表示变量的内容，但是在列表中，只显示[]中的内容。需要注意一点，append()只能逐个追加。需要追加多个元素时，需要借助for和while连续执行append()方法。

秘技 049

从列表中取出元素

扫码看视频

难易程度 ●●○

这里是关键点！ 列表索引

列表元素维持着追加时的排列顺序，因此，可以通过括号运算符指定索引，取出特定的元素，这叫作索引。索引从0开始，所以第1个元素的索引为0，第2个元素的索引是1，依次类推。

- **列表元素的索引**

```
列表[索引]
```

▼索引（在交互式运行环境中执行）

```
>>> sweets = ['提拉米苏', '巧克力泡芙', '焦糖布丁']
>>> sweets[0]
'提拉米苏'
>>> sweets[1]
'巧克力泡芙'
>>> sweets[2]
'焦糖布丁'
```

●负数索引

想要指定最后的元素，却不知道索引位置，这种情况下指定-1就能成功访问。这就是负数索引，从最后的元素开始按照-1、-2……的顺序持续下去。

▼以负数索引形式访问（接上面程序）

```
>>> sweets[-1]  ——— 访问最后的元素
'焦糖布丁'
```

补充知识点

索引也好，负数索引也罢，若指定时超过范围，就会引发错误。请务必注意。

秘技 050

依次访问列表元素

扫码看视频

难易程度 ●●○

这里是关键点！ 迭代访问

在列表操作中使用最为频繁的就是迭代，即按照某种顺序逐个访问列表中的每一项。迭代通过for语句来实现。

• for语句

```
for 变量 in 可迭代对象
    处理
```

range()构造函数即为可迭代对象，以下程序为使用range()的过程。

▼迭代range对象

```
>>> for count in range(5):  # range(5)将0~4之间的值
                             顺次返回
        print(count)

0
1
2
3
4
```

我们再尝试用列表来进行上述操作。

▼迭代列表

```
>>> for count in [0, 1, 2, 3, 4]:
        print(count)

0
1
2
3
4
```

只是，笔者并不推荐这一方法。因为range对象是进行迭代的特殊对象，所以与列表相比，它的标记数量更少。如果只是查询操作次数，建议使用range对象。

●按顺序对列表元素进行迭代

如果不只是单纯查询操作次数，而是对列表进行迭代操作，那for语句最为适合。

▼迭代字符串的列表（iterate.py）

```
names = ['绝地', '黑暗尊主', '楚巴卡', '尤达']
for attack in names:
    print(attack+ '吟诵了咒语！ ')
```

▼运行结果

```
绝地吟诵了咒语！
黑暗尊主吟诵了咒语！
楚巴卡吟诵了咒语！
尤达吟诵了咒语！
```

秘技 051

自动生成带有连续值的列表

扫码看视频

难易程度 ●●

这里是关键点！ list(range()构造函数)

range()构造函数有以下3种模式。

形式	range([start,] stop[, step])	
参数	start	指定起始值。省略时设定为默认值为0
	stop	指定终止值
	step	指定到下一步的步长。省略时设定为默认值为1

使用range()，可以生成从任意位置开始的连续值，或是在一定数值范围内的连续值。若指定range()为list()构造函数的参数，即便需要生成数量庞大的连续值，也可以在一瞬间生成列表。

▼使用range()构造函数创建列表

```
>>> list(range(10))          # 元素为0～9
[0, 1, 2, 3, 4, 5, 6, 7, 8, 9]
>>> list(range(11, 21))      # 元素为11～20
[11, 12, 13, 14, 15, 16, 17, 18, 19, 20]
>>> list(range(0, 31, 3) )   # 元素为从0开始的3的倍数
                               到30
 [0, 3, 6, 9, 12, 15, 18, 21, 24, 27, 30]
>>> list(range(0, -10, -1))  # 元素为从0开始逐步增加-1
                               的连续值
[0, -1, -2, -3, -4, -5, -6, -7, -8, -9]
```

秘技 052

分割列表元素

扫码看视频

难易程度 ●●

这里是关键点！ 切片

由于指定了两个索引，因此可以将特定范围内的元素取出，这叫作切片。被切片的元素要以列表形式返回，但若没有对应元素，则需返回空的列表。

- **列表切片**

列表[起始索引:终止索引:步长]

对“起始索引的元素”到“终止索引之前的元素”进行切片。

▼列表元素切片

```
>>> character= ['达斯•维德', '卢克•天行者',
                '汉•索洛',  '赫特人贾巴']
>>> # 对第1个至第3个之间的元素进行切片
>>> character[0:3]
['达斯•维德', '卢克•天行者', '汉•索洛']
>>> # 仅指定第3个参数，每隔1个进行切片
>>> character[::2]
['达斯•维德', '汉•索洛']
```

秘技 053

列表的更新、元素的追加和删除

扫码看视频

难易程度 ●●

这里是关键点！ 列表[索引]=值

Python的列表可以自由进行元素的更改和追加，这被称为可变更。

▼改写列表元素（在交互式运行环境中执行）

```
>>> character= ['达斯•维德', '卢克•天行者, '汉•索洛']
```

```
>>> character[0] = '达斯•摩尔'
>>> character
['达斯•摩尔', '卢克•天行者', '汉•索洛']
```

●追加列表元素

list型对象中包含列表专用方法。在列表末尾追加新元素的append()方法也是其中之一。

• append()方法

在列表末尾追加元素。

形式	列表.append(追加的值)

▼列表元素的追加

```
>>> character= ['达斯•维德', '卢克•天行者', '汉•索洛']
>>> # 末尾追加
>>> character.append('赫特人贾巴')
>>> character
['达斯•维德', '卢克•天行者', '汉•索洛', '赫特人贾巴']
```

●删除列表元素

使用pop()方法删除元素。

• pop()方法

将索引指定位置的元素从列表删除，并将删除的元素作为返回值返回。未指定参数时就使用pop(-1)将列表末尾的元素删除。

形式	pop(索引)

▼列表元素的删除

```
>>> character= ['达斯•维德', '卢克•天行者', '汉•索洛']
>>> delete = character.pop()  # 取出末尾的元素
>>> delete                    # 将删除的元素代入delete
'汉•索洛'
>>> character                 # 末尾的元素被删除
['达斯•维德', '卢克•天行者']
```

秘技 054

计算列表元素个数

扫码看视频

难易程度 ●●○

这里是关键点！ len()函数

使用len()函数可以计算列表元素个数。

• len()函数

返回列表元素个数。

形式	len(list)

●比较元素数目

使用len()函数，可以根据两个列表中元素较少的一方进行反复操作。

▼反复进行玩家的攻击与恶魔的回应（multilist.py）

```
# 攻击模式
brave = ['python的攻击！ ', 'python进行防守',
         'python逃走了']
# 恶魔的回应模式
monster = ['恶魔进行了反击', '恶魔摆出攻击姿态']
# ❶计算两个列表中的元素个数，将n代入个数较少的一方
n = min(len(brave),            # 获取brave的元素个数
        len(monster)           # 获取monster的元素个数
        )
# 根据较少一方的元素数进行反复操作
for i in range(n):    # 根据较少的元素个数生成range对象
    print(brave[i],            # 按顺序输出列表元素
          monster [-i-1],      # 从列表末尾元素开始按顺序
                               输出
          sep=' -->'           # 指定分隔符
          )
```

▼运行结果

```
python的攻击！ - -> 恶魔摆出攻击姿态
python进行防守- -> 恶魔进行了反击
```

在❶中针对两个列表元素进行了反复操作，因此，计算各自的元素个数，将较少一方的元素个数作为反复的次数。

• min()函数

返回两个以上的参数中最小的一个。

形式	min(值1，值2，…)

print()函数可以通过选项决定是否换行和指定分隔符。仅指定对象时，若输出多个对象，则需在对象之间加入半角空格，在输出终止处换行。刚才的例子中，由于指定了sep='-->'，因此像“输出数据1-->输出数据

2”这样，在中间加入了-->。

- **print()函数**

将传入的参数全部转换为字符串输出。

形式	print(objects, sep=' ', end='\n')	
参数	objects	因为有逗号（,）间隔，所以能够实现多重指定
	sep=' '	在输出多个数据时指定分隔符。若省略，则输出半角空格作为分隔符
	end='\n'	在输出字符串之后，指定输出的字符。若省略，则在最后输出换行操作

秘技 **055** ▸难易程度 ●●○

向列表追加其他列表元素

扫码看视频

这里是关键点！ extend()方法

使用extend()方法可以向列表中追加其他列表元素。

- **extend()方法**

形式	追加的列表1. extend(追加的列表)

▼向列表追加其他列表元素

```
>>> monster1 = ['刚达克', '战斗机器人']
>>> monster2 = ['拾荒者', '杜库伯爵', '达斯•西迪厄斯']
>>> monster1.extend(monster2)
>>> monster1
['刚达克', '战斗机器人', '拾荒者', '杜库伯爵',
 '达斯•西迪厄斯']
```

extend()方法可以利用运算符+和-进行置换操作。

```
monster1 += monster2 —— 与monster1.extend(monster2)
                        结果相同
```

秘技 **056** ▸难易程度 ●●○

在指定位置追加元素

扫码看视频

这里是关键点！ insert()

使用insert()方法可以在任意位置追加元素。

- **insert()方法**

形式	列表. insert(索引,以元素形式追加的值)

▼在索引指定的位置追加元素

```
>>> monster = ['刚达克', '战斗机器人']
>>> #  在索引为1的位置追加元素
>>> monster.insert(1, '杜库伯爵')
>>> monster
['刚达克', '杜库伯爵', '战斗机器人']
```

秘技 **057** ▸难易程度 ●●○

删除特定元素

扫码看视频

这里是关键点！ del运算符，remove()方法

del运算符与括号运算符组合，可以删除任意位置的元素。

- **del运算符**

形式　del[起始索引:终止索引]

※若仅指定起始索引，则逐个删除对应要素。

▼删除索引指定的元素

```
>>> monster = ['刚达克', '杜库伯爵', '战斗机器人']
>>> # 删除第2个元素
>>> del monster[1]
>>> monster
['刚达克', '战斗机器人']
```

●删除位置不明的元素

- **remove()方法**

remove()方法可以指定元素值并进行删除。

- **remove()方法**

形式　列表. remove(删除的值)

▼指定并删除值

```
>>> monster = ['刚达克', '杜库伯爵', '战斗机器人']
>>> monster.remove('杜库伯爵')
>>> monster
```

秘技

058 查找列表元素

扫码看视频

难易程度 ●●

这里是关键点！ index()方法，in运算符，count()方法

●获取元素索引（index()）

index()方法将返回与指定的参数值一致的元素索引。

- **index()方法**

形式　列表.index(意图获取索引元素的值)

▼查找索引

```
>>> monster = ['达斯•维德', '达斯•摩尔', '达斯•西迪厄斯']
>>> monster.index('达斯•摩尔')  # 查找索引
1
```

●查找的值是否在列表中（in运算符）

in运算符可以查找指定的值是否在列表中。若存在，则返回True，反之则返回False。

- **in运算符**

形式　意图确认存在的值 in 列表

▼确认指定的值是否在列表中

```
>>> monster = ['达斯•维德', '达斯•摩尔', '达斯•西迪厄斯']
 >>> '达斯•维德' in monster
True
```

●计算指定值在列表中的个数

count()方法可以计算指定值在列表中的个数。

- **count()方法**

形式　列表. count (意图获取指定值在列表中的个数)

▼计算指定的元素在列表中的个数

```
>>> droid= ['R2-D2', ' R2-D2', ' C-3PO', ' R2-D2']
>>> droid.count(' R2-D2')
2 ——— 含有的个数
```

秘技 059

对列表元素进行排序

扫码看视频

难易程度 ●●

这里是关键点！ sort()方法

使用 sort()方法可以对列表元素进行排序。

• sort()方法

形式（升序排序）	列表. sort()
形式（降序排序）	列表. sort(reverse=True)

▼列表元素的排序

```
>>> character = ['达斯•维德', '卢克•天行者',
                 '汉•索洛', '赫特人贾巴']
# 升序排序
>>> character.sort()
>>> character
['赫特人贾巴', '达斯•维德', '汉•索洛', '卢克•天行者']
>>> # 对数值元素进行升序排序
>>> n = [5, 3, 0, 4, 1]
>>> n.sort()
>>> n
[0, 1, 3, 4, 5]
>>> # 降序排序
>>> n.sort(reverse=True)
>>> n
[5, 4, 3, 1, 0]
```

希腊字母等文字表示符号都是按照字符编码的顺序进行排序的，因此可以根据abc顺序进行排列。虽说汉字也能按照字符编码的顺序进行排序，但是没有系统的排序依据，即便进行排序，也没有什么实际意义。

秘技 060

列表的复制

扫码看视频

难易程度 ●●

这里是关键点！ 列表.copy()、list(列表)、列表[:]

由于列表也是一种对象，所以将列表变量赋值给其他变量时，对象的参照信息（内存地址）也会随之赋值。也就是说，会对列表型对象赋上别的名字。

▼将列表赋值到其他变量中

```
>>> pattern1 = ['战斗', '驾崩']
>>> pattern2
['战斗', '逃跑']
>>> pattern1 = ['战斗', '逃跑']
>>> pattern2 = pattern1
>>> # 更改pattern1的第2个元素
>>> pattern1[1] = '驾崩'
>>> pattern2
['战斗', '驾崩']
```

从结果来看，对于列表pattern1的操作也能反映在列表pattern2中。这是因为pattern1和pattern2都“参照相同的对象”。对于将列表的元素复制并赋值的情况，可以使用以下任意一种方法。

· 使用copy()方法进行复制，以创建新的列表。
· 对list()函数的参数指定复制的列表，以创建新的列表。
· 对复制列表中的全部元素进行切片，以创建新的列表。

▼复制列表以创建新的列表

```
>>> pattern1 = ['战斗', '驾崩']
>>> # 复制pattern1，创建列表pattern2
>>> pattern2 = pattern1.copy()
>>> # 以pattern1为参数，创建列表pattern3
>>> pattern3 = list(pattern1)
>>> # 将pattern1中所有元素切片，创建列表pattern4
>>> pattern4 = pattern1 [:]
```

秘技 061 难易程度 ●●○

多维列表

扫码看视频

这里是关键点！ 列表=[元素列表1，元素列表2，…]

列表元素中也可包含列表。

▼列表的列表

```
>>> # 第1个列表
>>> monster1 = ['刚达克', '战斗机器人']
>>> # 第2个列表
>>> monster2 = ['拾荒者', '杜库伯爵', '达斯•西迪厄斯']
>>> # 将两个列表作为元素
>>> all_monsters = [monster1, monster2]
>>> # 输出含有列表元素的列表
>>> all_monsters
[['刚达克', '战斗机器人'], ['拾荒者', '杜库伯爵',
                          '达斯•西迪厄斯']]
>>> # 输出第1个元素列表❶
>>> all_monsters[0]
['刚达克', '战斗机器人']
>>> # 输出第2个元素列表的第1个元素❷
>>> all_monsters[1][0]
'拾荒者'
```

像❶一样，当元素作为列表时，参照索引，也就是参照列表本身。

```
all_monsters[0] ———— 参照第一个元素的列表
```

像❷一样，参照元素列表的元素时，要使用两个索引。

```
all_monsters[1][0] ———— 参照第2个元素列表的第1个元素
```

秘技 062 难易程度 ●●○

通过列表生成式创建列表

扫码看视频

这里是关键点！ 列表生成式

举个例子，若我们想在列表中追加1到5的整数。使用append()方法逐个追加太过麻烦，这时就可以使用for语句。

▼使用for循环

```
>>> for num in range(1, 6):
...     num_list.append(num)
...
>>> num_list
[1, 2, 3, 4, 5]
```

使用range()函数的返回值创建列表则更简单。

▼将range对象转换为列表

```
>>> num_list = list(range(1, 6))
>>> num_list
[1, 2, 3, 4, 5]
```

在此基础之上更为简单的写法是利用列表生成式。

• **列表生成式**

[变量 for 包含in对象值的变量 in 可迭代对象]

将刚才的代码用列表生成式表示如下。

▼利用列表生成式追加元素

```
>>> num_list = [num for num in range(1, 6)]
>>> num_list
[1, 2, 3, 4, 5]
```

列表生成式中最开始的变量是为了代入列表的值而存在的变量。将从可迭代对象中取出的值代入in之后的变量。像下面一样，将1代入变量n的次数共计5次，且作为列表元素被追加。

▼列表生成式中两个变量不同的情况

```
>>> n = 1
>>> num_list = [n for num in range(1, 6)]
>>> num_list
[1, 1, 1, 1, 1]     5个元素的值都是1
```

因此，若要使range()函数返回的1～5的值成为列表元素，必须使内含标记中的两个变量为同一值。

●更改range()函数的返回值并使其成为列表元素

若按以下程序，就可以更改range()函数的返回值并使其成为列表元素。

▼对列表内容标记最开始的变量进行值的加工

```
>>> num_list = [num-1 for num in range(1, 6)]
                                  从num开始-1
>>> num_list
[0, 1, 2, 3, 4]     各元素都变为-1之后的值
```

●在for语句中嵌套if

在列表生成式中，可以进行for语句的if嵌套。这样一来，只对列表追加奇数这样的操作也可以实现。

▼只对列表追加1～5范围内的奇数

```
>>> num_list = [num for num in range(1, 6) if num % 2 == 1]
>>> num_list
[1, 3, 5]
```


2-6 元组

秘技 063

集中管理“不可更改”数据

扫码看视频

难易程度 ●●

这里是关键点！ 元组

就部分列表而言，其中的元素一经设置，就不能更改（不可变类），这种类型被称为元组。

●元组的元素值不能更改

将秘技050“依次访问列表元素”中的程序改写成元组形式，如下所示。

▼处理元组中的元素（tuple.py）

```
names = ('绝地', '黑暗尊主', '楚巴卡', '尤达')
for attack in names:
    print(attack+ '吟诵了咒语! ')
```

▼运行结果

```
绝地吟诵了咒语!
黑暗尊主吟诵了咒语!
楚巴卡吟诵了咒语!
尤达吟诵了咒语!
```

其运行结果与用列表处理时完全一致，但由于names是元组，所以里面的内容不能更改。元组也可以计算元素个数，但却不能像列表一样对元素进行追加或删除。

• 元组的特征

· 因元素不可更改，因此在性能方面优于列表。
· 不会发生因元素值错误而需要更改的情况。
· 函数和方法的引数可以以元组形式传递。
· 字典的键是元组。

●元组的创建方法和使用方法

将“()”中的各元素以逗号隔开书写，形成元组。也可以通过省略“()”，直接输入元素的形式进行创建。

• 创建元组

```
元组名 =（元素1，元素2，…）
元组名 = 元素1，元素2，…
```

若采用以下形式，则可以分解元组元素，并将其赋值给专门的变量。

▼将元组元素赋值给变量

```
>>> names = ('绝地', '黑暗尊主', '楚巴卡', '尤达')
>>> # 从最开始的元素开始顺次赋值到变量a、b、c中
>>> a, b, c, d = names
>>> a
'绝地'
>>> b
'黑暗尊主'
>>> c
'楚巴卡'
>>> d
'尤达'
```

2-7 字典

秘技 064

利用键-值对进行数据管理

扫码看视频

难易程度 ●●○

这里是关键点！ 字典（dict）型

字典是以键（名字）与其对应值为元素进行管理的数据类型。列表和元组决定元素的排列顺序，使用索引进行参照。而与之相对的是，字典这种数据类型使用元素名（键）进行参照。

• 字典的创建

```
变量 = {键1:值1，键2:值2，…}
```

字典的元素如下所示。

```
键:值
```

从上面可以看出，字典是以键与其对应值构成的。键可以是字符串，可以是数值，可以是任何东西。若以“‘今天的午饭’:‘乌冬面’”为元素，则可以像使用字典一样，检索‘今天的午饭’是‘乌冬面’。

另外，虽然字典的元素可以更改（可变类），但键的值不可更改（键是不可变类）。若想变更只能将整个元素（键:值）删除，再追加新的元素。

●字典的创建

创建字典。

▼创建字典

```
>>> menu = {'早饭' : '麦片粥',
            '午饭' : '牛肉盖饭',
            '晚饭' : '西红柿意面' }
>>> menu
{'早饭' : '麦片粥', '午饭' : '牛肉盖饭', '晚饭' : '西红柿意面'}
```

字典和列表不同，它没有“顺序”的概念。只体现键与值的搭配。另外，虽然上面的案例会随着每个元素的输入进行换行，但实际运用时，连续输入也没有任何问题。

秘技 065

字典元素的参照、追加、更改与删除

扫码看视频

难易程度 ●●○

这里是关键点！ 字典[键]、字典[键]=值、del字典[删除元素的键]

要参照字典中的元素时，需使用与列表相同的中括号[]。

• 参照字典元素

```
字典[已录入的键]
```

▼参照字典中包含的元素

```
>>> menu = {'早饭' : '麦片粥',
            '午饭' : '牛肉盖饭',
            '晚饭' : '西红柿意面' }
>>> menu['早饭']
'麦片粥'
```

●元素的追加

对创建完成的字典追加新的元素。

• 对字典追加元素

```
字典[键]=值
```

追加元素

```
>>> menu['点心'] = '马卡龙'
>>> menu
{'午饭' : '牛肉盖饭', '早饭' : '麦片粥', '点心' : '马卡龙',
 '晚饭' : '西红柿意面'}
```

（注：'点心' : '马卡龙' 为追加的元素）

由于字典的元素顺序不是固定的，所以程序运行时，元素的排列顺序也是散乱的。但是，只要指定键，就可以参照值，所以顺序并不重要。

●更改已录入的值

若指定键进行赋值，则可更改已录入的值。

• 更改字典元素的值

字典[已录入的键]=值

▼更改已录入的值

```
>>> menu['点心'] = '草莓大福'
>>> menu
{'午饭' : '牛肉盖饭', '早饭' : '麦片粥', '点心' : '草莓大福',
 '晚饭' : '西红柿意面'}
```

●元素的删除

利用del运算符实现元素的删除。

• del运算符

形式 del 字典[删除元素的键]

▼删除指定的元素

```
>>> del menu['点心']
>>> menu
{'午饭' : '牛肉盖饭', '早饭' : '麦片粥', '晚饭' :
 '西红柿意面'} ——— '点心'不见了
```


秘技 066

获取汇总后的键

扫码看视频

难易程度 ●●○

这里是关键点！ for 代入键的变量 in 字典:

可以通过使用for实现字典元素的迭代（反复处理）。通过for进行字典的迭代时只能取出元素的键。

• 获取字典中所有的键

```
for 代入键的变量 in 字典:
    反复操作…
```

▼对键进行迭代并列举（dict_droid.py）

```
droid= {'R2-D2'          : '宇航技工机器人',
        'C-3PO'          : '用于和智慧生物交流的机器人',
        '战斗机器人'     : '用于战斗的机器人'
        }
for key in droid:
    print(key)
```

▼运行结果

```
R2-D2
C-3PO
战斗机器人
```

●用keys()方法取出键

使用keys()方法可以将字典的键汇总后取出。

• keys()方法

将字典中所有的键以列表元素的形式返回。

形式 字典. keys()

▼获取字典中所有的键（dict_droid2.py）

```
droid= {'R2-D2'          : '宇航技工机器人',
        'C-3PO'          : '用于和智慧生物交流的机器人',
        '战斗机器人'     : '用于战斗的机器人'
        }
lst = droid.keys() # 获取将所有键作为元素的列表
print(lst)
```

▼运行结果

```
dict_keys(['R2-D2', 'C-3PO', '战斗机器人'])
```

dict_ keys()的括号中表示的是键，只要说明这是字典的键，就能将列表代入变量lst。而且列表是可迭代的对象，所以可以像下面这个程序一样利用for将键逐个取出来。

• 对keys()方法的返回值进行迭代

```
for 代入键的变量 in 字典. keys():
    反复操作…
```

▼利用keys()方法从返回键的列表中逐个取出（dict_droid2.py）

```
for key in droid.keys():
    print(key)
```

▼运行结果

```
R2-D2
C-3PO
战斗机器人
```

其运行结果与利用for对字典本身进行迭代的结果相同。关于获取方式，共有两种方式可供灵活使用。可以利用keys()方法将所有的键汇总之后获取；也可以将其逐个取出后再进行具体操作。在取出时，或对字典本身进行迭代，或对keys()方法返回的列表进行迭代。

秘技 067

仅获取字典的值

扫码看视频

难易程度 ●●○

这里是关键点！ values()方法

可以通过values()方法汇总并获取字典的值。

• values()方法

将字典中所有的值以列表元素的形式返回。

▼以列表形式获取字典中所有的值（dict_droid3.py）

```
droid= {'R2-D2'         : '宇航技工机器人',
        'C-3PO'         : '用于和智慧生物交流的机器人',
        '战斗机器人'     : '用于战斗的机器人'
        }
val = droid.values()       # 仅将字典中的值全部取出
print(val)
```

▼运行结果（对输出结果进行换行操作）

```
dict_values(['宇航技工机器人',
             '用于和智慧生物交流的机器人',
             '用于战斗的机器人'])
```

●通过for对values()的返回值进行迭代

接下来让我们利用for对values()的返回值列表进行迭代。

• 对字典的值进行迭代

for 代入键的变量 in 字典. values ():

▼获取字典中所有的值（dic_droid3.py）

```
for key in droid.values(): # 通过for对values()的返回
                             值进行迭代
    print(key)
```

▼运行结果

```
宇航技工机器人
用于和智慧生物交流的机器人
用于战斗的机器人
```

秘技 068

完整获取字典元素

扫码看视频

难易程度 ●●○

这里是关键点！ items()方法

利用items()方法可以获取所有的键-值对。

• items()方法

令字典中所有元素的键-值对形成元组，再将汇总了元组的列表返回。

形式	字典. items()

▼获取字典中所有的元素（dict_droid4.py）

```
droid= {'R2-D2'         : '宇航技工机器人',
        'C-3PO'         : '用于和智慧生物交流的机器人',
        '战斗机器人'     : '用于战斗的机器人'
        }
val = droid.items()
print(val)
```

▼运行结果（适当换行）

```
dict_items([('R2-D2', '宇航技工机器人'),
            ('C-3PO', '用于和智慧生物交流的机器人'),
            ('战斗机器人', '用于战斗的机器人')])
```

为展示字典元素，使用dict_ items()进行输出，但输出的内容是元组的列表。若只看列表部分，则如下所示。

```
[ ——— 列表开始
    ('R2-D2', '宇航技工机器人'),
    ('C-3PO', '用于和智慧生物交流的机器人'),
    ('战斗机器人', '用于战斗的机器人')
] ——— 列表终止
```

秘技 **069** ▶难易程度 ●●○

通过for对字典的键和值进行迭代

扫码看视频

这里是关键点！ for 键的变量，值的变量 in 字典. items():

因为items()可以将字典的元素组成元组，所以之后可以使用for进行迭代，从元组中分别取出键和值并进行各种处理。

• **对字典的键和值进行迭代**

```
for 代入键的变量，代入值的变量 in 字典. items():
    处理…
```

▼对字典的键和值进行迭代（dict_droid_for.py）

```
droid= {'R2-D2'         : '宇航技工机器人',
        'C-3PO'         : '用于和智慧生物交流的机器人',
        '战斗机器人'      : '用于战斗的机器人'
       }
for key, value in droid.items(): # 从key中取出键，
                                   从value中取出值
    print(
        '[{}]是{}。'.format(key, value))
```

▼运行结果

```
[R2-D2]是宇航技工机器人。
[C-3PO]是用于和智慧生物交流的机器人。
[战斗机器人]是用于战斗的机器人。
```

format()用于设定字符串的形式。将对参数指定的字符串按顺序应用于字符串内嵌的{}中。

秘技 **070** ▶难易程度 ●●○

利用字典更改两元素的顺序

扫码看视频

这里是关键点！ dict([[键,值],[键,值],…])

若使用函数，则可以利用字典更改两元素的顺序。

• **将两元素一组的列表制成字典**

```
dict([[键,值],[键,值],…])
```

接下来的案例将向我们展示如何将两元素的列表制成字典。

▼将列表制成字典

```
>>> # 列表的列表
>>> seq =[['冈根人', '居住在纳布行星的两栖智慧种族'],
          ['贾瓦人', '居住在沙漠行星塔图因的类人智慧种族'],
          ['Narquois', '居住在Narq行星的矮小智慧种族']]
>>> dict(seq)
{'冈根人': '居住在纳布行星的两栖智慧种族',
 '贾瓦人': '居住在沙漠行星塔图因的类人智慧种族',
 'Narquois': '居住在Narq行星的矮小智慧种族'}
```

秘技 071

在字典之后追加字典

难易程度 ●●

这里是关键点！ 字典.update(追加的字典)

扫码看视频

利用update()方法可以将字典的元素复制到其他字典中。并且，被追加的字典与追加的字典拥有同一键时，被追加字典的值将被覆盖。

update()方法

形式 字典.update(追加的字典)

▼在字典之后追加字典

```
>>> items = {'宇宙飞船':['星际战斗机','GR-75中型运输船'],
            '武器':['离子炮','激光炮','弩式激光枪'],}
>>> # 追加用的字典
>>> add = {'宇宙飞船' : ['千年隼'],
           '机器人' : ['机器人坦克',' B1战斗机器人',
           'IG-100太卫机器人']}
>>> # 追加字典
>>> items.update(add)
>>> items
{'宇宙飞船': ['千年隼'],
 '武器': ['离子炮', '激光炮', '弩式激光枪'],
 '机器人': ['机器人坦克', ' B1战斗机器人',
           'IG-100太卫机器人']}
```

秘技 072

完全复制字典元素

难易程度 ●●

这里是关键点！ 变量=字典.copy()

扫码看视频

使用copy()方法，可以实现字典元素的整合复制。不是参照而是将整个对象复制。

copy()方法

形式 字典.copy()

▼字典的复制

```
>>> add = {'宇宙飞船' : ['千年隼'],
           '机器人' : ['机器人坦克','B1战斗机器人',
           'IG-100太卫机器人']}
>>> new = add.copy()
>>> new
```

秘技 073

删除字典元素

难易程度 ●●

这里是关键点！ del字典.[‘要删除的元素的键’]

扫码看视频

del运算符用于删除字典的部分元素，而clear()方法用于删除所有的元素。

●指定元素后进行删除

通过del运算符指定键，就可以将对象元素删除。

指定键后删除字典元素

del 字典.[‘要删除的元素的键’]

▼指定键后删除字典元素（交互式运行环境的后续）

```
>>> add = {'宇宙飞船' : ['千年隼', '星际战斗机'],
```

```
            '机器人' : ['机器人坦克',' B1战斗机器人',
            'IG-100太卫机器人']}
>>> del add['机器人']
>>> add
{'宇宙飞船': ['千年隼', '星际战斗机']}
```

●将字典中所有的元素一起删除

使用clear()方法将字典中所有的键与值一起删除。

• clear()方法

形式	字典.clear()

▼删除字典中的所有元素（接上文程序）

```
>>> add.clear()
>>> add
{} ——— 字典内容为空
```


秘技074 对3个列表进行汇总与迭代

扫码看视频

难易程度 ●●○

这里是关键点！ zip（可迭代对象）

若想对多个列表或多个元组同时进行迭代，可使用zip()函数。该函数可以提供集合了多个序列元素的元组型迭代器。

• zip()函数

将指定了参数的可迭代对象的元素进行汇总，并生成元组型迭代器。

形式	zip（可迭代对象，…）

zip()可以将多个可迭代对象（列表、元组等）中的元素取出，通过一个迭代器将其汇总。下面我们试举一例，以3个列表为基础生成迭代器，然后使用for循环进行反复操作。

▼在汇总3个列表的基础上进行迭代（iretare_zip.py）

```
monster    = ['塔斯肯突击队', '暴风兵', '詹戈']
attack     = ['光剑', '涡轮激光炮', '爆能步枪']
fight_back = ['反击', '防御', '逃走']

# 只反复列表元素数目
for mst, atc, fb in zip(monster, attack, fight_back):
    print(mst + '现身! \n',                # 恶魔的出现
          '>>>勇士拿起{}!'.format(atc) + '\n',
                                          # 勇士的回应
          '>>>{}{}! '.format(mst, fb)     # 恶魔的回应
          )
```

▼运行结果

```
塔斯肯突击队现身!
 >>>勇士拿起光剑!
 >>>塔斯肯突击队反击!
暴风兵现身!
 >>>勇士拿起涡轮激光炮!
 >>>暴风兵防御!
詹戈现身!
 >>>勇士拿起爆能步枪!
 >>>詹戈逃走!
```

●对3个列表进行迭代的机制

在for语句中in之后指定“可迭代对象”。在刚才的例子中，进行了以下指定。

```
zip(monster, attack, fight_back)
```

这样一来，就可以将3个列表的元素逐个汇总到元组中，然后作为返回值返回。

▼返回zip()函数的元组内容

```
for mst, atc, fb in zip(monster, attack, fight_back):
```

⬇

for操作	zip()函数的返回值
第1次	（‘塔斯肯突击队’，‘ 光剑’，‘反击’）→代入 mst、atc、fb中
第2次	（‘暴风兵’，‘ 涡轮激光炮’，‘防御’）→代入 mst、atc、fb中
第3次	（‘詹戈’，‘ 爆能步枪’，‘逃走’）→代入 mst、atc、fb中

for之后有mst、atc、fb这3个变量。在表格中第1次的操作中，按照（‘塔斯肯突击队’，‘ 光剑’，‘反击’）的顺序依次将这几个元素代入mst、atc、fb中。

基于zip()函数的迭代，在处理最小的序列元素时终止。若有比它大的序列（元素）出现，将不再处理剩余元素。

秘技 075

难易程度 ●●○

创建列表以将两个列表中的各个元素汇总成元组

扫码看视频

这里是关键点！ list(zip(列表1，列表2))

使用zip()函数，可以将两个列表中的各个元素汇总为元组，甚至再将其整合为列表元素。

- **将两个列表中的各个元素汇总为元组，再将其制成列表**

```
list(zip(列表1，列表2))
```

▼将两个列表制成元组→列表（zip_list.py）

```
weapon = ['光剑', '爆能步枪', '激光炮']
ability= [ '力量共鸣，放出等离子体光刃',
          '发射激光束',
          '强力激光武器']
# 将各元素汇总为元组，再将其作为列表元素
ls = list(zip(weapon, ability))
print(ls)
```

▼运行结果（实际上可以用一行输出，但是为了清晰易懂，进行了换行操作）

```
[('光剑', '力量共鸣，放出等离子体光刃'),
 ('爆能步枪', '发射激光束'),
 ('激光炮', '强力激光武器')]
```

使用zip()生成的迭代器整合至一个列表中。将从列表迭代器中取出的两个元素放入一组元组。

秘技 076

难易程度 ●●○

根据两个列表创建字典

扫码看视频

这里是关键点！ dict(zip(列表1，列表2))

在上一秘技的案例中我们已经成功创建了列表，使用类似的方法也可以将两个列表中某个列表的元素作为键，另一个列表的元素作为值，从而创建字典。

- **将两个列表中的各个元素组成键-值对，从而创建字典。**

```
dict(zip(列表1，列表2))
```

▼根据两个列表创建字典（zip_dict.py）

```
weapon = ['光剑', '爆能步枪', '激光炮']
ability= ['力量共鸣，放出等离子体光刃',
          '发射激光束',
          '强力激光武器']
# 将列表元素组成键-值对，从而创建字典
dc = dict(zip(weapon, ability) )
print(dc)
```

▼运行结果（实际上可以用一行输出，但是为了清晰易懂，进行了换行操作）

```
{'光剑' : '力量共鸣，放出等离子体光刃',
 '爆能步枪' : '发射激光束',
 '激光炮' : '强力激光武器'}
```

使weapon的元素为键，ability的元素为值，完成字典的创建。

秘技 077 难易程度 ●●○

利用字典生成式创建字典

这里是关键点！ {键:值 for 变量 in 可迭代对象}

我们也可以通过生成式创建字典。

- **字典生成式**

{键:值for变量in可迭代对象}

下面尝试使用生成式将两个列表制成字典。

▼利用生成式将两个列表制成字典（zip_inner.py）

```
weapon = ['光剑', '爆能步枪', '激光炮']
ability= ['力量共鸣，放出等离子体光刃',
          '发射激光束',
          '强力激光武器']
```

```
# 利用生成式创建字典
dc = {i : j for (i, j) in zip(weapon, ability)}
print(dc)
```

▼运行结果

```
{'光剑' : '力量共鸣，放出等离子体光刃',
 '爆能步枪' : '发射激光束',
 '激光炮' : '强力激光武器'}
```

for循环每运行一次，列表元素就被代入到（i,j）各变量中，最终以“键:值”的形式配置“i:j”，使其作为字典元素。

2-9 集合

秘技 078 难易程度 ●●○

禁止元素重复的数据结构

这里是关键点！ 集合

集合（set型）与列表和元组一样，都是将多个数据整合为一体的数据类型。但是，它们也有着根本性的不同，那就是集合不允许元素重复。集合的创建方式与字典相似，都是将元素置于{}中，并使用逗号间隔。看了下面的形式说明就会明白了，实际上只取字典的键作为元素即为集合。

- **集合的创建**

{元素1，元素2，…}

- **利用set()函数创建集合**

set(列表，元组，字符串)

▼创建集合案例

```
>>> month = { '1月', '2月', '3月', '4月', '5月' }
>>> month
{'1月', '3月', '2月', '5月', '4月'}
>>>#根据列表创建集合
>>> set( ['STAR', 'WARS'] )
{ STAR, 'WARS' }
>>># 根据元组创建集合
>>> set( ('STAR', 'WARS') )
{'STAR', 'WARS' }
>>># 根据字典创建集合
>>> set( {'激光炮' : '强力激光武器',
          '爆能步枪' : '发射激光束'})
{'爆能步枪', '激光炮'}
```

若set()的参数是字典，那只有键才是集合的元素。

秘技 079

难易程度 ●●

使用集合删除或抽出重复元素

这里是关键点！ set(含有重复元素的列表)、集合−集合、集合&集合

只将键作为元素的字典，其作用就像是“从收件人信息中去掉重复的邮箱”。也就是说，集合的作用就是从列表或元组中去掉重复的元素。

▼去掉列表中的重复数据

```
>>># 含有重复数据的列表
>>> data = ['日本', '美国', '俄罗斯', '美国', '俄罗斯']
>>># 去掉重复元素，创建集合
>>> data_set = set(data)
>>> data_set
{'俄罗斯', '日本', '美国'}
```

●利用−和&的集合运算

在集合中使用−进行减法运算，则被减方的集合返回“重复且不存在的元素”。而用&进行运算，则只返回“重复的元素”。

▼运用−和&进行运算

```
>>> data1 = { '日本', '美国', '英国' }
>>> data2 = { '日本', '美国' }
>>> data1 - data2
{'英国'} ———— 只返回data1中没有重复的元素
>>> data1 & data2
{'日本', '美国'} ———— 只返回data1和data2共有的元素
```

秘技 080

难易程度 ●●

并集与交集

这里是关键点！ union()、intersection()

union()方法通过并集操作将重复的元素去除后创建一个集合，而intersection()方法通过交集操作将重复的元素创建为一个集合。

▼并集与交集

```
>>> data1 = { '日本', '美国', '英国' }
>>> data2 = { '日本', '美国', '法国' }
>>> data3 = { '日本', '美国', '意大利' }
>>># 去掉重复元素，创建集合
>>> data1.union(data2, data3)
{'日本', '意大利', '法国', '美国', '英国'}
>>># 仅使用重复元素创建集合
>>> data1.intersection(data2, data3)
{'美国', '日本'}
```

2-10　特殊函数

秘技 081

难易程度 ●●

可变长参数

这里是关键点！ def 函数名 (*args)

在参数名之前加一个星号（*）即成为可变长参数，可以将此时的参数作为元组来进行各种操作。

可变长参数除了可以单独设定外，也可以在一般参数之后进行设定。另外，可变长参数的名字可以不是args，取常用的就可以。

- **单独设定可变长参数**

```
def 函数名 (*args)
```

- **在一般参数之后设定可变长参数**

```
def 函数名 (参数1, 参数2, *args)
```

▼使用可变长参数（sequence_param.py）

```
def sequence (*args):
    for s in(args):    # 仅反复传入的参数数量
        print(s + '月') # 表示元组中取出的值

sequence('1','2','3')   # 仅指定必要参数并调用函数
```

▼运行结果

```
1月
2月
3月
```

▼表示可变长参数的内容

```
>>> def sequence (*args):
    print(args)

>>> sequence('1','2','3')
('1', '2', '3') ——— 将传入的参数整合为元组
```


秘技 082

含有“键–值对”的参数

扫码看视频

难易程度 ●●○

这里是关键点！ def 函数名 (**kwargs)

输入“**参数名”，该参数即为字典型。当传入关键字参数，关键字即为键，其对应的值自然就是关键字的值，所以键必须是字符串。

- **只设定字典型参数**

```
def 函数名 (**kwargs)
```

- **位置型参数之后为字典型**

```
def 函数名(参数1, 参数2, **kwargs)
```

- **按照位置型、可变长型、字典型的顺序设定参数**

```
def 函数名(参数1, 参数2, *args, **kwargs)
```

▼向字典型参数传递关键字参数（dic_param.py）

```
def attacks(**kwargs):
    print(kwargs)

attacks(year='2018', month='12') # 传递关键字参数
```

▼运行结果

```
{'year' : '2018', 'month' : '12'}
```

秘技 083

函数对象与高阶函数

扫码看视频

难易程度 ●●○

这里是关键点！ def 高阶函数名(接收函数对象的参数):

可以说，Python中的一切都是对象，函数也不例外。和其他对象一样，函数也可以赋值到变量中，也可以在其他函数中被当作参数传递或是作为返回值接收函数。首先定义传递函数。

▼定义传递函数

```
>>> def attack():
    print('勇士的攻击! ')
勇士的攻击!
```

接下来，通过参数获取函数，定义执行此操作的函数。像这样，通过参数获取函数，或者作为返回值返还函数，都被称为高阶函数。

▼通过参数获取函数，定义执行此操作的高阶函数

```
>>> def run_something(func):        # 通过参数获取函数
      func()                        # 执行获取的函数
```

令attack()函数名作参数，试着调用run_something()函数。

```
>>> run_something(attack)
勇士的攻击!
```

向run_something()中传入attack这一参数，则attack()函数得以执行。

因为在Python中，若输入attack()，则意味着调用函数；若不加括号，只写attack，则将其视为对象。

●接收“函数+参数”的高阶函数

下面试着定义接收函数和一般参数的高阶函数。

▼通过参数接收函数和参数

```
>>> #定义传递函数
>>> def attack (a, b):
       print(a, '-->', b)
>>> # 定义高阶函数
>>> def run_something(func, arg1, arg2):
      func(arg1, arg2)
>>> 设定由函数和参数构成的值，调用高阶函数
>>> run_something(attack, '勇士的攻击! ', '恶魔全军覆没')
勇士的攻击!  --> 恶魔全军覆没
```

这样一来，attack()函数中就含有两个参数，因此run_something()需要准备两个参数，分别是接收函数对象的参数和向函数传递的参数。

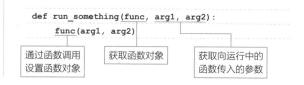

```
def run_something(func, arg1, arg2):
      func(arg1, arg2)
```

通过函数调用设置函数对象

获取函数对象

获取向运行中的函数传入的参数

秘技 084

内部函数与闭包

扫码看视频

难易程度 ●●○

这里是关键点！ 闭包函数将内部函数作为对象返回

可以在函数内定义函数。复杂的处理可以交给内部函数来解决，因此避免了代码的堆叠重复。

▼内部函数的定义

```
>>> def outer(a, b):
...     def inner(c, d): # 内部函数
...         return c + d
...     return inner(a, b) # 返回内部函数的结果

>>> outer(1, 5)
6
```

接下来我们以字符串为例进行讲解。通过内部函数对参数值追加字符串。

▼对字符串进行操作的内部函数

```
>>> def add_reaction (act):
...     def inner(s):                  # 内部函数
...         return s + '--> 恶魔逃走了'
...     return inner(act)              # 返回内部函数的结果

>>> add_reaction ('勇士的攻击! ')
'勇士的攻击! --> 恶魔逃走了'
```

●闭包

内部函数的便利之处就在于它可以被作为闭包来使用。闭包会在设置好参数之后生成调用函数的代码，用于之后的运行。若清楚了函数的调用模式，则做好记录，在必要时执行。接下来，我们将刚才的内部函数用闭包来表示。

▼在函数内部定义闭包

```
>>> def add_reaction(act):
        def inner():                        # 闭包
            return act + '--> 恶魔间发生混乱'
        return inner
```

内部函数与闭包有以下几点不同。

· 闭包中不含参数，直接使用外部函数的参数。
· 内包函数不返回内部函数的处理结果，而是将内部函数作为对象返回。

具体来说，就是刚才案例中的inner()函数能够访问并记忆add_reaction()的参数act。这也是闭包的一个重要特点。

而add_reaction()函数作为返回值，返回inner()这一函数对象。若在调用方设定参数，执行add_reaction()，则返回保有参数act值的inner()对象，这个函数对象就是闭包。接下来让我们试着指定参数，调用两次add_reaction()。

▼在a和b中存放闭包

```
>>> a = add_reaction ('恶魔现身！ ')
>>> b = add_reaction ('勇士的攻击！ ')
```

在a和b中含有函数对象，也就是闭包。闭包是动态生成的函数对象，因此加上()就能够运行。

▼执行闭包

```
>>> a()
'恶魔现身！ --> 恶魔间发生混乱'
>>> b()
'勇士的攻击！ --> 恶魔间发生混乱'
```

闭包a和b在自动生成时，会存储参数act的内容。之后，只要在想要运行的时候调用闭包就可以了。

秘技 085

用只含操作程序的“表达式”表示简单函数

扫码看视频

难易程度 ●●○

这里是关键点！ lambda表达式

不是像内部函数和闭包那样在函数内部进行函数定义，而是在内部调用其他函数进行操作。例如，将数据加工函数定义为其他函数，并在for循环中调用。

现在我们尝试定义某一函数，使其通过参数获取打印列表元素，并使元素顺次体现在屏幕上。但是，只进行这一操作未免过于单调，因此我们准备将强调打印的函数也运用在其他方面。

▼通过参数获取列表和函数对象的函数

```
>>> def edit_reaction(reactions, func):
        for reaction in reactions:
            print(func(reaction))
```

edit_reaction()属于高阶函数。使用借助参数获取的函数对象，输出运行结果，然后再创建传入函数的列表。

▼体现恶魔反应的列表

```
>>> pattern = ['恶魔摆出攻击姿态',
               '恶魔间发生混乱',
               '恶魔逃走了']
```

生成某一函数，该函数会在利用参数值获取值的末尾追加“！！！”。

▼强调反应

```
>>> def impact(reaction):
            return reaction + '!!!'
```

接下来，将追加打印列表和感叹号的函数对象作为参数，调用edit_reaction()函数。

▼执行edit_reaction()函数

```
>>> edit_reaction (pattern, impact)
恶魔摆出攻击姿态！！！
恶魔间发生混乱！！！
恶魔逃走了！！！
```

接下来就轮到lambda表达式出场了。我们试着使用lambda表达式来改写impact()函数。

▼用lambda表达式进行打印的强调处理

```
>>> edit_reaction(pattern, lambda reaction: reaction
+ '!!!')
```

impact()函数的操作十分简单，因此在向edit_reaction()传递参数的部分，直接输入即可。

· **lambda表达式的表示形式**

```
lambda 参数1，参数2，…：操作
```

若运用lambda表达式进行操作，则不需要使用impact()函数。由于lambda表达式是没有名称、只含操作程序的函数，所以也被称为匿名函数。

虽说像impact()这样有明确定义的函数，其代码比较容易理解。但是，对于需要几个简单函数却又不得不记住其名称的情况，显然lambda表达式更加适用。

秘技 **086** 难易程度 ●●

自生成器中逐个取出

扫码看视频

这里是关键点！ 生成器

生成器指创建Python序列的对象。生成器对象可以不使用return而通过yield返回函数（生成器函数）生成返回值。之前用于反复操作的range()也属于生成器函数。

生成器函数与一般的函数不同。每到反复处，生成器会保留最后被调用时停留于序列的那一段，之后返回下一个值。而一般函数对于之前的调用不会保留任何记忆，依然从第一行代码开始执行。

●生成器

生成器可以对类似球拍击球时发出的声音施加逐帧动画效果。

▼从字符串中逐个取出字符

```
>>> def generate(str):
...     for s in str:
...         yield '“' + s +'”'
...
>>> gen = generate('bkwnxx!') # 生成生成器对象
>>> print(next(gen))
"b"
>>> print(next(gen))
"k"
>>> print(next(gen))
"w"
>>> print(next(gen))
"n"
>>> print(next(gen))
"x"
>>> print(next(gen))
"x"
>>> print(next(gen))
"!"
```

刚才的案例采取的是将字符从生成器对象中逐个取出的方法，但由于其可迭代（反复操作），实则使用for循环会使操作更加简单。

▼使用for循环处理生成器

```
>>> gen = generate('bkwnxx!')
>>> for s in gen:
...     print(s)
...
"b"
"k"
"w"
"n"
"x"
"x"
"!"
```

秘技 **087** 难易程度 ●●

在不改变源代码的前提下追加函数功能

扫码看视频

这里是关键点！ 装饰器

装饰器可以在不改变已有源代码的前提下，实现函数功能的追加和变更。

▼装饰函数（decorater.py）

```
def hello():
    return "好久不见！"

# 返回闭包的高阶函数
def dec(func):
    def new_func():
        print ('function called:' + func.__name__)
        return func()
    return new_func

# hello()改写函数
hello = dec(hello)

print (hello())
```

▼运行结果

```
function called : hello
好久不见!
```

改写的结果是，最新生成的函数对象hello与原来的hello()函数返回同样的返回值，但输出function called: hello。在装饰函数时，Python能够使用装饰器语言进行简单的编写。

```
@dec ——— 在要进行装饰的函数之前输入@函数名
def hello():
    return "好久不见！"
```

该代码与接下来的代码相同。

```
def hello():
    return "好久不见！"
hello = dec(hello)
```

因为是在函数之前输入@dec，所以不需要hello = dec(hello)的代码。

2-11 类与对象

秘技 **088**

定义对象

扫码看视频

▶难易程度 ●●●

这里是关键点！ 类

由于Python是“面向对象”程序设计语言，因此程序中出现的所有数据都被作为对象处理。对象指向型语言的说明表示，“类将程序运行中的数据定义为有一定功能的对象结构”。也就是说，“对象由类来定义，而类中含有操作对象的方法”。

●“类”——用于创建对象

Python的int型对象由int类定义，str型对象由str类定义。若输入age=28，计算机的存储器就会读取28这一值，并规定“这个值为int型”。做出这种规定的就是类。类中定义有专门的方法，我们可以根据规定使用这些经过定义的方法。

●类的定义

创建类，必须要有定义。接下来我们使用下面的class关键字创建类。

• 类的定义

```
class 类的名称:
```

●方法

在类的内部输入用于定义方法的代码。

• 方法的定义

```
def 方法名称（self，参数）操作…
```

作为方法的关键性因素，第1个参数必须能够获取对象。名字可以随意，但一般用self。执行这一方法时，一般以“对象.方法()”的形式输入，这表示“执行针对该对象的方法”。而被调用一方的方法必须以参数形式“明确地”接收调用对象。

▼调用方法，则执行对象的信息传递至self

```
对象.方法() ——— 方法调用
  │
  └──┐
     ↓
方法(self): ——— 方法
    进行操作的部分
```

这样的运行机制决定了对某一方法而言，即便参数不是必要的，至少也要有能够接收对象的参数。否则就无法获悉调用的方法来自哪一对象，从而出现错误。

●创建新的类

创建仅有一个方法的简单类。

▼定义Test类（class_test.py）

```
class Test:
    def show(self, val):
        print(self, val)    # 输出self和val
```

●创建对象（类的实例化）

由类创建对象的被称为“类的实例化”，写法如下。实例也是程序设计用语，其意等同于对象。

• 类的实例化

变量=类的名称（参数）

输入类的名称（参数），类便被实例化，从而生成对象。str型和int型的对象不会用到这样的方式。int、str、float甚至列表、字典、集合等基本数据类型都是直接将值输入，则其内部的int()和str()等构造函数（创建对象的方法）便会运行。

```
num = 10 ———— 执行内部的int()构造函数，创建int型对象
str = 'Python' —— 由于使用了引号，因此执行str()构造函数，
                   创建str型对象
lst = [10, 50, 100] ——— 由于使用了[]，因此执行list()
                         构造函数，创建列表型对象
```

▼试用构造函数

```
>>> str = str('Python') ——— 可以像示例这样表示，实际
                              等同于str='Python'
>>> str
'Python'
```

试着将刚才创建的Test类实例化并调用show()方法。定义类之后的代码表示如下。

▼将Test类实例化并使用方法（class_test.py）

```
……Test类省略……
test = Test()        # 将Test类实例化后代入对象的参照
test.show('你好')    # 由Test对象执行show()方法
```

▼运行结果

```
<__main__.Test object at 0x05560BD0> 你好
```

show()方法除必须的self参数之外，还含val参数。

▼方法调用相关的参数交接

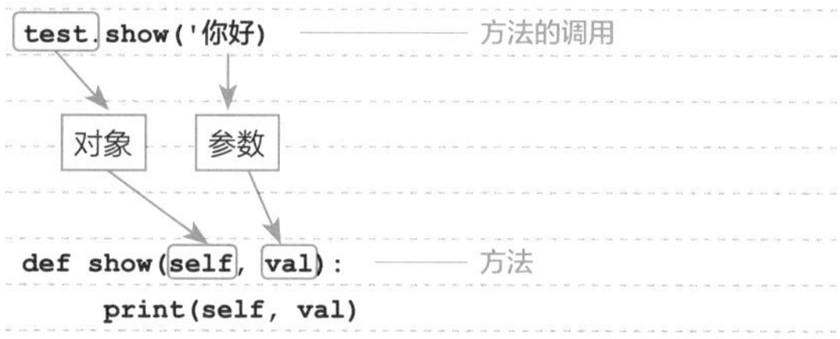

show()方法输出了两个参数的值。self参数的值输出如下。

```
<__main__.Test object at 0x05560BD0>
```

其中，0x05560BD0的部分是Test类对象的参照信息（存储地址）。

●进行对象的初始化_ _init_ _()

在类的定义中，_ _init_ _()这一方法有着特殊的含义。由类创建对象之后，为进行初始化，必须要进行必要的操作。

例如，将用于统计次数的计数变量的值设置为0，从文件中读取必要的信息等。将意为“初始化”的initialize的前4个字符用下划线围起来，构成_ _init_ _()方法。该方法负责对象的初始化操作，在对象创建完成后自动调用。

• _ _init_ _()方法的形式

def _ _init_ _(self, 参数, …)
为进行初始化而采取的操作

秘技 089 ▶难易程度 ●●●

继承父类与创建子类（继承①）

扫码看视频

这里是关键点！ 父类和子类的定义

继承指的是承接某个类的定义内容以创建其他类。

当出现承接了类A的类B时，我们就说“B继承了A”，A的对象所具备的功能，B的对象也同样具备。A和B的继承关系为：A是B的父类，B是A的子类。

▼父类和子类

```
A  父类
↑
B  子类B继承了A
```

• **继承了父类的子类定义**

```
class 类的名称（继承的类的名称）
        …类的内容…
```

创建继承了类A的子类B时，B的类定义如下。

```
class B(A):
```

这样一来，就成功创建了继承父类A的子类B。若将子类B实例化并创建对象，则该对象可以使用父类A的方法。

●覆写

仅仅是继承类且使其包含两个同样的内容并没有什么意义。实际上，继承的关键在于“子类可以改写父类的一部分功能”。具体来说就是改写（重新定义）方法的内容，也就是我们所说的“方法的覆写”。

●定义父类

接下来我们以战争游戏为题材编写程序。创建生成战争结果的responder模块（responder.py），对以下4个responder模块的类进行定义。

• **Responder模块（父类）**

对生成战争结果的response()方法进行定义，且该方法以覆写为前提。

• **LuckyResponder类（子类）**

该子类表示对怪物进行攻击。将response()方法覆写，以生成用于攻击的数据。

• **DrawResponder类（子类）**

该子类表示对战双方不分胜负。将response()方法覆写，以生成表示双方打平的数据。

• **BadResponder类（子类）**

该子类表示对玩家进行攻击。将response()方法覆写，以生成用于攻击的数据。

▼Responder类的定义（responder.py）

```
""" 应答类的父类 """
class Responder:
    # 返回应答的方法
    # 以覆写为前提
    def response(self,
                 point # 获取变动值
                 ):
        return ''
```

response()方法会将应答作为返回值返回。参数point用于获取从调用处传入的变动值（用于增减HP的值）。但是，该方法为子类且进行了覆写，所以不写任何操作代码，return也会返回空的字符串。也就是说，其状态是只定义了方法的基本框架。

●子类LuckyResponder

在Responder类之后的代码行中，输入定义子类LuckyResponder的代码。

▼子类LuckyResponder（responder.py）

```
""" 对怪物进行攻击的子类 """
class LuckyResponder(Responder):
    def response(self, point):
        """ @param  point 变动值
            返回值  应答字符串和变动值的列表
        """
        # 返回应答字符串和point的值
        return ['对怪物进行攻击！', point]
```

该子类用于对怪物进行攻击，因此将response()方法覆写，将用于该方法的字符串和参数所取得的变动值制成列表，然后将其作为返回值返回。

“变动值”是取决于玩家攻击方法的值。使用该值，则玩家和怪物的HP（生命值）发生变动。若玩家的HP变为0，则游戏结束；若怪物的HP变为0，则将出现新的怪物。

此处为了增加玩家的HP，减少怪物的HP，将不对传入的变动值进行任何加工，直接返回。

●子类DrawResponder

DrawResponder类代表双方不分胜负，即便玩家进行攻击，HP也不会发生变化。因此，responder()方法将变动值的point设为0，并将其作为返回值返回。

▼子类DrawResponder（responder.py）

```
""" 表示双方不分胜负的子类 """
class DrawResponder(Responder):
    def response(self,
                 point # 获取变动值
                 ):
        # 将point的值设为0，与应答字符串一起返回
        point = 0
        return ['怪物防守！', point]
```

●子类BadResponder

若变动值为正值，则对玩家HP进行加法运算，对怪物的HP进行减法运算。因此，变动值为负值时，会导致玩家HP减少，怪物HP增加。返回值则会被作为-point，也就是说response()方法将返回负值。

▼子类BadResponder（responder.py）

```
""" 对玩家进行攻击的子类 """
class BadResponder(Responder):
    def response(self,
                 point # 获取变动值
                 ):
        # 将point的值设为负数，与应答字符串一起返回
        return ['怪物反击！', -point]
```

●创建模块的执行部分，尝试子类实例化

为进行检测，将模块作为单独个体，追加可用于检测的代码。

▼responder模块（responder.py）

```
""" 应答类的父类 """
class Responder:
    # 返回应答的方法
    # 以覆写为前提
    def response(self,
                 point # 获取变动值
                 ):
        return ''

""" 对怪物进行攻击的子类 """
class LuckyResponder(Responder):
    def response(self,
                 point # 获取变动值
                 ):
        # 返回应答字符串和point的值
        return ['对怪物进行攻击！', point]


""" 表示双方不分胜负的子类 """
class DrawResponder(Responder):
    def response(self,
                 point # 获取变动值
                 ):
        # 将point的值设为0，与应答字符串一起返回
        point = 0
        return ['怪物防守！', point]

""" 对玩家进行攻击的子类 """
class BadResponder(Responder):
    def response(self,
                 point # 获取变动值
                 ):
        # 将point的值设为负数，与应答字符串一起返回
        return ['怪物反击！', -point]


# 程序的执行块
if __name__ == '__main__':

    point = 3                              # 将变动值设为3
    responder = LuckyResponder()
                          # 创建LuckyResponder的对象
    res = responder.response(point)
                          # 设定变动值，执行 response()方法
    print(res)                             # 表示返回值


    responder = DrawResponder()
                          # 生成DrawResponder的对象
    res = responder.response(point)
                          # 设定变动值，执行response()方法
    print(res)                             # 表示返回值


    responder = BadResponder()
                          # 生成BadResponder的对象
    res = responder.response(point)
                          # 设定变动值，执行response()方法
    print(res)                             # 表示返回值
```

●if __name__ =='__main__':

if __name__ =='__main__': 这一条件表达式意为“直接运行模块时执行代码块操作”。由开头和末尾两个下划线（__）构成的名称被作为Python的变量预约，当直接运行模块时在__name__中输入值'__main__'。

• **表示程序的起点**

```
if __name__ == '__main__':
    程序开始后执行的代码块
```

由于已经输入了上述代码，所以只需要在“直接运行模块时”执行if之后的代码即可。否则，从其他模块调用时，就必须执行到测试用的代码为止，因此需避免这种情况的发生。

▼responder.py的运行结果

```
['对怪物进行攻击！', 3] —— LuckyResponder原样返回变动值
['怪物防守！', 0] ———— DrawResponder使变动值为0
['怪物反击！', -3] ———— BadResponder使变动值为负数
```

秘技 **090**

定义实例变量与对象的初始化方法（继承②）

扫码看视频

难易程度 ●●●

这里是关键点！ 实例变量、_ _init_ _()方法

本秘技将创建含有控制器属性的Controller类，对前一条秘技中创建的3个子类分别返回不同的应答。具体操作是，将Responder类的3个子类实例化，根据运行情况，执行实例化后的response()方法。

●保留对象信息的实例变量

实例指对象，常用于指代“存储器内的对象”。类能够创建多个对象，当“特指每个对象”时，则称其为实例。

实例变量用于代入实例单独保留的信息（对象）。一个类可以对应多个对象（实例），str型和int型对象也是如此，不同的实例保留不同的信息。若是对象固有的信息，则利用实例对象对其进行保留。

• **实例变量的定义**

```
self.实例变量名 = 值
```

self的作用就是表示实例。向方法参数self传递调用方，也就是类的实例（的参照信息），self.number便意为“实例.number”，即指持有该实例的变量number。

●对象初始化_ _init_ _()方法

通过类定义的方法中包括了_ _init_ _()（init前后是双下划线）。若在类的内部定义_ _init_ _()方法，类的对象创建完成时就会被自动调用，且定义完成的代码也会运行。定义的方式与一般方法相同。第1个参数为self，之后根据需要用逗号分隔即可输入参数。

此处通过_ _init_ _()方法将responder模块的3个子类实例化，分别代入实例化变量中。这样一来，将Controller类实例化的同时也创建了3个子类的实例。新的模块controller.py创建完成，将其与前一条秘技中创建的responder.py保存在同一文件中，然后进行以下记录。

▼Controller类与_ _init_ _()方法的定义（controller.py）

```
from responder import * # 导入responder模块的所有类
import random           # 导入random模块

""" 分别调用应答对象的类 """
class Controller:
    # 生成应答对象，保留实例变量
    def __init__(self):
        self.lucky = LuckyResponder()
                    # 生成LuckyResponder
        self.draw  = DrawResponder()
                    # 生成DrawResponder，代入self.draw
        self.bad   = BadResponder()
                    # 生成BadResponder，代入self.bad
```

开头的from responder import *是为获取responder模块所有类的代码。

• **导入模块的类**

```
from 模块名 import 类名
```

由于Controller类中使用了responder模块，因此有必要重新导入。使用这一形式，可由模块直接导入类。

在使用import responder时，我们必须像responder.LuckyResponder()一样，在类名之前添加模块名。而使用from responder import *，则可以不添加模块名，直接输入类名即可。

当处于这一阶段时，在_ _name_ _之后的代码行

输入以下代码，然后执行模块。

```
point = 3                      # 使变动值为3
ctr = Controller()
                      # 生成Controller的对象
res = ctr.lucky.response(point)
                      # 设定变动值，执行response()方法
print(res)                     # 表示应答
```

正如['对怪物进行攻击！',3]一样，返回由response()方法得到的返回值。确认完毕后删除上述代码。

秘技 **091**

随机调用3个子类方法（继承③）

扫码看视频

难易程度 ●●●

这里是关键点！ 基于多态的运行时类型识别

在上一条秘技中，我们借助_ _init_ _()实现了子类的实例化，因此可以从这些实例中调用各子类覆写后的response()方法。只是，普通的调用未免无趣，我们可以选择随机生成1到100范围内的任意数值，再根据生成的值决定最终调用哪个子类的response()方法。

▼attack()方法（controller.py）

```
...省略import语句...
class Controller:
    def __init__(self):
        ...省略...
    # 调用子类的response()方法，获取应答字符串和变动值
    def attack(self, point):
        # 随机生成1至100之间的值
        x = random.randint(0, 100)
        if x <= 30:            # 若值小于等于30，则对象
                                 为LuckyResponder
            self.responder = self.lucky
        elif 31 <= x <= 60: # 若值在31到60之间，则对
                                 象为DrawResponder
            self.responder = self.draw
        else:          # 其余情况，对象为BadResponder
            self.responder = self.bad
        # 执行response()，原样返回返回值
        return self.responder.response(point)
```

random模块的randint()方法将参数设定为（0,100），所以只返回1到100范围内的某个值。若该值小于等于30，则将LuckyResponder的实例代入self.responder；若该值处于31到60之间，则将DrawResponder的实例代入；其余情况，则将BadResponder的实例代入。

在最后的return部分执行response()方法，之后原样返回attack()方法的返回值。

▼返回返回值的部分

```
return self.responder.response(point)
```

在self.responder.response(point)的self.responder中，代入由if…elif…else决定的类的实例。方法运行时，代入的实例发生改变。换句话说，不到方法运行的一刻，最终使用的是哪个类的实例都是未知数。但是进行调用的方法是经过覆写的response()方法，都可以通过相同的名称调用。这就是程序设计用语——多态（运行时类型识别）。

覆写之后可以创建多个相同名称的方法。但是，由于在程序运行时实例被置换，使用同一代码可以分别调用不同类的方法。

●创建模块的执行部分

编写代码，用于单独检测模块。

▼Controller类的整体内容（controller.py）

```
from responder import * # 导入responder模块所有的类
import random           # 导入random模块

""" 分别调用应答对象的类 """
class Controller:
    # 生成应答对象，保留实例变量
    def __init__(self):
```

```
        self.lucky = LuckyResponder()      # 生成LuckyResponder
        self.draw  = DrawResponder()       # 生成DrawResponder，代入self.draw
        self.bad   = BadResponder()        # 生成BadResponder，代入self.bad

    # 调用子类的response()方法，获取应答字符串和变动值
    def attack(self, point):
        # 随机生成1至100之间的值
        x = random.randint(0, 100)
        if x <= 30:                    # 若值小于等于30，则对象为LuckyResponder
            self.responder = self.lucky
        elif 31 <= x <= 60:            # 若值在31到60之间，则对象为DrawResponder
            self.responder = self.draw
        else:                          # 其余情况，对象为BadResponder
            self.responder = self.bad
        # response()执行response()，原样返回返回值
        return self.responder.response(point)

# 程序的执行代码块
if __name__ == '__main__':

    point = 3                          # 使变动值为3
    ctr = Controller()                 # 生成Controller的对象
    res = ctr.attack(point)            # 设定变动值，执行response()方法
    print(res)                         # 表示应答
```

▼controller模块的运行结果

```
['对怪物进行攻击！', 3] ——— 执行3个response()方法中的某一个
```

秘技 **092**

程序开始时生成实例（继承④）

扫码看视频

▶难易程度 ●●●

这里是关键点！ 程序启动和运行控制

直接运行战争游戏最后的模块，则游戏开始。

●提供函数，用以获取玩家的输入值

游戏过程少不了对攻击方法和内容的提问。首先要根据问题内容提供对应的函数。创建源文件main.py，用以下代码来表示。

▼提供函数，用以获取玩家的输入值（main.py）

```
from controller import *      # 导入controller模块的类
import random                 # 导入random模块
import time                   # 导入time模块

''' 选择攻击方法的函数 '''
def choice():
    return input('【使用武器(0)/利用力量(1)】')

''' 选择武器的函数 '''
def arm_choice():
    return input(
        '【光剑(0)/' +
        '双头光剑(1)/'+
        '十字护手光剑(2)】')

''' 选择咒语的函数 '''
def magic_choice():
    return input('【念力(0) /控心术(1)武力冲击/(2)】')

''' 选择是否重启的函数 '''
def is_restart():
    return input('再来一次(是(0)/否(1))')
```

●准备用于战斗的函数

battle()函数是游戏程序的核心，主要用于设定玩家和怪物的HP（生命值），执行Controller类的attack()方法后战争开始。玩家HP为0时游戏结束，若游戏过程

中怪物的HP变为0，则新的怪物出现，游戏继续。

这些操作可以通过双重结构的while语句块实现。外侧的while负责玩家HP清零为止的循环，内侧的while负责怪物HP清零为止的循环，步骤如下。

▼运行游戏的函数（main.py）

```
……省略import语句……
……省略获取输入值的函数……

''' 运行游戏的函数 '''
def battle():
    # 设定玩家的HP
    hp_brave = 2

    # ❶循环至玩家HP清零为止
    while hp_brave > 0:
        # ❷随机设定怪物并表示
        monster = random.choice(
                    ['战斗机器人', '杜库伯爵', '达斯•维达'])
        print('\n>>>{}现身！ \n'.format(monster))
        # 设定怪物的HP
        hp_monster = 2

        # ❸循环至怪物HP清零为止
        while hp_monster > 0:
            # ❹选择攻击用武器还是力量
            tool = choice()
            # ❺循环至输入规定值
            while (True != tool.isdigit()) or (int(tool) > 1):
                tool = choice()

            # ❻选定使用武器时，选择具体使用何种武器
            tool = int(tool)
            if tool == 0: #❼
                arm = arm_choice()
                # 循环至输入规定值
                while (True != arm.isdigit()) or (int(arm) > 2):
                    arm = arm_choice()

            # ❽决定不使用武器时，选择使用何种咒语
            else:
                arm = magic_choice()
                # 循环至输入规定值
                while (True != arm.isdigit()) or (int(arm) > 2):
                    arm = arm_choice()

            # ❾通知攻击开始
            print('\n>>>{}的攻击！！'.format(brave))

            # 执行Controller类的attack()方法，获取应答
            # 参数是在arm基础上加1的值，将其设为变动值
            arm = int(arm)              # ❿
            result = ctr.attack(arm + 1) # ⓫

            # 待机1秒，表示应答信息
            time.sleep(1)               # ⓬
            print('>>>' + result[0])    # ⓭

            # 玩家HP与怪物HP增减
            # 表示各自的HP
            hp_brave += result[1]       # ⓮
```

```
            hp_monster -= result[1]
            print('********************')
            print('{}的HP:{}'.format(brave, hp_brave)) # ⑮
            print('{}的HP:{}'.format('怪物', hp_monster))
            print('********************\n')

            # ⑯若玩家HP为0以下，则跳出内侧的while语句块
            if hp_brave <= 0:
                break
        # ⑰若怪物HP为0以下，则跳出外侧的while语句块
        if hp_brave <= 0:
            break

        # ⑱若怪物HP变为0，则跳出内侧的while语句块，表示如下
        # 之后返回外侧while的开头部分
        print('>>>{}打败了怪物! '.format(brave))

    # ⑲若玩家HP为0以下，则跳出外侧的while语句块，表示如下
    print('>>>{}逃走了...\n'.format(brave))
```


❶中的

```
while hp_brave > 0:
```

表示玩家的HP变为0之前，游戏会一直继续下去。但是，由于我们是通过while内部的if判断HP情况，从而跳出语句块，所以实际上“hp_brave > 0”这一条件基本无意义。虽然也可以使用“while True:”，但为了能够让玩家清楚地了解到当HP变为0时，游戏结束这一事实情况，还是采用“hp_brave > 0”这一条件为好。

❷中的

```
monster = random.choice(
                  ['战斗机器人', '杜库伯爵', '达斯•维达'])
```

表示利用random模块的choice()方法，从列表中随机抽取怪物。在这一阶段，屏幕上可能会显示“战斗机器人现身！”这样的字符。之后设定怪物的HP，怪物的准备工作宣告结束。

❸中的

```
while hp_monster > 0:
```

表示怪物的HP变为0之前，游戏会一直继续下去。具体流程为：在怪物的HP变为0的一刻跳出语句块，返回外侧while❶的开头部分。打败怪物之后，再次从列表中抽取怪物，然后设置好HP，再返回while语句块。

❹中的

```
tool = choice()
```

表示执行choice()函数，为玩家选择攻击方法。

❺中的

```
while (True != tool.isdigit()) or (int(tool) > 1):
```

表示的是对于“使用武器”时的0和“利用力量”时的1，choice()函数获取的是二者中的哪一个。所以出现这之外的数字或字符串时，执行choice()函数，到弄清楚输入的是0还是1为止，反复这一问题。至于输入的值是否为数字，则需要使用isdigit()方法来确认。

• isdigit()方法

字符串的所有字符都是数字，并且1个字符以上时返回True，否则返回False。

形式	字符串.isdigit()

反复执行choice()函数，直到在True!=tool.isdigit()中得到返回值为True，或者在“int(tool) > 1”中得到0或1。而且数值比较的前提是比较双方都为数值，所以要使用int(tool)将字符串转换成int型，再进行比较。

❻中的

```
tool = int(tool)
```

表示此时应输入正确的值，所以将tool的值转换为int型。

❼中的

```
if tool == 0:
```

表示的是“使用武器”，即输入0时的操作。执行arm_choice()函数，选择武器。这里同样在while语句块中反复执行arm_choice()函数，直至输入0、1、2以外的字符。

❽中的

```
else:
```

之后是❺选择“利用力量”时的操作。使用“elif tool ==0:”也可以，但表示“除此之外”的意思还是使用“else:”。执行magic_choice()函数，选择使用哪一种。若输入0、1、2以外的字符，则反复执行magic_choice()函数，直到在while语句块中输入规定值。

❾中的

```
print('\n>>>{}的攻击! '.format(brave))
```

表示攻击方法和道具（武器或者力量）选择已经完成，并告知攻击开始。

❿0、1、2中的任何一个都有可能被代入

```
arm = int(arm)
```

的arm中。在此将字符串转换为int型，此处得到的值即决定战争胜负的值。

⓫中的

```
result = ctr.attack(arm + 1)
```

表示和怪物的战斗开始。代入Controller对象（在程序的执行部分进行实例化），执行ctr中的attack()方法。引数是在arm基础上加1的值。也就是说，0、1、2的值即为1、2、3。

执行attack()方法，根据之前随机抽取的值，选择并执行Responder父类下面的子类的response()方法，最终返回下面的某个列表。

▼武器选择“光剑”，力量选择“念力”时

```
·执行LuckyResponder的response()方法时
['对怪物进行攻击! ', 3]
```

```
·执行DrawResponder的response()方法时
['怪物防守! ', 0]
```

```
·执行BadResponder的response()方法时
['怪物反击! ', -3]
```

像这样，根据执行Responder哪一个子类的response()方法，信息与变动值会发生改变。该变动值以attack()方法的参数arm+1的值为基础。若为LuckyResponder，则原样返回值；若为DrawResponder，则返回0；若为BadResponder，则返回负值。将其与目前的HP相加，判定玩家和怪物存活。

⓬中的

```
time.sleep(1)
```

表示中断操作1秒。在紧接着“xx现身”的两个问题之后显示结果，这是因为在最后的问题之后结果瞬间就会被输出。time模块的sleep()方法将1之类的整数值设为参数，再将该值换算成秒数，暂时保持待机状态。

⓭中的

```
print('>>>' + result[0])
```

表示输出由attack()方法返回的列表的第1元素。列表的第1个元素包含了“怪物反击！”等应答信息。

⓮中的

```
hp_brave += result[1]
hp_monster -= result[1]
```

表示玩家和怪物的HP基于变动值而改变。列表result的第2元素即变动值，所以对玩家HP进行加法运算，对怪物的HP进行减法运算。其具体的运行机制为：由LuckyResponder类返回结果时，变动值为正，因此玩家的HP增加，怪物的HP减少。而由BadResponder类返回结果时，变动值为负，因此玩家的HP减少，怪物的HP增加。

⑮中的

```
print('{}的HP:{}'.format(brave, hp_brave))
print('{}的HP:{}'.format('怪物', hp_monster))
```

即表示对HP进行操作之后的当前值。怪物的HP变为0，则跳出内侧的while语句块，返回外侧的while语句块的开头部分，再次抽取怪物开始战斗。

⑯中的

```
if hp_brave <= 0:
```

表示使用if调查玩家的HP，若玩家HP小于0，则使用break跳出内侧的while语句块。即便玩家HP为0，内侧的while语句块也是以怪物的HP为条件的，因此玩家HP为0，战斗也会继续，此处需确认。

⑰中的

```
if hp_brave <= 0:
```

表示外侧的while操作，是内侧的while操作结束时，也就是打败怪物后运行的部分。这里也可以使用if调查玩家的HP，如果玩家HP在0以下，则使用break跳出外侧的while语句块。即便没有这一if语句块，外侧的while也可以以“while hp_brave > 0:”为条件，因此不作多余处理，也能跳出语句块。但如此一来，在这之后的⑱也会被执行。

▼⑰中没有if语句块的情况

```
>>>a打败了怪物!  ——— 表示该结果
>>>a死亡…
```

为避免在游戏结束前打败怪物，当玩家HP变为0以下，则使用if强制跳出外侧的while语句块。

⑱中的

```
print('>>>{}打败了怪物! '.format(brave))
```

表示外侧while的最终操作。跳出内侧的while语句块进展至⑰之后，进行这一步。内侧的while结束意味着怪物的HP降至0以下，之后要对传达这一事实内容的信息进行表示。

⑲中的

```
print('>>>{}逃走了...\n'.format(brave))
```

表示battle()函数的最终操作。跳出外侧的while语句块意味着玩家的HP降至0以下，在这里表示这一信息，结束函数操作，此时游戏结束。

●创建执行程序的部分

最后编写用以执行程序的代码。此前，主要模块只采用了函数，因此提前准备好用以执行battle()函数的代码，在执行模块的同时，调用battle()，开始游戏。

▼用于运行游戏的操作（main.py）

```
……省略import语句……
……省略获取输入值的函数……
……省略battle()函数……

# ❶Controller类的实例化
ctr = Controller()
# ❷获取玩家姓名
brave = input('输入姓名>')
# ❸游戏开始
battle()

# ❹询问若battle()函数终止，游戏是否再次开始
while True:
    # ❺is_restart()通过is_restart()函数确认玩家想法
    restart = is_restart()
    # 循环至输入规定值为止
    while(True != restart.isdigit()) or (int(restart)>1):
        restart = is_restart()

    # 若输入0，则执行battle()函数
    # 若是0之外的值，则跳出循环，程序终止
    restart = int(restart)
    if restart == 0:   # ❻
        battle()
    else:              # ❼
        break
```

❶ctr = Controller()

main模块最初的执行代码。将Controller类实例化，代入变量ctr中。

❷brave = input('输入姓名>')

获取玩家的姓名。获得的姓名在battle()函数内的操作中使用。

❸battle()

输入姓名并成功获取姓名后，执行battle()函数，开始游戏。

❹ while True:

游戏结束，battle()函数的操作终止，然后进展到这一部分。游戏结束不意味着程序的终止，因此使用该while语句块控制游戏的再次开始和结束。条件为True，通过之后的if…else控制循环。

❺ restart = is_restart()

执行is_restart()函数，向玩家确认游戏再次开始还是结束。

❻ if restart == 0:

通过❺获取的值若为0，则玩家希望再次开始游戏。因此调用battle()函数开始游戏。if的存在使我们能在游戏结束后无数次地再次开始游戏。

❼ else:

若玩家不想再次开始游戏，则使用break跳出while语句块。而这之后再无任何代码，所以此时程序终止。

●尝试运行程序

本次，我们试着直接双击main模块，在控制台运行程序。

▼运行结果

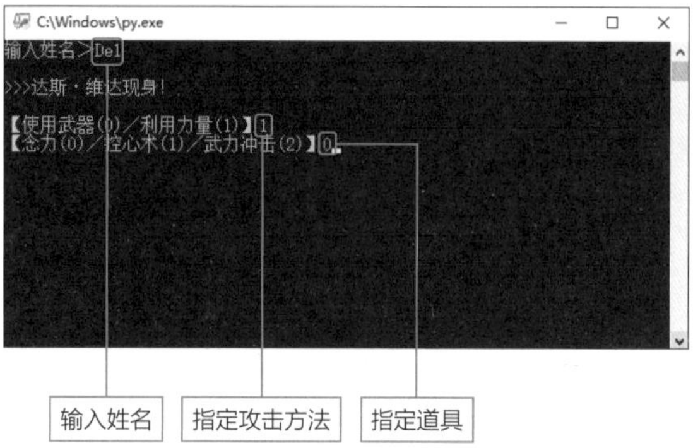

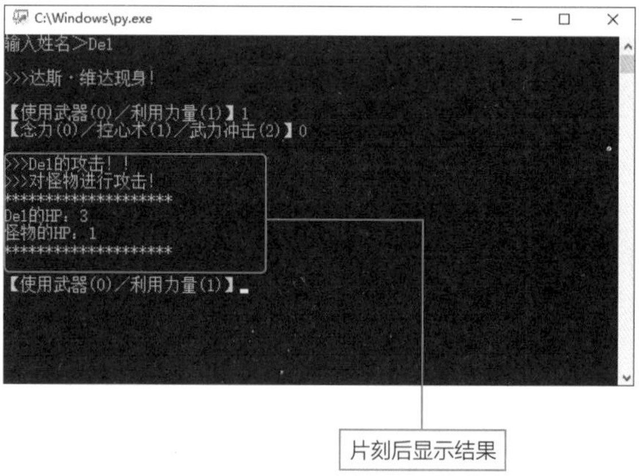

由于玩家和怪物的HP初始值为2，因此战斗结束得极为迅速。但若想使战斗更持久，请试着增加battle()函数中hp_brave和hp_monster的初始值。

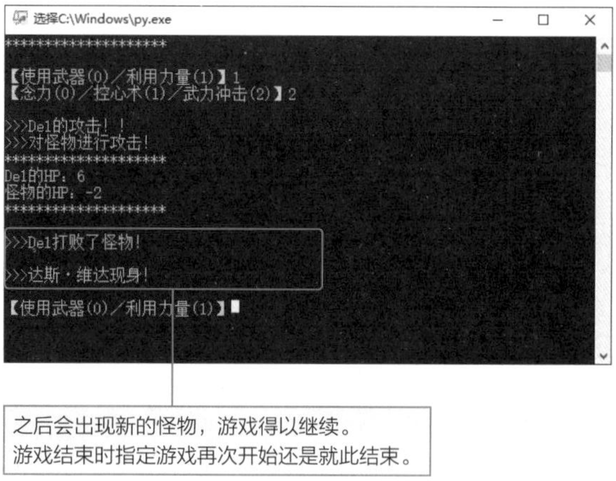

第3章

093~136

字符串的操作

3-1　字符串的基本操作

秘技 093

处理多行字符串

难易程度 ●●○

扫码看视频

这里是关键点！ 基于三引号的有效换行

使用三引号可以在字符串中实现换行。但是，在交互式运行环境中，只输入表示换行的记号\n无法实现换行。交互式运行环境会直接输出由单引号和双引号包围的字符串，这被称为自动回显。但自动回显和通过print()函数进行的输出多少会有不同。下面我们就来确认一下交互式运行环境的字符串表示方式和使用print()函数的表示方式到底有何不同。

▼使用三引号，对字符串进行换行后输入

```
>>> '''你好
Python!'''
'你好\nPython! '  ——— 表示换行标志\n
```

使用print()函数，能够完美地实现换行，表示字符串的引号也可以去掉。

▼输出利用print()函数进行换行的字符串

```
>>> print('''你好
Python!''')  ——— 输入到此为止
你好  ——— 换行并显示
Python!
```

程序生成时，表示字符必须要用到print()函数，这没有什么问题，但是各操作的不同之处还是提前了解比较好。

而且print()函数以“,”作为间隔，汇总不同的字符串并进行显示。

▼汇总不同的字符串并输出

```
>>> str1 = '你好'  ——— 将字符串赋值给变量str1
>>> str2 = 'Python!'  ——— 将字符串赋值给变量str2
>>> print(str1, str2)  ——— 输出str1、str2
你好 Python!  ——— 插入空格
```

汇总str1、str2并将其输出，需注意的是，print()函数的做法是在各字符串之间插入空格。另外，交互式运行环境无须空格。

▼交互式运行环境的自动显示方式

```
>>> '你好' 'Python!'
'你好Python'  ——— 接着显示字符串
```

秘技 094

使用“\”对字符进行转义、换行及插入制表符

难易程度 ●●○

扫码看视频

这里是关键点！ 转义序列

使用三引号将字符串换行输入时，自动回显表示“‘你好\nPython!’”，即没有换行，而是借用\n来表示。这种字符串被称为转义序列。反斜杠（\）用于赋予其之后的字符特殊的意义，因此\n的n意为“换行”。将字符n“转义”，赋予其换行的意义，所以在字符串中写下\n，就表示在此进行换行。

▼使用\n换行

```
>>> print('你好\nPython!')
你好
Python!
```

插入\n，即表示在该处换行，就像在使用三引号时，即便不进行实际换行，也可以用1行代码表示含多行的字符串。

像\n一样将特定的字符转义，令其成为具有特殊意义的存在，便是我们说的转义序列。

在“‘I'm a programmer.’”中，只有“I”能够作为字符串字面量被识别，但是若将其写为“‘I’ \m a programmer.’”，则“I'm a programmer.”整体都能以字符串字面量的形式被识别。

▼转义序列

\0	NULL字符（表示空）
\b	退格
\n	换行（Line Feed）
\r	还原（Carriage Return）
\t	制表
\'	作为字符的单引号
\"	作为字符的双引号
\\	作为字符的反斜杠

秘技 095

用“‘中午’+‘好’”形式连接字符串

扫码看视频

难易程度 ●●

这里是关键点！ 字符串的连接和反复

四则运算符中的+代表加法运算。但这仅限于+的左右两边形式均为数值的情况。若左右两边有一边是字符串形式，则+作为字符串连接符连接字符串。

▼通过字符串连接符+连接

```
>>> a = '好'
>>> b = '中午'
>>> print(b + a)          连接变量b和a中所含字符串
中午好
>>> print('晚上' + a)     字符串与变量a所含内容相连接
晚上好
```

像这样，若+的左右为字符串，则将左右连接起来。另外，print()函数用“,”作为间隔，可以连续表示不同的字符串，所以可以像把字符串连接起来一样进行输出，但中间要加入空格。反过来说，用空格来间隔连接的字符串时，可以使用这个方法。

▼用“,”间隔，连续表示

```
>>> print(b, a)
中午 好          中间插入空格
```

秘技 096

以“欢迎来到*4”的形式对字符串进行反复

扫码看视频

难易程度 ●●

这里是关键点！ 基于*的字符串的反复

在字符串之后输入“*数字”，则*运算符会反复执行它前面的字符串。

▼通过“*数字”反复之前的字符串

```
>>> start = '欢迎来到 ' * 4 + '\n' # * 4 即反复4次 "欢迎来到" 后换行
>>> middle = '!' * 8 + '\n'  # * 8 即反复8次"!"后换行
>>> end = 'Python的世界'
>>> print(start + middle + end)   # 连接a、b、c的字符串并表示
欢迎来到 欢迎来到 欢迎来到 欢迎来到
!!!!!!!!
Python的世界
```

秘技 097

获取字符串的长度

扫码看视频

难易程度 ●●○

这里是关键点！ len()函数

len()函数清点字符串的字符数并返回结果。比如对输入的字符数有限制时，使用该函数可以检查字符数是否符合要求。

▼len()函数

形式	len(字符串)

下面将以电子邮箱地址为例，来试着获取其全部字符数。

▼获取字符串的字符数

```
>>> mail = 'user-111@example.com'
>>> len(mail)
20 ——— 共有20个字符
```

秘技 098

从字符串中提取必要字符

扫码看视频

难易程度 ●●○

这里是关键点！ 字符串[]

使用方括号运算符[]，可从字符串中抽取特定的字符。

• **基于方括号的字符串的抽取**

· 通过[]抽取1字符。
· 将从[offset:]指定位置开始到末尾为止的字符串进行切片。
· 通过[:offset]，将从开头到偏移-1为止的字符串进行切片。
· 从[offset:offset]指定的范围内取出字符串。
· 从[offset:offset:step]指定的所有字符数中取出字符串。

●通过[]抽取1字符

使用方括号运算符（[]），可以从字符串中抽取1个字符。

• **从字符串中抽取1个字符**

字符串[索引]

字符串的索引从0开始，第2个是1，第3个是2，一直这样持续下去。另外，最后的字符索引可以指定为-1，所以到右端的字符数没有数的必要。最右端左边第2个数的索引是-2，再往左是-3……

▼提取字符串开头的字符

```
>>> '2的3次方是8'[0]     # 开头字符的索引是0
'2'
```

包含于变量中的字符也同样可以取出。

▼从包含于变量中的字符串里提取

```
>>> a = '2的3次方是8'
>>> a[2] ——— 提取第3个字符
'3'
>>> a[-1] ——— 提取右端的字符
'8'
```

若指定超出字符串长度的索引（该例中超过6的数），会引发错误。可指定的数最大只到“字符数-1”。

●将从[index:]指定位置开始到末尾为止的字符串进行切片

使用[index:]，可以将从索引指定位置的字符开始到末尾为止的字符汇总切片。

• **对从指定位置到末尾的范围进行切片**

字符串[index:]

▼用[index:]切片

```
>>>                # 共有20个字符
>>> mail = 'user-111@example.com'
>>> mail[:]       # 若不指定索引，则将所有字符串切片
'user-111@example.com'
>>> mail[9:]      # @之后的e是第10个字符，所以索引是9
'example.com' ——— 将索引9之后的字符串切片
```

索引含负号时，从右端的-1开始数起，若接下来是[-3:]，则对从末尾开始第3个字符以后的字符串，也就是对末尾的3个字符进行切片。

▼对末尾的3个字符进行切片

```
>>> mail[-3:] # 对从末尾数起第3个字符开始至末尾的范围进行切片
'com'
```

●通过[:index]，将从开头到偏移-1为止的字符串进行切片

使用[:index]，可以对从开头的字符到偏移-1这一位置为止的字符串进行切片。

• 对从开头到指定位置的范围进行切片

第3个字符的索引是2，减了1，那么反过来加1变为索引[:3]的话，可以抽取到第3个字符，因此直接指定计算字符的位置就可以了。

▼对从user-111@example.com的开头到任意位置的范围进行切片

```
>>> mail = 'user-111@example.com'
>>> mail[:0] # 指定0则不切片
''
>>>          # 指定1，则-1后索引为0，只对开头的字符进行切片
>>> mail[:1]
'u'
>>>          # 指定8，则-1后索引为7
>>>  对到第8个索引为止的字符串进行切片
>>> mail[:8]
'user-111'
```

根据指定的索引-1，得到最终索引；若指定-3，则切片至-4的位置。也就是说，直到末尾-3的位置都被切片，或许直观上更容易理解。

▼从末尾指定并进行切片

```
>>> mail = 'user-111@example.com'
>>> mail[:-3]
'user-111@example.'
```

●从[index: index]指定的范围内取出字符串

将之前的模式组合，写成如下形式后，就可以对指定范围的字符串进行切片。

• 指定范围，进行切片

字符串[[index: index]

- 表示开始位置的索引是实际字符位置-1的数
- 由于表示开始位置的索引被加了1，这里是实际字符位置的数目

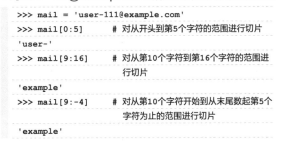

▼对user-111@example.com指定范围的字符串进行切片

```
>>> mail = 'user-111@example.com'
>>> mail[0:5]     # 对从开头到第5个字符的范围进行切片
'user-'
>>> mail[9:16]    # 对从第10个字符到第16个字符的范围进
                    行切片
'example'
>>> mail[9:-4]    # 对从第10个字符开始到从末尾数起第5个
                    字符为止的范围进行切片
'example'
```

最后的[9:-4]代表的操作是“从第10个字符开始切片，但末尾的4个字符须排除在外”。

●从[index: index: step]指定的所有字符数中取出字符串

按如下形式书写，则由step指定的从开头索引开始的每个字符串，可以对到末尾索引-1的位置为止的字符（1字符）进行反复和切片操作。

• 根据步长对从开头的索引开始到末尾索引-1为止的范围进行逐个字符的切片

字符串[[index: index : step]

▼仅指定步长，进行切片

```
>>> str = '1,2,3,4,5,6,7,8,9'
>>> str[::1]                # 步长为1
'1,2,3,4,5,6,7,8,9' ——— 即使每1个字符进行切片，也
                          没有任何改变
>>> str[::2]
'123456789'
>>> >>> str[::2]            # 步长为2
'123456789' ——————— 从开头开始每两个字符进行切片
```

仅将步长设为2，则从开头到末尾，每两个字符就进行切片，不加“,”，只将之后的数字切片。使用这一方法，到9为止，都可以将中间的“,”去掉。

接下来指定开头和末尾，每两个字符就切片1字符。

▼指定开头和末尾，根据步长进行切片

```
>>> str = '1,2,3,4,5,6,7,8,9'
```

字符串的操作

```
>>> str[2:-2:2]
'2345678'
```

开头的索引为2，所以是第3个字符

除去从末尾数到第2个字符的范围

每两个字符就进行抽取

●翻转字符

步长为负，则从末尾开始逆序切片。或许没有什么意义，但该程序解决了逆序语言的问题。

▼逆转字符串（back_slang.py）

```
str = input('逆转→')
print(str[::-1]) # 令步长为-1，逆转字符串
```

▼运行结果

```
逆转→六本木 —— 输入字符串
木本六
```

秘技 099

以特定字符为标记对字符串进行分割

扫码看视频

难易程度 ●●○

这里是关键点！ split()方法

split()方法可以将字符串中包含的任意字符设为分隔符以分割字符串。例如若指定“1，2，3”中的“，”为分隔符（separator），则可以只取出1、2、3。不只是“，”“-”“.”甚至是空格都可以被用作分隔符，从被分割的字符串中取出字符串的各部分。

由于split()属于str型的方法，因此要先指定想要操作的str型对象，再调用。

• **split()方法**

通过指定分隔符对字符串进行切片，并返回分割后的字符串列表。

形式	str型对象.split(分隔符)

●使用split()取出字符串

分割以“，”为间隔的字符串，只取出数字部分。

▼以“，”为分隔符，取出字符串

```
>>> str = '1,2,3,4,5,6,7,8,9,10,100,1000,'
>>> str.split(',')
['1', '2', '3', '4', '5', '6', '7', '8', '9', '10',
 '100', '1000', '']
```

被分割的字符串随列表返回。接下来以插入全角空格为例，将全角空格作为分隔符，只取出被分割的各字符串。

▼以全角空格为分隔符

```
>>> sentence = '我是　Python　请多指教'
>>> sentence.split('　')
['我是', 'Python', '请多指教'] —— 利用空格部分取出被分割的字符串
```

秘技 100

插入特定字符连接字符串

扫码看视频

难易程度 ●●○

这里是关键点！ join()方法

join()方法用于将列表中包含的各个字符串连接生成1个新的字符串。上一秘技中的split()方法通过分隔符将字符串分割，并将分割后的各部分逐个汇总到列表中。而join()方法是将列表中分散的各个字符串连接，汇总为1个新的字符串。

▼join()方法

中间插入特定字符的字符串.join(字符串列表)

意为“对中间插入特定字符的字符串，连接join（列表）列表内字符串”。若指定“=”为被插入的字符，则形式为“字符串=字符串=字符串”，基于“=”逐个连接起列表内的字符串。指定插入字符为“\n”时，也就意味着通过换行字符连接。

那么就让我们来试着运用这两种方法，用join()连接被split()分割的列表。

▼利用join()将被split()分割的列表汇总成1个字符串

```
>>> # 准备被空格分割的字符串
>>> sentence = '我的 姓名是 Python'
>>> # ❶以空格为分隔符进行分割后赋值给lst
>>> lst = sentence.split(' ')
>>> lst
['我的', '姓名是', 'Python']
>>> # ❷连接列表中被分割的字符串
>>> join = '\n'.join(lst)
>>> print(join)
我的
姓名是
Python
```

在❶处，把用split()方法分割的字符串赋值给lst。这里的lst是列表型变量，可容纳分割后的多个字符串。

▼lst的内容

```
lst = ['我的', '姓名是', 'Python']
```

在❷处，包含于lst中的字符串中被插入了“\n”，进而连接成为1个字符串，之后被赋值给变量join。因为包含1个字符串，所以join属于普通的字符串型变量。最后经由print()输出，基于中间插入的字符“\n”，最终以换行的形式呈现。

若不进行换行或不插入其他特定字符而连接生成1个字符串，就指定含有两个连续引号的空字符''，使其变成连续的字符串。

▼中间不插入任何字符即进行连接

```
>>> join2 = ''.join(lst)   # 中间插入的字符为空字符
>>> print(join2)
我的姓名是Python ———— 连续连接列表内容
```

使用该方法，可以除去字符串中不需要的空格和字符，重组字符串。

秘技 101

对字符串的一部分进行置换

扫码看视频

难易程度 ●●○

这里是关键点！ replace()方法

使用replace()函数，可以将指定字符串替换为其他字符串。

• replace()方法

在“替换次数”的部分，指定替换次数。若省略，则只替换一次。

形式	str型对象字符串. replace(替换字符串, 替换后的字符串, 替换次数).split(分隔符)

▼替换字符串的一部分

```
>>> msg = '晚上好我是Python'
>>> print(msg)
晚上好我是Python
>>> # 替换成'感觉怎么样? '之后再次代入
>>> msg = msg.replace('晚上好', '感觉怎么样? ')
>>> print(msg) ———— 输出msg的内容
感觉怎么样? 我是Python ———— 替换成'感觉怎么样? '
```

●反复替换

刚才的例子省略了替换次数。替换1次就结束也可以，但若想将字符串中多次出现的字符全部替换，则要像下面展示的这样指定次数。出现次数多，不清楚该指定多少次时，指定较多的次数就可以。这样即便没有达到指定的次数，也会在替换完成时完成操作。

▼使用replace()反复替换

```
>>> str = '美丽的庭院里盛开着美丽的花。'
>>> # 设定较多的次数，进行替换
>>> str = str.replace('美丽', '非常', 10)
>>> print(str)
非常的庭院里盛开着非常的花。
```

两处“美丽”都被替换为“非常”。像这样进行置换的字符串非常明确还好，若需替换的字在该字符串中出现频率高，且在不同的位置用法不同，某些地方被替换后就会出现语义不通的情况，这一点请一定注意。

秘技 102 设定形式，自动生成字符串

扫码看视频

难易程度 ●●○

这里是关键点！ format()方法

format()方法可以将带来的其他字符嵌入字符串中。例如，生成字符串“先生，中午好”，在程序运行过程中嵌入输入的姓名，即可以表示为“Python先生，中午好”。

• format()方法

在“字符串{}字符串”的{}中，嵌入“嵌入字符串”。

形式	字符串{}字符串.format(嵌入字符串)

▼在已经设定好形式的字符串中嵌入字符串

```
>>> # 在{}部分嵌入 "中午"
>>> '{}好'.format('中午')
'中午好'
```

'{}好' .format ('中午')
在{}部分嵌入字符串

●置换多处{}

字符串的置换可以无限进行。置换时，对应{}的排列顺序，作为format()的参数，指定的字符串应按顺序嵌入。另外，被设为参数的字符串为复数，因此要用“，”间隔书写。

▼置换两处{}

```
>>> '{}是{}'.format('今天', '10号')
'今天是10号'
```

'{}是{}' .format('今天' , '10号')
对应{}的排列顺序，作为参数，
指定的字符串被按照顺序嵌入。

●指定嵌入字符串的位置

与format()参数的排列顺序无关，想在打算好的地方嵌入字符串时，要在{}中输入参数的序号。参数的序号按照最初参数为0，接着是1、2……这样的顺序逐个增加。

▼指定位置以嵌入被作为参数设定的字符串

```
>>> '{1}是{0}'.format('今天', '10号')
'10号是今天'
```

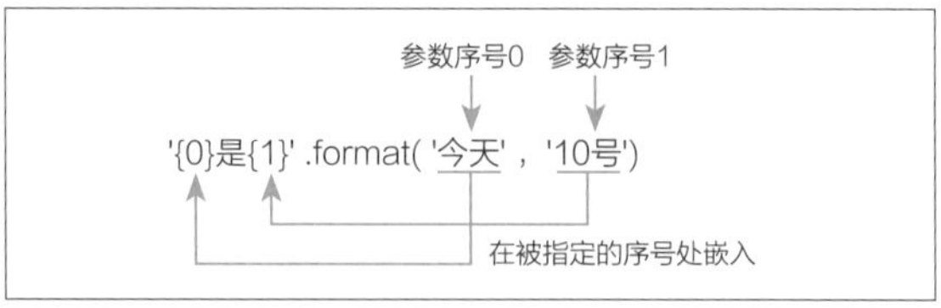
参数序号0
参数序号1
'{0}是{1}' .format('今天' , '10号')
在被指定的序号处嵌入

补充知识点 {}的数量和嵌入的字符串数量不一致时会出现错误。

秘技 103 指定小数点之后的位数，生成字符串

扫码看视频

难易程度 ●●○

这里是关键点！ '{参数的序号：.位数f}'.format(含小数的数值)

format()方法有指定小数点之后位数的功能。这时，嵌入部分表示如下。

• 指定小数点之后的位数，生成字符串

'{参数的序号：.位数f}' .format(含小数的数值)

※注意在位数(精度)的开头加“.”

▼至小数点之后3位

```
>>> '{: .3f}'.format(1/3)      # 1/3是0.33333333...
' 0.333'
```

虽然计算结果为float型，但由于format()方法的返回值是字符串型（str型），所以用print()函数输出完全没有问题。

秘技 104

采用三位分节法间隔数值

扫码看视频

难易程度 ●●

这里是关键点！ '{: , }'.format(数值)

令置换的部分为‘{: , }’形式，则参数中指定数值每3位插入一个逗号“，”。

• **令数值每3位一间隔**

'{: , }'.format(数值)

▼插入3位间隔的逗号

```
>>> '{: ,}'.format(1111111111.123)      # 包含小数
' 1,111,111,111.123'
```
——只对整数部分进行3位间隔

秘技 105

检查字符串是否是以指定子字符串开头或结尾

扫码看视频

难易程度 ●●

这里是关键点！ 字符串.startswith（‘开头的字符串’）
字符串.endswith（‘结尾的字符串’）

startswith()用于检查字符串是否是以指定子字符串开头，endswith() 用于判断字符串是否以指定后缀结尾。

●字符串开头是否以指定字符开始

使用startswith()方法，可以检查字符串是否是以指定子字符串开头。

• **startswith()方法**

检查字符串是否是以指定子字符串开头，如果是，则返回 True，否则返回 False。

形式 字符串.startswith（‘开头的字符串’）

▼开头的字符串是否为指定字符

```
>>> mail = 'user-111@example.com'
>>> # 字符串（邮箱地址）的开头是否为user
>>> mail.startswith('user')
True
```

●字符串的结尾是否以指定字符结束

使用endswith()方法检查结尾的字符串。

• **endswith()方法**

endswith() 方法用于判断字符串是否以指定后缀结尾，如果以指定后缀结尾，返回True，否则返回False。

形式 字符串.endswith（‘结尾的字符串’）

▼检查结尾的字符串

```
>>> mail = 'user-111@example.com'
>>> # 字符串（邮箱地址）的结尾是否为 ".com"
>>> mail.endswith('.com')
True
```

秘技 **106**

检索字符串的位置

难易程度 ●●○

扫码看视频

这里是关键点！ 字符串.find（‘检索位置的字符串’）

find()方法可以检索指定字符串的索引。

• **find()方法**

检索指定字符串的位置，返回开始的索引值。

形式	字符串.find(检索位置的字符串)

▼检索字符串的位置

```
>>> mail = 'user-111@example.com'
>>> 检索邮箱地址中@的位置
>>> mail.find('@')
8 ——— 索引值为8，也就是第9个出现
```

秘技 **107**

获取含有指定字符串的个数

难易程度 ●●○

扫码看视频

这里是关键点！ 字符串.count()

使用count()方法可以获取含有指定字符串的个数。

• **count()方法**

字符串中含有几个指定字符串，获取并返回其个数。

形式	字符串.count(检索字符串)

▼获取字符串出现次数

```
>>> mail = 'user-111@example.com'
>>> # 统计邮箱地址中有多少个 "."
>>> mail.count('.')
1 ——— 只有1个
```

秘技 **108**

检测是否为英文字母或英文字母与数字的组合

难易程度 ●●○

扫码看视频

这里是关键点！ isX字符串方法

以is开头的字符串方法如下。

• **isupper()**

如果字符串中至少有一个字母，并且所有字母都是大写，则返回True，否则返回False。

• **islower()**

如果字符串中至少有一个字母，并且所有字母都是小写，则返回True，否则返回False。

• **isalpha()**

如果字符串中只包含字母，并且非空，则返回True，否则返回False。

• **isalnum()**

如果字符串中只包含字母和数字字符，并且非空，则返回True，否则返回False。

• **isdecimal()**

如果字符串中只包含数字字符，并且非空，则返回True，否则返回False。

• **isspace()**

如果字符串中只包含空格、制表符和换行，并且非空，则返回True，否则返回False。

• **istitle()**

如果字符串中仅包含以大写字母开头、后面都是小写字母的单词，则返回True，否则返回False。

▼使用isX方法

```
>>> # 是否全部为英文字母
>>> 'Python'.isalpha()
True
>>> # 是否全部为英文字母
>>> 'Python123'.isalpha()
False
>>> # 是否全部为英文字母或数字
>>> 'Python123'.isalnum()
True
>>> # 是否全部为英文字母或数字
>>> 'Python'.isalnum()
True
>>> # 是否全部为数字
>>> '123'.isdecimal()
True
>>> # 是否只包含空格、制表符和换行
>>> ' '.isspace()
True
>>> # 是否所有英文单词都以大写开头
>>> 'This is Python'.istitle()
False
>>> 'This Is Python'.istitle()
True
```

●检测是否是正确输入

isX字符串方法在检测输入值时非常方便。接下来要介绍的程序是在输入年龄和密码时检测是否只输入了数字或英文字母与数字的组合。

▼年龄及密码的输入检测（inputCheck.py）

```
while True:
    age = input('请输入年龄:')
    if age.isdecimal():    # 检测是否为数字
        break
    print('年龄必须是数字')

while True:
    password = input('请输入密码（只含英文字母和数字):')
    if password.isalnum(): # 检测是否为英文字母和数字
        break
    print('密码必须是英文字母和数字')
```

▼运行示例

```
请输入年龄：二十六
年龄必须是数字
请输入年龄：26
请输入密码（只含英文字母）：win!
密码必须是英文字母
请输入密码（只含英文字母）：winwin55
```

秘技 109 难易程度 ●●○

大小写转换

扫码看视频

这里是关键点！ 英文字母.upper()、英文字母.lower()

upper()方法将字母转换成大写形式，lower()方法将字母转换为小写形式，但只能作用于字母表。

• **upper()方法和lower()方法**

转换字母的大小写。

形式	英文字母.upper()
	英文字母.lower()

▼大小写转换

```
>>> mail = 'user-111@example.com'
>>> mail = mail.upper()          # 转换为大写字母
>>> print(mail)
USER-111@EXAMPLE.COM
>>> mail = mail.lower()          # 转换为小写字母
>>> print(mail)
user-111@example.com
```

字符串的操作

秘技 110

文本右对齐、左对齐及居中

难易程度 ●●

这里是关键点！ 字符串.rjust(字符数)、字符串.ljust(字符数)、字符串.center(字符数)

扫码看视频

使用rjust()和ljust()，可以在对象的字符串中插入空格，将右对齐和左对齐的字符串作为返回值返回。center()用于在字符串的左右两边插入空格，返回居中的字符串。

●在字符串中插入空格以实现左右对齐

为达到指定字符数，rjust()和ljust()可以在左右两边插入空格，以控制字符串的左右移动。

• rjust()方法和ljust()方法

在指定字符数的范围内，返回右移或左移的对象字符串。指定选项的第2个参数，则可以嵌入任意字符串来代替空格。

形式	
形式	字符串.rjust(右移时全体的字符数 [.嵌入字符串以代替空格])
	字符串.ljust(左移时全体的字符数 [.嵌入字符串以代替空格])

▼在指定字符数的范围内右移或左移。

```
>>> 'Python'.rjust(10)  # 全体10个字符右移
'    Python'
>>> 'Python'.rjust(20)  # 全体20个字符右移
'              Python'
>>> 'Python'.ljust(10)  # 全体10个字符左移
'Python    '
```

'Python'. rjust(10)即字符串全体有10个字符，将Python右移。

Python是6个字符，所以向左追加4个字符的空格，返回Python右移后的10个字符的字符串。

指定选项的第2个参数，就可以嵌入任意字符以代替空格。

▼嵌入任意字符以代替空格

```
>>> 'Python'.rjust(20, '*')
'**************Python'
>>> 'Python'.ljust(20, '>')
'Python>>>>>>>>>>>>>>'
```

●在字符串中插入空格实现居中

为达到指定字符数，center()方法在左右两边插入空格，实现对象字符串的居中。

• center()方法

在指定字符数的范围内，返回居中的对象字符串。指定选项的第2个参数，则可嵌入任意字符串来代替空格。

形式	字符串.center(居中时全体的字符数 [.嵌入字符串以代替空格])

▼使字符串居中

```
>>> 'Python'.center(20)
'       Python       '
>>> 'Python'.center(20, '#')
'#######Python#######'
```

秘技 111

读取复制到剪贴板的字符串

难易程度 ●●

这里是关键点！ pyperclip模块的copy()函数和paste()函数

扫码看视频

pyperclip模块有copy()和paste()函数，可以将文本复制、粘贴到计算机的剪贴板。因为pyperclip属于外部模块，可以从Python Software Foundation的Web网站（https://pypi.python.org/pypi/pyperclip）上下载，然后使用Python的pip命令进行安装。

使用Windows时，在控制台输入

```
pip install pyperclip
```

即可进行下载和安装。

使用Mac时，输入

```
sudo pip3 install pyperclip
```

将安装好的pyperclip导入后，即可使用copy()和paste()函数。

▼进行复制、粘贴

```
>>> import pyperclip
>>> pyperclip.copy('你好Python！')      # 将字符串复制
                                          到剪贴板
>>> pyperclip.paste()    # 输出剪贴板的数据
'你好Python！'
```

●经由剪贴板获取通过其他程序输入的字符串

如果是Windows程序，则打开“笔记本”等文本编辑器，输入恰当的字符，然后执行复制操作后由剪贴板读取。执行以下源代码即可获取复制在剪贴板上的字符串。

▼获取复制在剪贴板上的字符串示例

```
>>> pyperclip.paste()
'执行源代码，则可获取复制在剪贴板上的字符串。'
```


秘技 112

分割剪贴板上的字符串，在每行开头添加“#”

扫码看视频

难易程度 ●●

这里是关键点！ 分割、加工多行字符串

存在这样的情况：使输入在文本编辑器上的字符串配合其他程序格式进行加工。在文本编辑器中输入的文章变成Python程序的说明正符合这种情况。在开头手动输入#固然可以，但Python程序可进行自动化处理。

例如，使用文本编辑器完成下面展示的说明文章的输入。

▼使用文本编辑器输入的说明文章

```
获取剪贴板的数据
根据换行的位置进行分割
对分割之后的各行的数据进行反复操作
在开头追加#
插入换行，并将它们汇总成1个字符串
复制到剪贴板
```

将这些复制到剪贴板，执行程序，则表示如下。

▼程序执行后剪贴板上的字符串

```
# 获取剪贴板的数据
# 根据换行的位置进行分割
# 对分割之后的各行的数据进行反复操作
# 在开头追加#
# 插入换行，并将它们汇总成1个字符串
# 复制到剪贴板
```

实现上述操作的是以下程序。

▼将剪贴板上的字符串分割，在每行开头添加#标记

```
import pyperclip

# ❶获取剪贴板的数据
text = pyperclip.paste()
# ❷根据换行的位置进行分割
lines = text.split('\n')

# ❸对分割之后的各行数据进行反复操作
for i in range(len(lines)):
    # ❹在开头追加#
    lines[i] = '# ' + lines[i]

# ❺插入换行，并将它们汇总成1个字符串
text = '\n'.join(lines)
# ❻复制到剪贴板
pyperclip.copy(text)
```

通过❶的

```
    text = pyperclip.paste()
```

读取剪贴板的数据并将其代入text中。多行字符串则像

```
'获取剪贴板的数据\r\n根据换行的位置进行分割
\r\n分……
```

一样，包含换行字符“\n”。接着❷的

```
lines = text.split('\n')
```

表示，在“\n”的位置进行了分割。这样一来，各行都被作为列表元素分割，具体表示如下。

```
['获取剪贴板的数据\r', '根据换行的位置进行分割\r',
 '对分割之后的各行的数据进行反复操作\r', '在开头追加#\r',
 '插入换行，并将它们汇总成1个字符串\r', '复制到剪贴板\r']
```

通过③的

```
for i in range(len(lines)):
```

逐个取出元素。④的

```
lines[i] = '# ' + lines[i]
```

表示在开头追加“#”，返回列表。⑤的

```
text = '\n'.join(lines)
```

表示，插入“\n”，连接列表元素，则完成加工。最后通过⑥复制到剪贴板。

以上就是操作流程，当然也有其他去除开头和末尾空白字符的情况，这时将⑦的部分替换，就能实现自动化操作。

3-2　基于正则表达式的模式匹配

秘技 113

何为正则表达式

扫码看视频

难易程度 ●●

这里是关键点！　正则表达式、模式、模式匹配

正则表达式即“用于将几个字符串以一种形式表现出来的表现方法”。利用这种表现方式，就可以在大量的字符串中检索想要快速找到的字符串。像Perl这样拥有极强的文本处理能力的脚本语言自不必说，在Python中也可以使用。

使用正则表达式，不单是找到字符串，关于对字符串最初和最后位置的指定，A或B等复数候补，某字符串的反复等，正则表达式在这些方面展现了其灵活性，运用这些模式来进行检索。看起来结构紧凑的正则表达式实际上拥有非常丰富的功能。

●通过正则表达式进行模式匹配

正则表达式是用于记录字符串模式的标记方法，因此与各字符串进行匹配检测是其目的，这种匹配检测被称为模式匹配。模式匹配即检测正则表达式记录的模式是否在对象字符串中出现，若找到适合的字符串，则模式匹配成功。

使用正则表达式进行模式匹配有几个方法，Python中最正统的方法是使用包含于标准模块re中的方法。

▼使用match()方法进行模式匹配

```
>>> import re # 导入re模块
>>> line = 'python我是'
>>> m = re.match('python', line)  # 对'python'进行模
                                    式匹配
>>> print(m.group())      # 取出匹配的字符串
python
```

• match()方法

检测字符串开头是否存在模式匹配的字符串。

形式	match(模式.检索对象的字符串)

• search()方法

检测字符串中是否有模式匹配的子字符串。

形式	search (模式.检索对象的字符串)

match()方法用于检测字符串开头是否存在模式匹配的字符串，而search()方法在字符串的任何位置都可以进行模式匹配。若通过这两种方法完成模式匹配，则返回match对象，模式匹配失败则返回None。刚才的例子中，m = re.match('python', line)的m中包含以下match对象。

▼返回的match对象的内容

```
<_sre.SRE_Match object; span=(0, 4), match='python'>
```

匹配的位置　　匹配的字符串

若想只取出匹配成功的字符串，可利用match对象.group()中的group()方法。

秘技 114 难易程度 ●●○

正则表达式对象

扫码看视频

这里是关键点！ Regex对象

向re.compile()方法传递表示正则表达式模式的字符串，能够返回Regex模式对象（Regex对象）。当然也可以直接使用正则表达式的模式字符串，但若是反复用到同一模式，还是利用Regex对象更方便。

●创建Regex对象

Regex对象通过re模块的re.compile()方法创建，形式如下。

```
re.compile(r'模式字符串')
```

在模式字符串前添加r，这被称为raw字符串标记法。在正则表达式中，若要表示特殊形式或使用特殊字符，则需使用反斜杠。

只是，在Python中，转义序列也会用到反斜杠。因此，在匹配时反斜杠就必须表示为\\而非\。用于换行的\n在匹配时写作\\n。

改善了这种复杂操作方式的是raw字符串。在字符串的开头添加“r”，就变成了不适用于Python转义操作的raw字符串。由于反斜杠直接被作为字符串使用，因此'\n就是由\和n这两个字符组成的字符串。所以一般来说，表示模式时我们会使用raw字符串标记法。

▼令raw字符串的模式为Regex对象进行匹配

```
>>> line = 'python我是'
>>> reg = re.compile(r'python')
>>> m = re.match(reg, line)
>>> print(m.group())
python
```

秘技 115 难易程度 ●●○

只含字符串的模式

扫码看视频

这里是关键点！ 不使用元字符，只含字符串的模式

正则表达式由像“模式”一样单纯的字符串与被称作元字符的含有特殊意义的符号共同组成。各种类型的元字符使正则表达式的表现灵活多变。但是首先，我们要了解的是只含字符串的模式。

●只含字符串的模式

元字符以外的“模式”只需要与相关字符串进行匹配即可，需要严格确认是否有空白部分。另外，因为不考虑字符串的意思，因此不是单纯模式的字符串也能匹配。

▼只含字符串的模式匹配示例

正则表达式	匹配的字符串	不匹配的字符串
python	你好, python 喂, python python[空白]	party是笨蛋 py · thon~ py[空白]thon
喂	喂, 你好哇 呦喂, 糟了 喂, 那个怎么样了	嗨, 你好哇 哎哎哎! 哎呀, 麻烦了

▼只含字符串的模式匹配

```
>>> line = '喂, python怎么样了? '
>>> m = re.search(r'喂', line)
>>> print(m.group())
喂
```

秘技 116

两个以上模式的匹配情况

扫码看视频

难易程度 ●●

这里是关键点！ 使用元字符，只含字符串的模式

像"'模式1｜模式2｜模式3'"这种使用元字符"|"，可以表示几个模式均为匹配候补。对于"谢谢""谢了""感谢"这几种类似表达，使用一种模式将几种情况汇总起来更为便利。

▼多个候补的模式匹配示例

正则表示式	匹配的字符串	不匹配的字符串
你好｜今天是｜在哪里	您好，Python 今天是工作日 喂，今天是美食节吗? 她在哪里?	晚上好，Python 今天的饭是什么? 到这里来，Python Python在这里 哇！是Python

▼多个候补的模式匹配

```
>>> line = '你好, Python'
>>> m = re.search(r'你好|今天是|在哪里', line)
>>> print(m.group())
你好
```

秘技 117

指定模式位置

扫码看视频

难易程度 ●●

这里是关键点！ 定位符

定位符是指定模式位置的元字符。使用定位符，就可以指定模式出现在对象字符串的哪个位置。用于指定位置的定位符包括表示字符串开头的^与表示结尾的$。对于含有多行的字符串，1个对象中会包含多个开头和结尾，但多数情况下，会通过程序将其按行分解再进行操作，所以将^和$看作用于匹配开头和结尾的元字符完全没有问题。

只将字符串作为模式可能会与预期之外的字符串匹配，所以若是能正确使用限定开头和结尾的定位符，一定可以顺利实现模式匹配。

▼定位符的使用示例

正则表达式	匹配的字符串	不匹配的字符串
^喂	喂，python	哎呦喂，今夜好像变冷了
嘛$	这个不错嘛 试试看嘛	别一个劲儿地吃啊
^好的$	好的	好的，没问题 好的好的 酒还没好吗? [空白]好的[空白]

▼对模式使用定位符

```
>>> line = '这个不错嘛'
>>> m = re.search(r'嘛$', line)
>>> print(m.group())
嘛
```

秘技 118

与其中某一字符匹配

扫码看视频

▶难易程度 ●●

这里是关键点！ []

用[]将几个字符括起来，表示“括起来的字符中的某一个”。例如，[。，]指的是“。”或“，”中的某个标点符号。与定位符一样，它被用于锁定对象。另外，像[？?]、[！!]和[&＆]一样，它也被用来处理全角符和半角符的不同。

▼与其中某一字符匹配的示例

正则表达式	匹配的字符串	不匹配的字符串
你好[～－…！、]	你好－啊 你好、初次见面	你好。 哎呀、你好。

▼与“你好”之后的字符[～－…！、]中的某一个匹配

```
>>> line = '你好-啊'
>>> m = re.search(r'你好[-～…！、]', line)
>>> print(m.group())
你好-
```

秘技 119

与每个字符匹配

扫码看视频

▶难易程度 ●●

这里是关键点！ 元字符（.）

“.”是与任意1个字符匹配的元字符。一般的字符不必说，空格和制表符等没有实体表现形式的字符也能够匹配。只有1个字符，没什么用处，但像“...”（任何内容的3个字符即匹配）一样连续使用或与反复出现的元字符组合，就可以创建一种模式，即“任何内容的几字符的字符串”。

▼字符串的匹配示例

正则表达式	匹配的字符串	不匹配的字符串
哇啊、...！	哇啊、出现了！ 哇啊、这样啊！ 哇啊、好臭呀！	哇啊、出现了啊！ 哇啊、简直超棒！ 哇啊、好臭！

▼“‘哇啊’+3个字符+！”的匹配

```
>>> line = '哇啊、这样啊！'
>>> m = re.search(r'哇啊、...！', line)
>>> print(m.group())
哇啊、这样啊！
```

秘技 120

匹配字符串的反复次数

扫码看视频

▶难易程度 ●●

这里是关键点！ +、*、{m,n}、?

加入了表示反复的元字符，就能够表现其前面连续出现的字符。只是，适用反复的只有前面的1个字符而已。要反复1个以上的字符，要用()将其汇总再使用表反复的元字符。

“+”意为1次以上的反复。“w+”意味着w、ww或者是wwwwww都匹配。

“*”意为0次以上的反复。“0次以上”是关键，即便反复对象的字符一次也没出现，也能够匹配。也就是说，“w*”意味着w或者是wwww都匹配；123甚至‘’（空字符）、‘急转直下’也匹配。这说明某个字符“存在与否都无所谓，连续也没关系”。

而需要限定反复次数时则使用{m}，m是表示次数的整数。另外，{m,n}即指定反复次数的范围为“m次以上，n次以下”，也可以像{m，}一样省略n。“+”表示{1，}、“*”表示{0，}也是同样的意思。

▼匹配字符串的反复次数示例

正则表达式	匹配的字符串	不匹配的字符串
哈+	哈哈哈 啊哈哈	呵呵呵 哦嘿嘿
^哎-！*	哎-！！！ 哎-、已经要回去了吗? 哎-只有这些?	很好吃哎-！ 超级快哎-！ 喂哎-！
嘿{3,}	嘿嘿嘿 哦嘿嘿嘿	嘿嘿 哦嘿嘿-

▼对“!”1次以上的反复进行匹配

```
>>> line = '哎-！！只有这些？'
>>> m = re.search(r'哎-！+', line)
>>> print(m.group())
哎-！！
```

●是否存在

使用“?”，可以表示前面的1个字符存在与否都可以。与表反复的元字符一样，使用括号就能适用于1个字符以上的模式。

▼使用“?”的示例

正则表达式	匹配的字符串	不匹配的字符串
好[!！]?	这张照片，拍得挺好！ 好，拍得好！ 嗯，拍得很好 拍得不好就不行吗	哎呀，拍得挺好嘛 那照片，特别好！

秘技 121

汇总多个模式

难易程度 ●●○

扫码看视频

这里是关键点！（模式1｜模式2｜模式3）

使用()可以汇总1个字符以上的模式。汇总的模式被作为1组并受到元字符的影响。例如，(abc)+即可与“有1个以上的abc字符串”的字符串匹配。使用元字符｜，可以将多个模式指定为候补，但限定｜的对象范围时也要使用括号。例如，“^再见｜拜拜｜明天见$”这一模式指定了3个候补，分别是“^再见”“拜拜”“明天见$”。注意定位符的位置。这时若使用括号，即写作“^(再见｜拜拜｜明天见)$”，候补就变为“^再见$”“^拜拜$”“^明天见$”。

▼基于()的分组

正则表达式	匹配的字符串	不匹配的字符串
是(真的｜确实)	是，是真的? 不，是真的	是-真-的? 真的呦

▼使用()分组

```
>>> line = '真的，我确实这样认为'
>>> m = re.search(r'(^真的｜确实)', line)
>>> print(m.group())
真的 ——— 最开始的"^真的"最先匹配
```

秘技 122

获取所有与组匹配的字符

扫码看视频

难易程度 ●●

这里是关键点！ match对象.group()

只能设定必要数量的组，最先被()圈定的组为组1，第二个就是组2。只是，单纯地进行匹配时，即便存在多个候补，也只能获取最先匹配的组的字符串。因此，这种情况下，就需要使用re模块下的group()方法。group()方法在获取匹配的所有字符串的同时，还能够指定获取的数目。

●分别获取市内区号和市外区号

分别获取市内区号和市外区号。此时对电话号码进行分组，分为市内区号和市外区号，形式如下。

```
(\d\d\d)-(\d\d\d-\d\d\d\d)
```

\d是表示数字1这一字符的正则表达式。最开始的市外区号部分（\d\d\d）是组1，接下来的（\d\d\d-\d\d\d\d）是组2。group()方法在没有参数时将其设定为0，并将匹配的字符串整体返回。

▼从字符串中获取电话号码

```
>>>                    # 生成Regex对象
>>> number = re.compile(r'(\d\d\d)-(\d\d\d-\d\d\d\d)')
>>>                    # 匹配电话号码
>>> m = number.search('电话号码是001-111-9292。')
>>> m.group()          # 将匹配的字符串整体返回
'001-111-9292'
>>> m.group(0)         # 将匹配的字符串整体返回
'001-111-9292'
>>> m.group(1)         # 获取匹配组1的字符串
'001'
>>> m.group(2)         #获取匹配组2的字符串
'111-9292'
```

●获取与所有组匹配的字符串

使用group()方法汇总并获取与所有组匹配的字符串。获取的结果随元组返回。

▼获取与所有组匹配的字符串

```
>>> number = re.compile(r'(\d\d\d)-(\d\d\d-\d\d\d\d)')
>>> m = number.search('电话号码是001-111-9292。')
>>> m.groups()
('001', '111-9292')
>>> 将与组匹配的字符串分别代入不同的变量
>>> area_code, main_number = m.groups()
>>> print(area_code)
001
>>> print(main_number)
111-9292
```

group()方法可以返回含有多个值的元组，像

```
area_code, main_number = m.groups()
```

一样，使用复数赋值的方法，将各自的值分别赋值到不同的变量中。

●检索()

电话号码的市外区号记录于()中。此时要使用反斜杠（\）进行转义。

▼利用（市外区号）xxx-xxxx的模式进行匹配

```
    # 生成Regex对象
>>> number = re.compile(r'(\(\d\d\d\))(\d\d\d-\d\d\d\d)')
>>> # 匹配电话号码
>>> m = number.search('电话号码是(001)111-9292。')
>>> m.group(1)
'(001)'
>>> m.group(2)
'111-9292'
```

秘技 123

跳过特定的组进行匹配

扫码看视频

难易程度 ●●

这里是关键点！ (组的模式字符串)?

通过组进行匹配时，对一部分组而言，无论是否进行匹配都可以。也就是说文本的一部分可有可无。

举例来说，无论是否有市外区号，检索电话号码时都要在表示市外区号的组末尾添加“？”。这样一来，意思就变成了“与前面的列表进行了0次或1次匹配”，因此即便是没有市外区号，也能获取电话号码。

▼即便没有市外区号，也可以获取电话号码

```
>>> # 生成Regex对象
>>> number = re.compile(r'(\d\d\d-)?(\d\d\d-\d\d\d\d)')
>>> # 匹配电话号码
>>> m1 = number.search('电话号码是001-111-9292。')
>>> m1.group()
'001-111-9292'
>>> # 匹配电话号码
m2 = number.search('电话号码是111-9292。')
>>> m2.group()
'111-9292'
```

秘技 124

贪婪匹配与非贪婪匹配

扫码看视频

难易程度 ●●

这里是关键点！ (){n,m}和(){n,m}?

对于‘哇哈哈哈哈哈’这一字符串，(哈){3,5}这一模式就意味着反复3次以上、5次以下。将‘哈’反复3次、4次或5次，都是可以匹配的，但若对匹配结果执行group()方法，则返回‘哈哈哈哈哈’。

▼通过{}指定反复次数的模式

```
>>> 将"哈"反复3次以上、5次以下的模式
>>> regex1 = re.compile(r'(哈){3,5}')
>>> m1 = regex1.search('哇哈哈哈哈哈')
>>> m1.group()
'哈哈哈哈哈'
```

(哈){3,5}即无论反复3次的“哈哈哈”还是反复4次的“哈哈哈哈”都能够匹配，但是它最终将匹配且返回最多次数的“哈哈哈哈哈”。这样的Python正则表达式即在多个选择中进行最大长度匹配，也就是我们常说的“贪婪匹配”。

而在()的末尾添加“？”则表示“非贪婪匹配”。也就是说，与最小长度项匹配。

▼通过{}指定反复次数的模式

```
>>> 将 "哈" 反复3次以上、5次以下的模式（非贪婪匹配）
>>> regex2 = re.compile(r'(哈){3,5}?')
>>> m2 = regex2.search('哇哈哈哈哈哈')
>>> m2.group()
'哈哈哈'
```

进行非贪婪匹配，即与最短的3次反复“哈哈哈”匹配。

补充知识点 正则表达式部分中出现的“？”有两个意思。一个是指用()设定的组“存在与否都可以”；另一个则用于非贪婪匹配中，即(){n,m}？。二者没有任何关系。

秘技 125 难易程度 ●●

获取字符串中的所有匹配结果

这里是关键点！ findall()方法

扫码看视频

模式匹配方法search()会通过match对象返回匹配结果。而findall()方法会返回其他模式匹配的字符串。

●通过findall()方法获取全部匹配成功的字符串

让我们先来熟悉一下之前反复用到的search()方法。

▼使用search()方法进行匹配

```
>>> # 生成Regex对象
>>> num_regex = re.compile(r'\d\d\d-\d\d\d-\d\d\d\d')
>>> # 匹配电话号码
>>> m = num_regex.search('手机:999-555-6666
                         座机:001-100-9292')
>>> m.group()
'999-555-6666'
```

search()方法返回最先匹配字符串的match对象。而findall()方法返回匹配成功的所有字符串的列表。

▼使用findall()方法进行匹配

```
>>> num_regex = re.compile(r'\d\d\d-\d\d\d-\d\d\d\d')
>>> num_regex.findall('手机:999-555-6666
                        座机:001-100-9292')
['999-555-6666', '001-100-9292']
```

●正则表达式中包含组时，使用findall()方法进行匹配

正则表达式中包含带有()的组时，使用findall()返回元组列表。各元组元素都是与正则表达式的组相匹配的字符串。

▼对于带有()的组，使用findall()方法进行匹配

```
>>> # 由组设定的正则表达式模式
>>> num_regex = re.compile(r'(\d\d\d)-(\d\d\d)-
(\d\d\d\d)')
>>> num_regex.findall('手机:999-555-6666
                        座机:001-100-9292')
[('999', '555', '6666'), ('001', '100', '9292')]
```

像

```
'\d\d\d-\d\d\d-\d\d\d\d'
```

这样，正则表达式中没有组时，findall()即以

```
['999-555-6666', '001-100-9292']
```

的形式返回匹配的字符串列表。若设定组为

```
'(\d\d\d)-(\d\d\d)-(\d\d\d\d)'
```

则findall()会以列表形式返回与组对应的字符串元组，即：

```
[('999', '555', '6666'), ('001', '100', '9292')]
```

秘技 126 难易程度 ●●

表示字符集合的短缩形

这里是关键点！ \d、\D、\w、\W、\s、\S

扫码看视频

检索电话号码时，使用表示数字1字符的\d。\d是正则表达式

```
(0|1|2|3|4|5|6|7|8|9|)
```

的短缩形。像\d这样的短缩形，在正则表达式中包含以下几种。

字符串的操作

▼表示字符集合的短缩形

短缩形	意思
\d	0~9的数字
\D	0~9的数字以外
\w	构成英语单词的字符a~z、A~Z、_、0~9]
\W	构成英语单词的字符以外
\s	空格、制表符、换行
\S	空格、制表符、换行以外

利用了短缩形的\d+\s+\w，1个以上的数字（\d+）之后是1个空白字符（\s+），之后与含有1个以上的字符、数字、“_”的字符串匹配。

▼利用短缩形的匹配

```
>>> regex = re.compile(r'\d+\s+\w+')
>>> month = '1 January, 2 February, 3 March, 4 April,
            5 May, 6 June'
>>> regex.findall(month)
['1 January', '2 February', '3 March', '4 April',
 '5 May', '6 June']
```

在代入变量month的字符串中，以1 January、2 February……一样被分割的形式取出字符。

month的字符串以逗号和空格间隔，但它们与\d+\s+\w的模式不匹配，所以不对其进行抽取也是一大要点。

秘技 127

定义单独的字符集合

扫码看视频

难易程度 ●●

这里是关键点！ [a-z]、[A-Z]、[0-9]

\d、\w以及\s这样的短缩形表示的字符范围很大，所以不同于之前，我们在这里使用[]指定字符范围。[0-5]的指定方式如下。

```
(0|1|2|3|4|5)
```

▼指定短缩形的范围

```
>>> reg = re.compile(r'[0-5]')
>>> num = '1, 2, 3, 4, 5, 6, 7, 8'
>>> reg.findall(num)
['1', '2', '3', '4', '5']
```

●指定多个字符范围

使用连字符指定字符和数字范围时，可以在汇总多个模式后进行设定。例如：

```
[a-zA-Z0-9]
```

即与字母表中所有的大小写字母以及0到9的数字匹配。

需注意的是，在[]内部，一般的正则表达式标记行不通，必须要对“.”“*”“?”以及()添加反斜杠（\）。与0到3的数字及句点匹配时没有必要将句点表示为\.的形式，使用如下形式即可。

```
[0-3.]
```

秘技 128

利用点与星号匹配所有字符串

扫码看视频

难易程度 ●●

这里是关键点！ .*（点与星号）

有时，无论什么样的字符串我们都想要进行匹配。例如“‘姓:’~”的~部分中，所有的字符串和‘名:’之后所有的字符串匹配的情况。像这样对应“所有字符串”的正则表达式就是“.*”。点表示“除换行以外的任意1个字符”，星号表示“其前模式0次以上的反复”。

▼利用点与星号匹配所有字符串

```
>>> name_regex = re.compile(r'姓:(.*)  名:(.*)')
>>> m = name_regex.search('姓:秀和  名:太郎')
>>> m.group(1)
'秀和'
>>> m.group(2)
'太郎'
```

以上的匹配为模式字符串。像（.*）一样创建组，然后在姓:和名:之后进行配置。

```
'姓:xxxx  名:xxxx'
```

上面表达式中的xxx可以是任意字符。但由于是以组的形式进行配置，因此只能指定group()方法，获取与组匹配的字符串。

秘技 129

使“.”匹配换行字符

扫码看视频

难易程度 ●●○

这里是关键点！ re.compile(‘.*’, re.DOTALL)

“.*”可以匹配换行之外的所有字符串。但是在处理多行字符串时，就涉及换行在内的匹配问题。这时，我们可以指定compile()方法的第2个参数re.DOTALL，然后创建Regex对象。这样一来， 就可以通过句点符号“.”匹配包括换行在内的所有字符。

▼只有‘.*’模式的情况

```
>>> reg1 = re.compile('.*')
>>> # 与包括换行在内的字符串匹配
>>> m1 = reg1.search('第1主成分\n第2主成分\n第3主成分')
>>> m1.group()
'第1主成分'          ——— 与\n不匹配，所以只与该部分匹配
```

▼指定re.DOTALL

```
>>> # 指定compile()方法的第2个参数re.DOTALL
>>> reg2 = re.compile('.*', re.DOTALL)
>>> # 与包括换行在内的字符串匹配
>>> m2 = reg2.search('第1主成分\n第2主成分\n第3主成分')
>>> m2.group()
'第1主成分\n第2主成分\n第3主成分'   ——— 与包括\n在内的所有
                                        字符匹配
```

秘技 130

忽略字母的大小写形式进行匹配

扫码看视频

难易程度 ●●○

这里是关键点！ re.compile（r ‘abc…’ ，re.I）

正则表达式会区分英文字母的大小写。下面每一个正则表达式都与不同的字符串进行匹配。

▼相同语义的单词下，大小写对应的模式不同

```
>>> regex = re.compile(r 'Python')
>>> regex = re.compile(r 'python')
>>> regex = re.compile(r 'PYTHON')
>>> regex = re.compile(r 'PyThon')
```

所以Python不可能与python或是PYTHON匹配。但是，若我们想不区分同一单词的大小写进行匹配，就需要指定re.compile()方法的第2个参数re. I，然后创建Regex对象。这样一来， 就可以不区分大小写而完成匹配。

▼不区分大小写而完成匹配

```
>>> # 指定re.compile()方法的第2个参数re.I
>>> regex = re.compile(r'python', re.I)
>>> # 与'Python'匹配
>>> regex. search('Python很有趣').group()
'Python'
>>> # 与'PYTHON' 匹配
>>> regex. search ('不了解PYTHON') .group()
'PYTHON'
>>> # 与'python'匹配
>>> regex. search ('这就是python吗') .group()
'python'
```

秘技 131

置换由正则表达式检索的字符串

扫码看视频

难易程度 ●●

这里是关键点！ Regex对象.sub(置换字符串、置换对象的字符串)

正则表达式不仅能对字符串模式进行检索，也能用于字符串的置换操作。指定对Regex对象sub()方法的第1个参数进行置换的字符串和针对第2个参数的置换对象的字符串，然后返回置换后的字符串。

▼替换字符串的一部分

```
>>> str = '第1季度 销售额 销售额预测'
>>> regex = re.compile(r'第1 \w+')
>>> regex.sub('2018年', str)
'2018年 销售额 销售额预测'
```

“第1 \w+”与“第1季度”的部分匹配。若将这一部分替换为“2018年”，则返回“2018年 销售额 销售额预测”的结果。

秘技 132

使用匹配的字符串的一部分进行置换

扫码看视频

难易程度 ●●

这里是关键点！ 对sub()的第1个参数进行指定组号的置换

我们有时候需将匹配的字符串作为置换的一部分。例如，想在检索用户名时，完全不展示抽取的用户名，只用第1个字符来表示。为顺利进行，此时就要以\1、\2、\3的形式来为sub()方法的第1个参数指定组号。

对正则表达式的模式设定(\w)\w，为sub()方法的第1个参数指定1****，则输出与组1匹配的字符串中与(\w)相符的字符和****。

▼使用匹配完成的字符串最开始的字符进行置换

```
>>> str = 'password Secret1111 password Book555
          password AA007'
>>> # 在正则表达式的组1中设定\w
>>> regex = re.compile(r'password (\w)\w*')
>>> # 使用匹配完成的字符串对组1进行置换
>>> regex.sub(r'\1****', str)
'S**** B**** A****'  ——— 只表示最开始的字符
```

另外，将password(\w)\w*写成password(\w){3}\w*之后，开头的3个字符相匹配，因此在开头的第3个字符处进行置换。

▼匹配前3个字符后进行置换

```
>>> regex = re.compile(r'password (\w){3}\w*')
>>> regex.sub(r'\1****', str)
'c**** o**** 0****'  ——— 表示开头的前3个字符
```

秘技 133

对复杂的正则表达式进行简明易懂的标记

扫码看视频

难易程度 ●●

这里是关键点！ re.compile(r'''（模式字符串）''', re.VERBOSE)

若匹配时使用的正则表达式过于复杂，模式字符串就会变得很长，不仅读起来困难，更难以发现错误。针对这种情况，在适当的位置插入换行，或者加入说明会更方便。

若运用re.compile()方法指定第2个参数为re.VERBOSE，就可以忽略正则表达式字符串中的空格和说明。例如，为了匹配电话号码，输入以下代码。

```
phone = re.compile(r((0\d{0,3}|\(\d{0,3}\))(\s|-)
        (\d{1,4})(\s|-)(\d{3,4})), re.VERBOSE)
```

该正则表达式模式在适当的位置进行了换行，读起来轻松流畅。附上说明后改动也会更方便。

▼对正则表达式的模式进行换行操作且加入说明（verbose.py）

```
import re
phone = re.compile(r'''(
    (0\d{0,3}|\(\d{0,3}\))  # 市外区号
    (\s|-)                  # 间隔
    (\d{1,4})               # 市内区号
    (\s|-)                  # 间隔
    (\d{3,4})               # 用户号码
    )''', re.VERBOSE)
```

这里使用了三引号“'''”将字符串分成多行表述。说明的写法与以往相同，#开始到该行的末尾都是说明，可以忽略。而且换行后缩进部分的空白也对匹配字符串完全没有影响。

秘技 134

创建用于电话号码的正则表达式

扫码看视频

难易程度 ●●

这里是关键点！ （市外区号）市内区号-用户号码（内线）内线号码

创建用于电话号码的正则表达式模式。

▼用于电话号码的正则表达式模式（phone_regex.py）

```
import re

# 电话号码的正则表达式
phone_regex = re.compile(r'''(
    (0\d{1,4}|\(0\d{1,4}\))          # 市外区号
    (\s|-)?                          # 间隔
    (\d{1,4})                        # 市内区号
    (\s|-)                           # 间隔
    (\d{4})                          # 用户号码
    (\s*(内线|\(内\)|\(内.{1,3}\))\s*(\d{2,5}))?
                                     # 内线号码
    )''', re.VERBOSE)
```

虽然电话号码从市外区号开始，但为了在省略它的情况下也能成功进行匹配，在组后添加“？”。市外区号可能是0和1到4位的数字(0\d{1,4})，区号是(\(0\d{1,4}\))中的某一个，所以用“|”将其间隔后进行表述。

与市内区号的间隔是空白字符（\s）或是连字符（-）中某一个，为了在省略它的情况下也能成功进行匹配，在组后添加“？”。

市内区号是1到4位，用户号码是4位，因此用(\d{1,4})、(\d{4})来表示。间隔符是空白字符（\s）或连字符（-）中的某一个。

内线号码的组后添加了“？”，因此可以省略。(内线)、(\(内\))、(\(内.{1,3}\))之后的2到5位数字是匹配的。号码之间有没有空格都没有影响。

▼匹配示例

```
str = '姓名:秀和太郎 住址:东京市中央区
      电话号码:(001)5555-6767(内线)365'
pho = phone_regex.search(str)
print(pho.group())
```

▼输出结果

```
(001)5555-6767 (内线)365
```

秘技 135

创建用于邮箱地址的正则表达式

扫码看视频

▶难易程度 ●●○

这里是关键点！ 对xxxxxx@xxxx.xxxx进行匹配

创建用于邮箱地址的正则表达式。

▼用于邮箱地址的正则表达式模式（mail_regex.py）

```
import re

# 邮件的正则表达式
mail_regex = re.compile(r'''(
    [a-zA-Z0-9._%+-]+  # 用户名
    @                  # @ 符号
    [a-zA-Z0-9.-]+     # 域名
    (¥.[a-zA-Z]{2,4})  # 顶级域名
    )''', re.VERBOSE)
```

用户名的部分是由1个字符以上的大小写字母、数字、点、下划线、百分号、加号、连字符等构成的。这可以用

```
[a-zA-Z0-9._%+-]
```

来表示，因为必须是1个字符以上，所以必须添加“+”。另外，用@来间隔用户名和域名。能被用作域名的字符有大小写字母、数字、点、连字符等。这可以用

```
[a-zA-Z0-9.-]
```

来表示，最后要添加“+”。

最后的部分是匹配.com等顶级域名的位置。

在下面的表达式中，包含2到4个英文字母。因为这一部分会进行反复匹配，所以co.jp等也能匹配。

```
(\.[a-zA-Z]{2,4})
```

邮箱地址也有复杂的模式，并不是所有的邮箱地址都能成功匹配，但大部分常规邮箱地址都是可以匹配的。

▼匹配示例

```
str = '姓名:秀和太郎 住址:东京市中央区
        邮箱地址:taro@shuwasystem.co.jp'
ml = mail_regex.search(str)
print(ml.group())
```

▼输出结果

```
taro@shuwasystem.co.jp
```

秘技 136

从剪贴板的数据中抽取电话号码和邮箱地址

扫码看视频

▶难易程度 ●●○

这里是关键点！ 基于剪贴板的文本检索

从大量的文件和网页中抽取电话号码和邮箱地址。一般利用文本编辑器输入检索到的数字和字符或者经由剪贴板粘贴。但是，若使用上一条秘技中生成的正则表达式模式，就可以创建程序，从剪贴板读取的数据中抽取电话号码和邮箱地址。

●从剪贴板读取的数据中抽取电话号码和邮箱地址

在生成的程序中，Ctrl+A组合键表示全选，Ctrl+C

组合键表示复制，只要执行程序，就可以将所有的电话号码和邮箱地址复制到剪贴板。打开恰当的文本，再使用Ctrl+V组合键就可以将抽取的所有数据粘贴到选定的文本中。

▼抽取电话号码和邮箱地址，读取到剪贴板的程序中（phpneAndMail.py）

```
# pyperclip和re模块的导入
import pyperclip, re

# ❶电话号码的正则表达式
phone_regex = re.compile(r'''(
    (0\d{1,4}|\(0\d{1,4}\))          # 市外区号
    (\s|-)?                          # 间隔
    (\d{1,4})                        # 市内区号
    (\s|-)                           # 间隔
    (\d{4})                          # 用户号码
    (\s*(内线|\(内\)|\(内.{1,3}\))\s*(\d{2,5}))?
                                     # 内线号码
    )''', re.VERBOSE)

# ❷邮箱的正则表达式
mail_regex = re.compile(r'''(
    [a-zA-Z0-9._%+-]+   # 用户名
    @                   # @ 符号
    [a-zA-Z0-9.-]+      # 域名
    (¥.[a-zA-Z]{2,4})   # 顶级域名
    )''', re.VERBOSE)


# ❸检索剪贴板内的文本
text = str(pyperclip.paste())
matches = []  # 含有匹配字符串的列表

# ❹检索电话号码
for groups in phone_regex.findall(text):
    # ❺连接索引1、3、5
    phone_num = '-'.join([groups[1], groups[3],
                    groups[5]])
    # ❻检索索引8的内线号码
    if groups[8] != '':
        # 连接 '内线' 和内线号码，追加电话号码
        phone_num += '内线' + groups[8]
    # ❼向matches追加phone_num
    matches.append(phone_num)

# ❽检索邮箱地址
for groups in mail_regex.findall(text):
    # 向matches追加索引0的元素
    matches.append(groups[0])

# ❾成功匹配时的操作
if len(matches) > 0:
    # 通过\n连接检索结果matches的元素，并复制到剪贴板
    pyperclip.copy('\n'.join(matches))
    print('复制到剪贴板')
    print('\n'.join(matches))
# 不匹配时只显示信息
else:
    print('没有找到电话号码和邮箱地址')

input('按某键结束。')
```

通过❶获取剪贴板上的数据之后，利用❹检索电话号码，再通过❽检索邮箱地址。

• 电话号码的抽取

在❹的for循环

```
for groups in phone_regex.findall(text):
```

中，利用findall()方法检索获取的数据。在电话号码的模式字符串中，设定1个组含8个子组，因此返回列表，该列表含有元素数为9的元组。

将返回的列表中的元组逐个代入groups中。通过for循环最开始的操作，即

```
phone_num = '-'.join([groups[1], groups[3],
                groups[5]])
```

连接元组索引1、3、5的元素。与下面的电话号码

```
(001)5555-6767 (内线)365
```

相匹配时，findall()返回的列表内元组为

```
('(001)5555-6767 (内线)365', # 索引0
 '(001)',                    # 索引1*
 '',                         # 索引2
 '5555',                     # 索引3*
 '-',                        # 索引4
 '6767',                     # 索引5*
 ' (内线)365',               # 索引6
 '(内线)',                   # 索引7
 '365'                       # 索引8
)
```

只将索引1、3、5的元素通过连字符连接，生成1个电话号码，代入phone_num中。

接下来是内线号码，通过❻中的if语句确认索引8的元素是否为空。若为空格，则连接内线和索引8的元素并追加到phone_num，完成电话号码。若通过❼的

```
matches.append(phone_num)
```

将完成的电话号码phone_num追加到列表matches中，则第1次反复操作结束。若通过该操作只对抽取的电话号码进行反复操作，则所有的电话号码都将包含在matches中。

• 邮箱地址的抽取

接下来是❽，即邮箱地址的for循环。这里和电话号码的操作一样，从利用findall()方法抽取的邮箱地址列表中逐个取出元组，再进行代码块的操作。与

```
taro@shuwasystem.co.jp
```

这样的邮箱地址匹配时，findall()返回的列表中的元组就包含了如下两个元素。

```
('taro@shuwasystem.co.jp', '.jp')
```

然后通过

```
matches.append(groups[0])
```

仅向matches追加索引为0的元素。

若通过该操作只对抽取的电话号码进行反复操作，则所有的电话号码都将包含在matches中。若通过该操作只对抽取的邮箱地址进行反复操作，则所有的邮箱地址都将包含在matches中。

• 复制到剪贴板

两个for循环结束之后，我们可以通过❾的if语句确认matches内是否为空，若非空，则将列表matches的内容复制到剪贴板。只是，pyperclip.copy()方法只能传递1个字符串，只能像

```
pyperclip.copy('\n'.join(matches))
```

一样，将所有的元素连接为1个整体。这时，由于中间插入了\n，各元素需进行换行。

最后显示信息，与在程序运行环境（IDEL或控制台）中的“，”复制到剪贴板上的数据一起输出。

程序末尾存在input()函数，这是为了在直接双击执行源文件时，控制台不会立即关闭。按下设定好的某个键时，程序终止。

●运行程序

作为示范，我们以秀和system的查询网页（http://www.shuwasystem.co.jp/company/cc/690.html）为例。将其在浏览器中打开，通过Ctrl+A组合键全选网页内容，然后通过Ctrl+C组合键将其复制到剪贴板。之后，运行phpneAndMail.py文件，在Python Shell中的结果如下所示。

▼运行结果

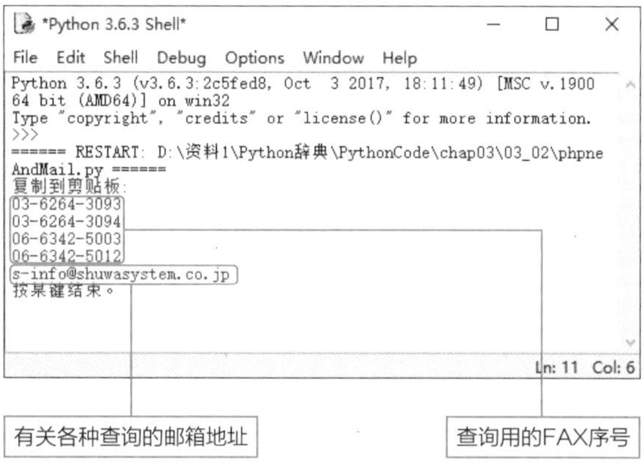

电话号码和邮箱地址早已复制到剪贴板了，所以打开用于处理文本编辑器内文本数据的软件，按Ctrl+V组合键粘贴即可。只是，当显示“没有找到电话号码和邮箱地址”时，原来的文本就会原样保留在剪贴板，我们可以将其原样粘贴。请务必注意这一点。

第4章

137~163

文件操作与管理

4-1 文件操作

秘技 137

获取当前工作目录路径

难易程度 ●●

这里是关键点！ 通过os.getcwd()获取当前目录

在运行中的计算机程序里，当前目录（Current Working Directory，CWD）被分配为操作用的文件夹。目录表示硬盘上的位置，与Windows和Mac等GUI环境的文件夹相同。在Windows中，一般把工作目录称为工作文件夹。

●确认IDLE的当前目录

程序写完后打算保存时，会有一个最先打开的文件夹。该文件夹虽然是系统默认设定的，但它确实是当前目录。

通过Python自带的os模块中的getcwd()方法进行目录的获取与移动。接下来就让我们启动IDLE，尝试获取当前目录。

▼获取IDLE的当前目录

```
>>> import os      # 导入os模块
>>> os.getcwd()   # 获取当前目录
'C:\\Users\\My\\AppData\\Local\\Programs\\Python\\
 Python36-32'
```

Windows使用反斜杠间隔文件夹。Mac和Linux则使用斜线“/”表示。

程序运行的结果显示，“\”符号都为两个一组连用，这是因为在字符串中，不能存在单个的“\”。

秘技 138

移动目录

难易程度 ●●

这里是关键点！ 通过os.chdir()变更当前目录

现在工作中的目录（当前目录）也可通过os模块中的chdir()方法进行变更。

▼变更当前目录

```
>>> import os                               # 导入os模块
>>> os.chdir('C:\\Windows\\System32')
                            # 由C驱动器的Windows向System32移动
>>> os.getcwd()                             # 获取当前目录
'C:\\Windows\\System32'
```

●绝对路径和相对路径

可以通过以下两种方式的任意一种指定文件路径。

- **绝对路径**

由根文件夹指定。根文件夹（根目录）位于文件夹层次结构的顶点，在Windows中，C:\（C盘）就是根文件夹。Mac的根文件夹则是“/”。

- **相对路径**

由当前目录相对指定。

使用“.”和“\”指定相对路径。“.”表示当前的文件夹，像“..”这样连续使用两个点，可以用于表示父文件夹。若当前目录中含有sample.txt这一文件，则相对路径为.\sample.txt，这种情况下可将开头的“.\”省略。

“\”是文件夹的分隔符，当前目录中含有sample文件夹，其中存在sample.txt时，相对路径为“.\sample\sample.txt”，或者是“sample\sample.txt”。

而同一级目录中还有another文件夹，其中sample.txt的相对路径就变成了“..\another\sample.txt”。利用“..\”向父目录移动，参照another文件夹，通过“\sample.txt”参照文件夹的内文件。

秘技 **139**

创建新的文件夹

扫码看视频

▶难易程度 ●●○

这里是关键点！ os.makedirs(‘文件夹的路径’)

os模块的makedirs()方法可以在指定位置创建新的文件夹。当然可以指定路径在任意位置进行创建，但若不存在文件夹能通往最下级的文件夹，就要连带该缺失文件夹一起创建。

例如，我们在Windows的C盘下创建名为test的文件夹，并在sample文件夹内创建名为my的文件夹。

▼变更当前目录

```
>>> import os                                    # 导入os模块
>>> os.makedirs('C:\\test\\sample\\my')# 在C盘下创建
                                             test→sample→my
```

由于根目录“C:\”下不存在test文件夹，所以要重新创建，在此基础上再创建sample→my文件夹。

▼os.makedirs(‘C:\\test\\sample\\my’)的结果

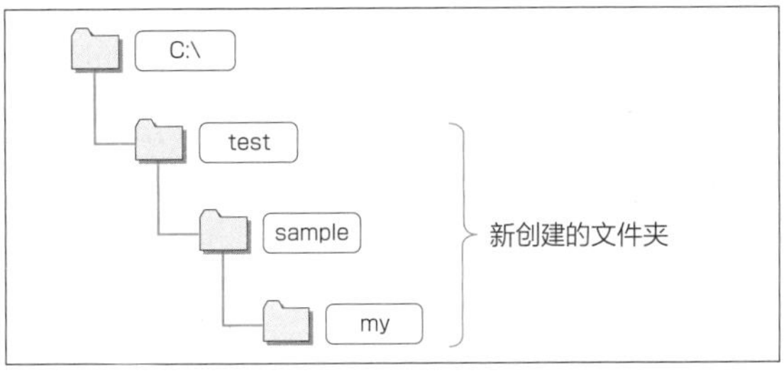

秘技 **140**

获取与确认绝对路径

扫码看视频

▶难易程度 ●●○

这里是关键点！ os.path.abspath(path)、os.path.isabs(path)

os.path模块中有很多用于文件名和路径操作的方法。os.path模块位于os模块中，导入os模块就能直接使用。接下来，我们将使用以下方法获取绝对路径，并确认是否为绝对路径。

- **os.path.abspath(path)**

  返回path的绝对路径的字符串。

- **os.path.isabs(path)**

  参数path为绝对路径则返回True，是相对路径则返回False。

●获取绝对路径

使用os.path.abspath(path)，可以将相对路径变为绝对路径。

▼当前目录

```
>>> import os
>>> # 获取当前目录的绝对路径
>>> os.path.abspath('.')
'C:\\Users\\user\\AppData\\Local\\Programs\\Python
 \\Python36-32'
>>> # 获取当前目录中文件夹的绝对路径
>>> os.path.abspath('.\\libs')
'C:\\Users\\user\\AppData\\Local\\Programs\\Python
 \\Python36-32\\libs'
```

●绝对路径和相对路径的确认

使用os.path.abspath()方法确认路径是否为绝对路径。

▼绝对路径和相对路径的确认

```
>>> # 当前目录
>>> os.path.isabs('.')
False
>>> # 通过os.path.abspath()获取当前目录的路径并将其设为
      参数

>>> os.path.isabs(os.path.abspath('.'))
True
```

秘技 141

获取任意文件夹之间的相对路径

扫码看视频

难易程度 ●●○

这里是关键点！ os.path.relpath(path,start)

从特定的文件夹移动到其他位置时，如果是深层目录，那么仅仅是找到它就要花费一番工夫。这时使用os.path.relpath()方法，可以知道作为参照基准的文件夹到特定文件夹间的相对路径。

- **os.path.relpath(path,start)**

将start到path之间的相对路径作为字符串返回。省略start时，则返回当前目录的相对路径。

▼获取相对路径

```
>>> import os
>>> # 确认C盘之下到Windows文件夹的相对路径
>>> os.path.relpath('C:\\Windows', 'C:\\')
'Windows'
>>> # 从C:\Program Files到C:\Windows间的相对路径
>>> os.path.relpath('C:\\Windows', 'C:\\Program Files')
'..\\Windows'  ——— 父目录→Windows
>>> # 确认当前目录到C:\Windows间的相对路径
>>> os.path.relpath('C:\\Windows', '.')
'..\\..\\..\\..\\..\\..\\..\\Windows' — 7层以上的Windows文件夹
```

秘技 142

分别获取目录路径与基本名

扫码看视频

难易程度 ●●○

这里是关键点！ os.path.dirname (path)、os.path.basename (path)

使用下面的方法将路径分割为目录路径和文件名（基本名）。

- **os.path.dirname (path)**

返回path中到指定路径文件夹为止的路径。

- **os.path.basename (path)**

返回path中指定路径的最底下的文件夹名称，或是基础名。

接下来，我们试着获取Windows“笔记本”中的执行文件notepad.exe的目录路径和基本名。

▼获取目录路径和基本名

```
>>> import os
>>> # "笔记本"的执行文件路径
>>> path = 'C:\\Windows\\System32\\notepad.exe'
>>> # 获取目录路径
>>> os.path.dirname(path)
'C:\\Windows\\System32'
>>> # 获取文件基本路径
>>> os.path.basename(path)
'\notepad.exe'
```

notepad.exe的目录路径和基本名如下。

```
C:\Windows\System32\notepad.exe
```

C:\Windows\System32	notepad.exe
dirname ()返回的目录路径	basename ()返回的基本名

●同时获取目录路径和基本名

根据需要分别调用os.path.dirname()和os.path.basename()方法获取目录路径和基本名。并且为了使用起来更方便，可以将其制成元组。

▼将目录路径和基本名制成元组

```
>>> path = 'C:\\Windows\\System32\\notepad.exe'
>>> (os.path.dirname(path), os.path.basename(path))
('C:\\Windows\\System32', 'notepad.exe')
```

这时，使用os.path.split()方法可同时获取目录路径和基本名。

▼获取含目录路径和基本名的元组

```
>>> os.path.split(path)
('C:\\Windows\\System32', 'notepad.exe')
```

秘技 143

将路径的所有元素分解并获取

扫码看视频

难易程度 ●●

这里是关键点！ 表示路径的字符串.split(os.sep)

os.path.split()方法能够将目录路径和基本名分开获取，但做不到目录路径的分解。也就是说，想要分散获取路径中的所有目录时，要使用string对象中的split()函数。且关键在于，对参数进行分割的符号需要以字符串形式，指定"\"等分隔符。被分解的目录名和文件名也被作为字符串返回。

- **利用split()函数将路径分解并获取**

```
split('路径分隔符')
```

可通过os模块的常量os.sep获取路径分隔符。

▼获取os用到的路径分隔符

```
>>> import os
>>> os.sep
'\\' ——— Windows中使用"\"（第二个"\"为转义符）
```

可以根据os直接指定"\"或"/"等路径分隔符，但若使用os.sep，则可以不依赖os的种类进行分解。

▼分解路径并以列表形式获取

```
>>> path = 'C:\\Windows\\System32\\notepad.exe'
>>> # 令os.sep为参数，分解路径
>>> path.split(os.sep)
['C:', 'Windows', 'System32', 'notepad.exe']
>>> # 令路径分隔符为参数，分解路径
>>> path.split('\\')
['C:', 'Windows', 'System32', 'notepad.exe']
```

秘技 144

获取文件所占空间的大小

扫码看视频

难易程度 ●●

这里是关键点！ os.path.getsize()方法

可通过os.path模块的os.path.getsize()方法获取文件所占空间的大小。

- **os.path.getsize(path)**

  返回path的文件的大小（单位：字节）。

▼获取"笔记本"的执行文件的大小

```
>>> import os
>>> os.path.getsize('C:\\Windows\\System32\\notep-
                ad.exe')
236544
```

秘技 145

获取文件夹的内容

扫码看视频

难易程度 ●●

这里是关键点！ os.listdir(文件夹的路径)

可通过os模块的os.listdir()方法获取文件夹中的文件或文件夹的名字列表。

• **os.listdir(path)**

返回指定文件夹中包含的文件和文件夹列表。

在Windows系统内C盘的Windows文件夹中，System32这一文件夹包含了大量的文件和文件夹。接下来我们一起试着获取该文件夹内包含的文件及文件夹名字的列表。

▼获取System32文件夹内包含的文件及文件夹列表

```
>>> import os
>>> os.listdir('C:\\Windows\\System32')
['0409', '0411', '1029', '1033', '1036', '1040',
 '1045', '1046', '1049', '1055', '12520437.cpx',
……中间省略……
'zh-CN', 'zh-HK', 'zh-TW', 'zipcontainer.dll',
'zipfldr.dll', 'ztrace_maps.dll', 'zu-ZA']
```

该文件夹中包含了大量的文件和文件夹。

●统计文件夹内文件大小的总和

将os.listdir()和os.path.getsize()组合后，即可统计文件夹内文件大小的总和。首先利用for循环取出之前通过os.listdir()获取的文件名，连接目录路径，再使用os.path.getsize()获取文件大小。

▼获取文件夹内文件大小总和的程序（file_size.py）

```
import os

size = 0                                   # 保留了文件大小的变量
path = 'C:\\Windows\\System32'  # 文件夹的路径

# 循环文件夹内的所有文件名
for filename in os.listdir(path):
    # 获取文件大小，合计到size
    size = size + os.path.getsize(
                                    # 连接目录路径与文件名，创建全路径
                                    os.path.join(path, filename)
                                    )
# 输出大小总和
print(size)
```

▼运行结果

```
1340448346
```

操作的关键是，使用os.path.join()方法连接由for循环取出的文件名与目录路径，从而创建全路径。使用生成的全路径获取各文件的大小，合计到size中。

若使用os.path.join ()方法指定用逗号间隔的文件和文件夹名称，则返回字符串，即通过路径分隔符将所有参数连接的路径。分隔符依赖于os自动配置，无需设定。

▼使用os.path.join()连接文件夹名称和文件名，创建路径

```
>>> os.path.join('user', 'temp', 'document.txt')
'user\\temp\\document.txt'
```

秘技

146

确认路径正确与否

扫码看视频

难易程度 ●●○

这里是关键点！ os.path.exists(path)

使用os模块和os.path模块的函数时，若路径指定错误则程序异常终止。为了避免发生这样的情况，需通过某种方法提前确认路径的正确性。

• **os.path.exists(path)**

若存在指定至参数path的文件或文件夹，则返回True；若不存在，则返回False。

• **os.path.isfile(path)**

指定至参数path的路径中存在文件或文件夹，并且当存在文件时，返回True，否则返回False。

• **os.path.isdir(path)**

指定至参数path的路径中存在文件或文件夹，并且当存在文件夹时，返回True，否则返回False。

▼确认通过路径指定的元素是否存在

```
>>> os.path.exists('C:\\Windows')  # C盘中是否存在
                                     Windows这一目录?
True
>>> os.path.isfile('C:\\Windows')  # C盘中的Windows
                                     是文件吗?
False
>>> os.path.isdir('C:\\Windows')   # C盘中的Windows
                                     是文件夹吗?
True
>>> os.path.exists('D:\\')         # 存在D盘吗?
False
```

秘技 147

将数据保存在变量专用文件中

扫码看视频

难易程度 ●●

这里是关键点！ Shelve对象

使用Python自带的shelve模块，可以将程序中生成的变量保存到二进制形式的文件中。也就是说，可以将变量保存到每个值专用的文件中。这样可以将程序运行中变更的设定信息保存到文件中，读取该信息后恢复设定。

●将变量传入对象并输入到文件中

导入shelve模块，对shelve.open()方法的参数指定文件名并将其打开。若文件不存在，则在当前目录中创建文件。打开文件后Shelve对象即被返回，接着就可以创建列表，将必要的数据存放其中。之后将列表内容传入到Shelve对象。

在接下来的程序中，创建名为friend的文件，用于保存列表my_friend的元素。

▼将列表元素作为Shelve对象保存到文件中（save_variable.py）

```
import shelve

# 第1次传入数据
shelve_file = shelve.open('friend')
my_friend = ['秀和太郎', '秀和花子', '筑地次郎']
                                        # 生成保存数据
shelve_file['my_friend'] = my_friend    # 保存数据
shelve_file.close()                     # 关闭文件
print('文件已保存。')                    # 信息（任意）
```

▼运行结果

```
文件已保存。
```

运行程序，列表元素传入到Shelve对象中，并以文件形式保存。该程序在Windows系统中运行，因此当前目录中包含了3个文件，分别是friend.bak、friend.dat、friend.dir。若在Mac中运行，则只创建friend.db这一个文件。

Shelve对象与字典结构大体相同。将列表my_friend以如下形式表示。

```
shelve_file['my_friend'] = my_friend
```

由于已将该列表传入Shelve对象中，因此该列表中的元素作为对应键my_friend的值，也被传入其中。使用这种写法，可以将必要数量的键-值对传入对象中。

●打开保存的文件，取出数据

从Shelve对象的文件中取出数据时也使用shelve.open()方法。

▼打开Shelve对象的文件，取出数据

```
# 仅读取数据
print('打开文件')                              # 信息（任意）
shelve_file = shelve.open('friend')# 打开friend文件
print(shelve_file['my_friend'])               # 获取已保存的数据
print('关闭文件')                              # 信息（任意）
shelve_file.close()                           # 关闭文件
```

▼运行结果

```
打开文件。
['秀和太郎', '秀和花子', '筑地次郎']
关闭文件。
```

虽然进行了上述的操作，但这也仅是样本而已。重点在于使用print()函数输出的如下信息。

```
shelve_file['my_friend']
```

使用括号运算符[]指定键，然后取出数据。数据取出后使用close()方法关闭文件。无论是进行输入还是读取操作，文件使用完毕后一定要关闭。

秘技 148

对Shelve文件追加数据，获取数据整体情况

扫码看视频

难易程度 ●●

这里是关键点！ keys()、values()

我们可将必要的键和与之对应的数据传入Shelve对象中。另外，由于其中含有分别获取键和值的方法，所以能够轻易获取传入的所有数据。

现在我们将对前一条秘技中生成的程序追加以下代码并查看结果。

▼对创建完成的Shelve对象的文件追加数据，获取数据整体情况

```
# 第2次传入数据
shelve_file = shelve.open('friend')# 打开friend文件
id = ['A1', 'B2', 'A2']             # 生成保存数据
shelve_file['id'] = id              # 保存数据

keys = list(shelve_file.keys())     # 获取传入的键的整体情况
print('keys = ', keys)
values = list(shelve_file.values())# 获取传入的值的整体情况
print('values = ', values)
```

▼运行结果（仅限本次追加的源代码的相关部分）

```
keys =  ['my_friend', 'id']
values =  [['秀和太郎', '秀和花子', '筑地次郎'], ['A1',
        'B2', 'A2']]
```

与字典相同，可以使用key()获取键的整体情况，也可以通过values()获取值的整体情况。但被当作值使用以及用以获取数据时，有必要通过list()构造函数将其制成列表。

秘技 149

根据定义代码将变量分别保存至不同的文件中

扫码看视频

难易程度 ●●

这里是关键点！ 通过pprint.pformat()实现列表成分向字符串的转化

pprint模块中的pprint. pformat()方法可以将列表或字典中的内容改换形式呈现。例如，生成字典列表后使用pprint.pprint()将其导出，可使代码的外观整洁，更易阅读。

▼使用pprint. pformat()方法将含有字典的列表改换形式输出

```
>>> name_id = [{'name':'秀和太郎', 'id':'A101'},{'name':
'秀和花子', 'id':'B101'},{'name':'筑地次郎', 'id':'A102'}]
>>> import pprint
>>> pprint.pprint(name_id)
[{'id': 'A101', 'name': '秀和太郎'},
 {'id': 'B101', 'name': '秀和花子'},
 {'id': 'A102', 'name': '筑地次郎'}]
```

如上所述，pprint.pprint()属于“简明易读代码”，而与之具有相同运行机制的pprint.pformat()则可以不必导出，只进行改换形式的“美观处理”。处理后的代码依旧遵循Python语法，以源代码形式保留列表和字典内容。

●通过pprint.pformat()实现列表内容格式化，再现列表定义代码

前面提到的字典列表的name_id经由pprint.pformat()格式化处理之后变化如下。

▼使用pprint.pformat()将name_id格式化

```
>>> pprint.pformat(name_id)
"[{'id': 'A101', 'name': '秀和太郎'},\n {'id': 'B101',
'name': '秀和花子'},\n {'id': 'A102', 'name': '筑地次郎'}]"
```

为了方便阅读，可加入换行代码。而更值得注意的是存储字典的列表转化成了字符串形式。利用这一点，

就能够实现“将变量分别保存到不同文件”的目的。若

```
'name_id = ' + pprint.pformat(name_id)
```

则将name_id的内容“字符串化”后连接到“name_id =”中，生成name_id的定义代码。然后将该代码原样输入到不同的文件中，这就是以下程序的关键。

▼将列表的定义代码保存到不同文件的程序中（pformat.py）

```
import pprint                       # pprint的导入

# 创建词典列表
name_id = [{'name':'秀和太郎', 'id':'A101'},
           {'name':'秀和花子', 'id':'B101'},
           {'name':'筑地次郎', 'id':'A102'}]

# 打开源文件输入模式
file = open('customer.py',          # 文件名
            'w',                    # 指定输入模式
            encoding = 'utf-8'      # 令字符代码为UTF-8
            )
# 生成列表定义代码并输入到文件中
file.write('name_id = ' + pprint.pformat(name_id)
            + '\n')
# 关闭文件
file.close()
```

运行程序，在当前目录中生成customer.py，输入列表name_id的定义代码，即在程序内输入定义列表的代码，就能够实现“将同一变量保存到不同文件”的操作。

本次以源文件为对象，所以使用了标准模块的open()函数。open()函数用于读取File对象，即保存有文本数据的文件。

• **open()函数**

读取保存有文本数据的文件，使其成为File对象后再将其返回。

形式	open(file, mode='r', encoding=None)	
参数	file	指定对象的文件名（包含后缀）。若文件不存在，则新建文件
	mode='r'	指定作为返回值返回的File对象的功能（模式）
		.‘r’ 为读取专用
		.‘w’ 表改写
		.‘a’ 是在文件末尾输入
	encoding=None	指定字符代码

下列程序代码中，将文件在“改写模式”下打开。每当运行程序，上一次保存的数据就会全部改写为新的数据。另外，Windows系统下必须指定字符代码格式，Python以UTF-8为标准，而对Windows来说，如果不做任何规定，一般适用CP932这一标准字符代码。这样一来，在Python中读取文件时一定会出现文字丢失的情况，所以要通过encoding ='utf-8'将文本保存为UTF-8格式。

```
file = open('customer.py', 'w', encoding = 'utf-8')
```

以下是面向文件的输入代码。

```
file.write('name_id = ' + pprint.pformat(name_
           id) + '\n')
```

将name_id的定义代码输入到文件。打开了改写模式之后，所有的文件内容都能够被改写。

• **write()方法**

在File对象中输入字符串。

形式	File对象. write(字符串)

●读取保存在不同文件中的列表

customer.py中应该保存有列表的定义代码，我们试着对其进行读取。也可以对刚才的pformat.py追加代码，但这次我们将在当前目录中新建源文件并尝试调用。

▼调用保存在不同文件中的变量（列表）（usePformatData.py）

```
import customer            # 导入customer.py

# 输出保存在customer中的字典列表
print(customer.name_id)
```

▼运行结果

```
[{'id': 'A101', 'name': '秀和太郎'}, {'id': 'B101',
  'name': '秀和花子'}, {'id': 'A102', 'name':'筑地次郎'}]
```

另外，关于customer.py的情况，我们通过IDLE来进行确认。

▼customer.py

```
name_id = [{'id': 'A101', 'name': '秀和太郎'},
           {'id': 'B101', 'name': '秀和花子'},
           {'id': 'A102', 'name': '筑地次郎'}]
```

原样记录name_id的定义代码。若只将变量保存到文件中，则使用Shelve对象会比较方便，但本次程序的重点在于通过编辑器读取、修改文件内容。

4-2　文件管理

秘技 150

复制文件

扫码看视频

难易程度 ●●

这里是关键点！ shutil.copy(文件的路径，复制的目标地路径)

Python自带的shutil(shell utility)模块中包含了各种方法，用于文件的复制、移动、删除、重命名等操作。

●复制文件

shutil.copy()方法可以将任意文件复制到指定位置。

• shutil.copy()方法

将指定的文件（由第1个参数确定）复制到由第2个参数指定的位置。将复制目标地的文件路径作为返回值返回。

形式	shutil.copy(进行复制的文件路径，复制的目标地路径)

▼将C盘下的test.txt复制到C:\mydata的文件夹

```
>>> # 导入shutil模块
>>> import shutil
>>> # 将C:\test.txt复制到C:\mydata的文件夹
>>> shutil.copy('C:\\test.txt', 'C:\\mydata')
```

同名的文件被复制到目标地。如果目标地存在同名文件，则文件内容能被改写为原本要复制的数据。

●指定复制目标地的文件名

在shutil.copy()方法的第2个参数中，指定文件路径为复制目标地址，就可以将目标文件复制到任意名称的文件中。这时，符合复制目标地址的文件若不存在，则新建文件；若存在，则文件内容被改写为原本要复制的数据。

▼将C:\\test.txt复制到C: \\mydata\\copy.txt

```
>>> shutil.copy('C:\\test.txt', 'C:\\mydata\\copy.txt')
'C:\\mydata\\copy.txt'
```

秘技 151

复制文件夹

扫码看视频

难易程度 ●●

这里是关键点！ shutil.copytree(文件夹的路径，复制的目标地路径)

shutil.copytree()方法用于将文件或文件夹复制到指定位置。

• shutil.copytree()方法

将由第1个参数指定的文件夹复制到由第2个参数确定的指定位置。将复制目标地的文件夹路径作为返回值返回。

形式	shutil. copytree (文件夹的路径，复制目标地路径)

进行复制的文件夹包含内部的文件和文件夹。复制即将所有的元素复制到指定的文件夹，即复制操作的目标地文件夹。该方法是以复制为目的的方法，若存在指定文件夹，即复制目标地文件夹，则返回FileExistsError错误，不进行复制操作。请务必注意这一点。

▼以mydata_backup名称复制C盘下的mydata文件夹

```
>>> import shutil      # 导入shutil模块
>>> # '以'C:\mydata_backup名称复制C:\mydata
>>> shutil.copytree('C:\\mydata', 'C:\\mydata_backup')
'C:\\mydata_backup'
```

秘技 152

移动文件

扫码看视频

▶难易程度 ●●○

这里是关键点！ shutil.move(文件路径,移动目标地路径)

使用shutil.move()方法移动文件。

• shutil.move()方法

将由第1个参数指定的文件或文件夹移动到由第2个参数确定的指定位置。将移动后的路径作为返回值返回。

形式	shutil.move(文件路径，移动目标地路径)

●移动文件

指定文件路径，将文件移动到其他位置。

▼将C：\mydata\test.txt移动到C：\mydata_backup

```
>>> import shutil      # 导入shutil模块
>>> shutil.move('C:\\mydata\\test.txt',
                'C:\\mydata_backup')
'C:\\mydata_backup\\test.txt'
```

如果文件与移动目标的文件名相同，则会出现如下错误。

▼存在与移动目标同名的文件

```
>>> shutil.move('C:\\mydata\\test.txt', 'C:\\mydata_backup')
Traceback (most recent call last):
  File "<pyshell#4>", line 1, in <module>
    shutil.move('C:\\mydata\\test.txt', 'C:\\mydata_backup')
  File "C:\Users\user\AppData\Local\Programs\Python\Python36-32\lib\shutil.py", line 542, in move
    raise Error("Destination path '%s' already exists" % real_dst)
shutil.Error: Destination path 'C:\mydata_backup\test.txt' already exists
```

●更改文件名后移动

设定移动时的目标文件路径，则文件移动后文件名也随之更改。

▼更改移动后的文件名

```
>>> shutil.move('C:\\mydata\\test.txt', 'C:\\mydata_backup\\sample.txt')
'C:\\mydata_backup\\sample.txt'  ——— 从test.txt变为sample.txt
```

关于文件名，还需要注意的是，若不存在指定的移动目标文件夹，则将移动的文件作为文件夹进行移动。

▼不存在指定的移动目标文件夹的情况

```
>>> shutil.move('C:\\mydata\\test.txt', 'C:\\mydata_backup\\temp')
'C:\\mydata_backup\\temp'
```

因为不存在指定的移动目标文件夹，由此判断文件名已被指定。因此test.txt文件只能以不含扩展名的temp形式移动。理论上会出现报错，为避免这样的结果，请一定注意避免出现这种情况。

而没有找到移动目标文件夹的上一级文件时，会返回以下两种FileNotFoundError：一是没有找到移动目标路径，二是目录本身不存在。

在下面的案例中，指定C:\mydata_backup\new\doc为移动目标，指定的new，即doc的上一级文件夹不存在，所以发生FileNotFoundError错误。

▼报错之移动目标文件夹的上一级文件夹不存在

```
>>> shutil.move('C:\\mydata\\test.txt', 'C:\\mydata_backup\\new\\doc')
Traceback (most recent call last):
```

```
  File "C:\Users\Toshiya\AppData\Local\Programs\Python\Python36-32\lib\shutil.py", line 544, in move
    os.rename(src, real_dst)
FileNotFoundError: [WinError 3] 没有发现指定路径: 'C:\\mydata\\test.txt' -> 'C:\\mydata_backup\\new\\doc'

During handling of the above exception, another exception occurred:

Traceback (most recent call last):
  File "<pyshell#17>", line 1, in <module>
    shutil.move('C:\\mydata\\test.txt', 'C:\\mydata_backup\\new\\doc')
  File "C:\Users\Toshiya\AppData\Local\Programs\Python\Python36-32\lib\shutil.py", line 558, in move
    copy_function(src, real_dst)
  File "C:\Users\Toshiya\AppData\Local\Programs\Python\Python36-32\lib\shutil.py", line 257, in copy2
    copyfile(src, dst, follow_symlinks=follow_symlinks)
  File "C:\Users\Toshiya\AppData\Local\Programs\Python\Python36-32\lib\shutil.py", line 121, in copyfile
    with open(dst, 'wb') as fdst:
FileNotFoundError: [Errno 2] No such file or directory: 'C:\\mydata_backup\\new\\doc'
```

秘技 153

移动文件夹

扫码看视频

难易程度 ●●

这里是关键点！ shutil.move(文件夹的路径,移动目标地路径)

shutil.move()方法可以将包含在文件夹内的文件和子文件夹一并移动至指定位置。

▼移动文件夹

```
>>> shutil.move('C:\\mydata\\temp', 'C:\\mydata_
                backup')
'C:\\mydata_backup\\temp'   ——— 移动文件夹后的路径
```

●指定移动后的文件夹名称

对不存在于移动目标地的文件夹指定名称，就可以改写文件夹名称后进行移动。移动文件时曾出现过扩展名丢失的问题，但对文件夹而言，可以通过更改名称顺利实现移动。

▼更改文件夹名称并进行移动

```
>>> shutil.move('C:\\mydata\\temp', 'C:\\mydata_
                backup\\new')
'C:\\mydata_backup\\new'  — 移动后的文件夹名称变成了new
```

若没有找到移动目标的上一级文件夹，就与文件移动时一样返回两个FileNotFoundError。

▼报错之移动目标C: \mydata_backup\new的mydata_backup不存在

```
>>> shutil.move('C:\\mydata\\temp', 'C:\\mydata_backup\\new')
'C:\\mydata_backup\\new'
>>> shutil.move('C:\\mydata\\temp', 'C:\\new_backup\\new')
Traceback (most recent call last):
  File "C:\Users\Toshiya\AppData\Local\Programs\Python\Python36-32\lib\shutil.py", line 544, in move
    os.rename(src, real_dst)
FileNotFoundError: [WinError 2] 没有找到指定文件: 'C:\\mydata\\temp' -> 'C:\\new_backup\\new'

During handling of the above exception, another exception occurred:

Traceback (most recent call last):
  File "<pyshell#20>", line 1, in <module>
    shutil.move('C:\\mydata\\temp', 'C:\\new_backup\\new')
  File "C:\Users\Toshiya\AppData\Local\Programs\Python\Python36-32\lib\shutil.py", line 558, in move
    copy_function(src, real_dst)
```

```
  File "C:\Users\Toshiya\AppData\Local\Programs\Python\Python36-32\lib\shutil.py", line 257, in copy2
    copyfile(src, dst, follow_symlinks=follow_symlinks)
  File "C:\Users\Toshiya\AppData\Local\Programs\Python\Python36-32\lib\shutil.py", line 120, in copyfile
    with open(src, 'rb') as fsrc:
FileNotFoundError: [Errno 2] No such file or directory: 'C:\\mydata\\temp'
```

秘技 154

完全删除含特定扩展名的文件

扫码看视频

难易程度 ●●

这里是关键点！ os.unlink (path)、 os.rmdir(path)

os模块的os.unlink()方法用于完全删除文件，而os.rmdir()方法则用于完全删除空的文件夹。

- **os.unlink (path)**

  将path的指定文件完全删除。

- **os.rmdir(path)**

  将path的指定文件夹完全删除。只是，该文件夹必须为空。

这些方法可以实现对象文件和文件夹的完全删除。删除文件夹时必须符合内容为空的条件，因此即便是删除对象有误，也不会造成严重的问题。但若不小心删错了文件，那就很麻烦了，所以在使用os.unlink()方法进行删除之前一定要仔细确认文件名称，无误后再行删除。

●确认文件扩展名为.txt后再进行删除

将含有特定扩展名的文件一起删除时，首先要通过for循环取出经os.listdir()方法获取的文件名，再通过endswith()方法确认文件末尾是否为.txt形式。若是，则使用os.rmdir()方法进行删除。但是并不是直接删除，而是输出符合条件的文件名，再给出确认信息后进行删除。

▼删除扩展名为.txt的文件（delete_unlink.py）

```
import os

# 获取当前目录的文件名
for filename in os.listdir():
    # 扩展名为.txt时的操作
    if filename.endswith('.txt'):
        print(filename)                      # 输出文件名
        ans = input('是否删除? (Y)')          # 确认是否删除

        if ans == 'Y':                       # 若输入'Y'
            os.unlink(filename)              # 完全删除
```

像os.listdir()一样，文件名的获取省略了参数，所以要在当前目录内检索。指定位置时，指定参数的对象路径。

例如，当前目录中有dec1.txt和dec2.txt两个文件，运行程序，则详情如下。

▼运行结果

```
dec1.txt
是否删除? (Y)Y ———— 在输入Y时删除
dec2.txt
是否删除? (Y)Y ———— 在输入Y时删除
```

秘技 155

完全删除文件夹的所有内容

扫码看视频

难易程度 ●●

这里是关键点！ shutil.rmtree(删除的文件夹的路径)

使用shutil模块的shutil.rmtree()方法，可以完全删除文件夹和文件夹内包含的文件及子文件夹。

- **shutil.rmtree (path)**

  完全删除path的指定文件夹内的所有内容。

shutil.rmtree()方法可以将对象文件夹，包括其中的内容完全删除。使用需谨慎。最好还是使用下一条秘技中介绍的send2trash模块，风险会比较小。但如果是需要彻底删除文件夹的情况，像下面这样给出信息之后，再编写删除用的程序比较好。

▼确认指定文件夹后，编写删除用程序

```
import os, shutil
# 获取删除文件夹的路径
path = input('请输入删除文件夹的路径>')

if os.path.isdir(path):                 # 存在指定路径
    print(path)                         # 输出指定路径
    ans = input('是否删除? (Y)')          # 确认是否删除
    if ans == 'Y':                      # 若输入Y
        shutil.rmtree(path)             # 完全删除

else:                                   # 不存在指定路径
    print('不存在指定文件夹')
```

▼运行示例

```
请输入删除文件夹的路径>C:\\mydata\\new
C:\\mydata\\new
是否删除? (Y) ——— C:\mydata\new被完全删除
```

秘技 **156**

完全删除文件和文件夹

扫码看视频

▶难易程度 ●●

这里是关键点！ send2trash.send2trash(文件或文件夹的路径)

上一条秘技中介绍的shutil.rmtree()方法能够将整个文件夹，包括其内容全部删除，所以在使用时需要十分谨慎。而send2trash模块的send2trash.send2trash()方法，只是将指定的文件或文件夹移动到回收站，所以相对安全。这样一来，即使是误删，也可以找回。

send2trash是外部模块，因此需要在Python的pip命令下，登录PyPI(Python Package Index)的网页（https://pypi.python.org/）进行下载并安装。

若使用Windows，则在控制台输入以下命令：

```
pip install send2trash
```

即可进行下载和安装。使用Mac，则输入

```
sudo pip3 install send2trash
```

●使用send2trash.send2trash()方法移动到回收站

首先将安装完成的send2trash导入，然后试着使用send2trash.send2trash()方法。

▼删除文件和文件夹（移动到回收站）

```
>>> import send2trash, os
>>> # 在当前目录创建文件
>>> testFile = open('sample.txt', 'w')
>>> testFile.write('输入文件。')
12
>>> testFile.close()
>>> send2trash.send2trash('sample.txt')  # 删除文件
                                          （移动到回收站）
>>> # 在当前目录创建文件夹
>>> os.makedirs('new')
>>> send2trash.send2trash('new')         # 删除文件夹
                                          （移动到回收站）
```

秘技 157

难易程度 ●●

移动目录树

扫码看视频

这里是关键点！

在for循环中使用os.walk()

检索文件夹内所有的子文件夹，对包含在内的文件进行某种操作时，使用os.walk()方法，可以获取参数的指定文件夹中所有的子文件夹和文件信息。

os.walk()方法返回可迭代对象。对象中包括以下内容。

· 当前文件夹名称。
· 当前文件夹内的子文件夹名称列表。
· 当前文件夹内的文件名列表。

因为该方法被用于for循环中，因此在文件夹内部顺次移动，可以获取以上3个信息。

接下来，我们以C盘下某一文件夹为例进行介绍。

▼C盘下test文件夹的结构

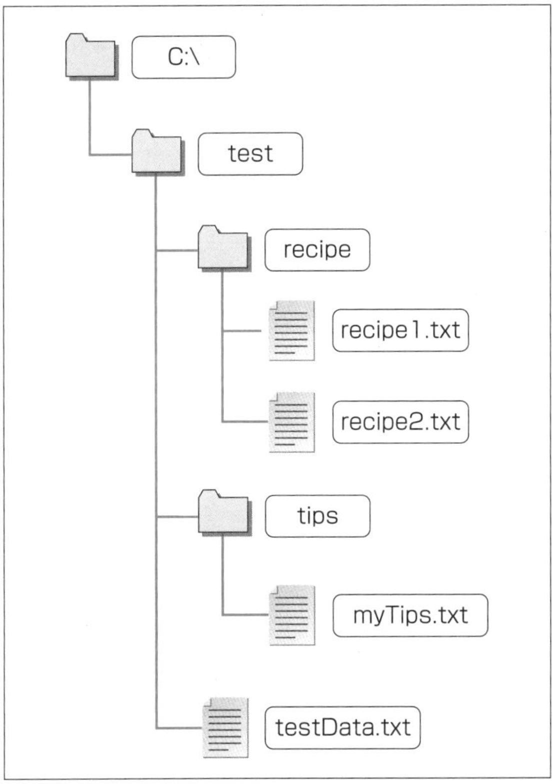

下面的程序将用于在C:\test内部进行检索，输出其中包含的所有文件、子文件夹甚至子文件夹中的名称。

▼输出C:\test中所有的子文件夹和文件（os_walk.py）

```
import os

for foldername, subfolders, filenames in os.walk
('C:\\test'):
    print('当前的目录是-->' + foldername)

    for subfolder in subfolders:
        print(foldername + '的子文件夹:' + subfolder)

    for filename in filenames:
        print(foldername + '的文件:' + filename)

    print('')
```

▼运行结果

```
当前的目录是-->C:\test
C:\test的子文件夹:recipe
C:\test的子文件夹:秘技
C:\test的文件:testData.txt

当前的目录是-->C:\test\recipe
C:\test\recipe的文件:recipe1.txt
C:\test\recipe的文件:recipe2.txt

当前的目录是-->C:\test\秘技
C:\test\秘技的文件:my秘技.txt
```

使用os.walk()，将参数指定的文件夹名称返回到foldername，将子文件夹和文件的列表返回到subfolders和filenames。然后分别使用for循环，取出列表内容。所有内容都取出后，返回外侧的for循环，子文件夹名称返回到foldername，内部的文件夹和文件列表返回到subfolders和filenames。重复通过for循环，取出列表内容。

使用print()输出获取的文件夹名称和文件名。但若改写这一部分代码，则可进行独立操作。

秘技 158 难易程度 ●●○

利用ZIP文件进行压缩

扫码看视频

这里是关键点！ zipfile模块

ZIP（扩展名.zip）是一种被广泛使用的文件形式，它被用来压缩文件和将多个文件汇总为一个整体。使用Python自带的zipfile模块，可以进行ZIP文件的创建、读取、解压缩（展开）等操作。

●利用ZIP文件进行压缩

在zipfile模块中，ZIP文件被作为ZipFile对象处理。若通过zipfile.ZipFile()构造方法创建ZipFile对象，则能够在当前目录中生成ZIP文件。

▼创建ZIP文件以对任意文件进行压缩

```
>>> import os, zipfile
>>> # 移动目录
>>> os.chdir('C:\\mydata')
>>> # 创建ZIP文件，打开输入模式
>>> new_zip = zipfile.ZipFile('new.zip', 'w')
>>> # 对ZIP文件追加sample.txt
>>> new_zip.write('sample.txt', compress_type=
                    zipfile.ZIP_DEFLATED)
>>> # 关闭ZIP文件
>>> new_zip.close()
```

最终，在C:\mydata中创建new.zip，且sample.txt包含/压缩于（存档）其中。

创建过程：首先移动到目录C:\mydata。移动后执行

```
new_zip = zipfile.ZipFile('new.zip', 'w')
```

指定并打开new.zip的输入模式‘w’，创建ZipFile对象。这时若不存在new.zip，则新建文件。

ZipFile对象创建完成后，执行

```
new_zip.write('sample.txt', compress_type=
                zipfile.ZIP_DEFLATED)
```

追加想要压缩的文件。在write()方法中对第2个参数compress_type的值进行指定，确定压缩方法。ZIP_DEFLATED是指定deflate这一压缩方式的常量，通常情况下都会指定该常量值。到此，创建ZIP文件和追加压缩文件的操作过程就结束了。最后使用new_zip.close()关闭ZipFile对象。

秘技 159 难易程度 ●●○

利用ZIP文件压缩整个文件夹

扫码看视频

这里是关键点！ ZipFile对象.write(‘路径’，compress_type.ZIP_DEFLATED)

对ZIP文件追加文件夹时，需要逐个指定文件夹内文件的路径，再进行追加。仅指定文件夹名称，则仅会追加一个空的文件夹，这一点请务必注意。

以追加模式（‘a’）打开上一条秘技中创建的new.zip，使位于当前目录C:\mydata内部recipe对象中的recipe1.txt、recipe2.txt在包含于文件夹内的状态下进行追加操作。

▼将包含在文件夹内的所有文件追加到ZIP文件中

```
>>> # 利用追加模式打开现存的ZIP文件
>>> new_zip = zipfile.ZipFile('new.zip', 'a')
>>> # 在recipe1.txt包含于recipe对象内时进行追加操作
>>> new_zip.write('recipe\\recipe1.txt', compress_
                    type=zipfile.ZIP_DEFLATED)
>>> # 在recipe2.txt包含于recipe对象内时进行追加操作
>>> new_zip.write('recipe\\recipe2.txt', compress_
                    type=zipfile.ZIP_DEFLATED)
>>> new_zip.close()
```

补充知识点

通过zipfile.ZipFile()构造方法（打开）生成ZIP文件时，指定w为第2个参数，删除现存的所有内容，重新书写文件内容。想对现存的ZIP文件追加文件时，指定zipfile.ZipFile()的第2个参数为a，开启追加模式。

秘技 160

获取ZIP文件的信息

扫码看视频

难易程度 ●●

这里是关键点！ namelist()、getinfo()

要读取创建完成的ZIP文件的内容，首先要生成ZipFile对象，之后再使用如下方法读取内容。

- **namelist()方法**

  返回ZIP文件中包含的所有文件和文件夹名称。

- **getinfo()方法**

  指定包含于ZIP文件中的文件名称为参数，返回与该文件相关的ZipInfo对象。ZipInfo对象中，包含了原本的文件大小file_size和压缩后的文件大小compress_size等文件属性。

●获取包含于ZIP文件内的全部文件

上一条秘技中，在C:\mydata中创建了new.zip。接下来尝试获取该ZIP文件内包含的所有文件名的列表。

▼获取ZIP文件内所有文件名的列表

```
>>> import os, zipfile
>>> os.chdir('C:\\mydata')
>>> new_zip = zipfile.ZipFile('new.zip')
>>> new_zip.namelist()
['recipe/recipe1.txt', 'recipe/recipe2.txt',
 'sample.txt']
```

●获取压缩前后的文件大小

对于ZipFile对象而言，执行getinfo()方法，则返回ZipInfo对象，其中包含了参数的指定文件在压缩前后的文件大小。ZipInfo对象具备file_size、compress_size属性，所以可以使用它获取压缩前后的文件大小。

▼获取特定文件在压缩前后的文件大小

```
>>> # 生成包含于ZIP文件中的sample.txt的ZipInfo对象
>>> info = new_zip.getinfo('sample.txt')
                                # 若省略模式，则默认只读打开
>>> info.file_size              # 获取压缩前的文件大小
37437
>>> info.compress_size          # 获取压缩后的文件大小
10624
>>> # 表示压缩率
>>> '压缩率为{}。'.format(round(info.file_size / info.
compress_size, 2))
'压缩率为3.52。'
```

秘技 161

解压ZIP文件

扫码看视频

难易程度 ●●

这里是关键点！ ZipFile对象.extractall(解压位置的路径)

使用ZipFile对象的extractall()方法，可以对包含在ZIP文件中的所有文件和文件夹进行解压。省略参数时，则解压到当前目录；指定路径时，则解压到指定位置。

▼将C:\mydata中new.zip的内容解压到C:\mydata\exp下

```
>>> import os, zipfile
>>> # 移动目录
>>> os.chdir('C:\\mydata')
>>> # 使用只读模式打开ZIP文件
>>> zip_obj = zipfile.ZipFile('new.zip')
>>> # 将new.zip的内容解压到C:\\mydata\\exp
>>> zip_obj.extractall('C:\\mydata\\exp')
```

ZIP文件的内容如下。

```
    zip_obj.extractall('C:\\mydata\\exp')
```

因此解压到C:\mydata\exp下。若在路径最低级不存在指定的文件夹，则新建文件夹。

秘技 162

仅解压ZIP文件的特定文件

扫码看视频

难易程度 ●●

这里是关键点！ ZipFile对象.extractall(解压位置的路径)

extractall()方法仅解压ZIP文件的特定文件。第1个参数为指定要解压的文件，第2个参数为指定解压位置。省略第2个参数时，ZIP文件解压到当前目录。

▼将new.zip中的sample.txt解压到当前目录的exp_recipe文件夹内

```
>>> zip_obj.extract('sample.txt', 'exp_recipe')
'exp_recipe\\sample.txt' ——— 解压后的相对路径
```

此操作即将zip_obj对象（new.zip）的sample.txt解压到当前目录的exp_recipe文件夹内。exp_recipe文件夹本来就不存在，因而在此新建该文件夹。

●解压特定文件夹内的文件

ZIP文件中含有文件夹，在展开其中的文件时，要像

```
recipe/recipe1.txt
```

一样，使ZipInfo对象通过返回的标记方法指定路径。Windows中不使用“\\”，而是使用“/”间隔路径，new.zip中recipe对象内的recipe1.txt需按上述形式指定。

▼将new.zip中recipe对象内的recipe1.txt解压到exp_recipe

```
>>> zip_obj.extract('recipe/recipe1.txt', 'exp_recipe')
'exp_recipe\\recipe\\recipe1.txt' —— 解压后的相对路径
```

在当前目录中创建了exp_recipe文件夹，将recipe1.txt解压到exp_recipe文件夹。

秘技 163

编写自动备份程序

扫码看视频

难易程度 ●●

这里是关键点！ 基于os.walk()方法的文件夹内的遍历

某种文件夹若被频繁打开，为了保留更新内容，就会留下类似backup1.zip、backup2.zip、backup3.zip……这样的旧版本，同时在ZIP文件中保存这些内容也极为必要。

这种情况下，使用os.walk()方法可以编写自动备份程序，使之遍历指定的文件夹，将所有文件和子文件夹自动备份到ZIP文件中。只是，操作的前提必须是连续的ZIP文件名，所以负责生成文件名的部分和创建ZIP文件的部分必须分别创建。

▼使指定文件夹为连续ZIP文件的程序（saveToZip.py）

```
import zipfile, os  # zipfile和os模块的导入

'''
将指定的文件夹备份到ZIP文件的函数中
folder:备份文件夹的路径
'''
def save_zip(folder):
    # 令folder作为由路径目录开始的绝对路径
    folder = os.path.abspath(folder)
```

```
    # 添加在ZIP文件末尾的连续序号
    number = 1    # 初始值为1

    # ❶生成备份用ZIP文件名的部分
    # 生成ZIP文件名，输出现有的备份用ZIP文件名
    while True:
        # 以 "根路径_连续序号.zip" 的形式创建ZIP文件名
        zip_filename = os.path.basename(folder) + '_' + str(number) + '.zip'
        # 输出生成的ZIP文件名
        print("zip = " + zip_filename)
        # 若不存在与生成的名称相同的ZIP文件，则跳出while语句块
        if not os.path.exists(zip_filename):
            break
        # 若存在该文件，则逐个增加连续序号，并前进至下一个循环
        number = number + 1

    # ❷创建ZIP文件的部分
    # 显示ZIP文件的创建完成
    print('Creating %s...' % (zip_filename))
    # 指定文件名，用改写模式打开ZIP文件
    backup_zip = zipfile.ZipFile(zip_filename, 'w')

    # 遍历文件夹，压缩文件
    for foldername, subfolders, filenames in os.walk (folder):
        # 输出追加的文件名
        print('追加{}至ZIP文件'.format(foldername))
        # 对ZIP文件追加当前文件夹
        backup_zip.write(foldername)
        # 对当前文件夹的文件名列表进行循环操作
        for filename in filenames:
            # 用_连接folder的根路径
            new_base = os.path.basename(folder) + '_'
            # 在根路径_开始，在.zip终止的文件
            # 跳过现有的备份用ZIP文件
            if filename.startswith(new_base) and filename.endswith('.zip'):
                continue # 回到下一个for循环
            # 除了用于备份的ZIP文件之外，对新建ZIP文件进行追加
            backup_zip.write(os.path.join(foldername,filename))
    # 关闭ZIP文件
    backup_zip.close()
    print('备份完成')

# 程序的运行代码块
if __name__  == '__main__':
    # 指定备份文件夹的路径
    backup_folder =  'C:\\mydata'
    # 开始对ZIP文件备份
    save_zip(backup_folder)
    # 到输入键为止保持待机状态
    input('按任意键结束')
```

❶的部分用于生成备份用ZIP文件名。在局部变量number中代入初始值1，并通过该变量使文件名变为根路径_连续序号.zip的形式。输出到控制台之后，确认该文件是否已经存在，若不存在，则前进至❷中用于创建ZIP文件的程序。若存在，则将连续序号的值以number = number + 1的形式加1，返回for循环的开头，重复操作。在操作过程中，现有备份用的ZIP文件名如下。

```
zip = mydata_1.zip
zip = mydata_2.zip
zip = mydata_3.zip
```

它们将全部被输出，在生成不存在点的连续序号时，跳出for循环，进行接下来的ZIP文件创建操作。这样一来，就生成了带有“新的连续序号”的文件名。

在❷中，创建ZIP文件的部分输出文件名，形式如下。

```
    Creating mydata_4.zip...
```

利用

```
    backup_zip = zipfile.ZipFile(zip_filename, 'w')
```

创建ZIP文件，并以改写模式打开。接下来，在

```
    for foldername, subfolders, filenames in os.walk
(folder):
```

中，使用os.walk()方法遍历文件夹，获取备份对象文件夹内的文件列表，然后按顺序对子文件夹内的文件列表进行操作。

通过

```
    print('追加{}至ZIP文件'.format
(foldername))
```

输出追加的文件名。通过

```
    backup_zip.write(foldername)
```

只将当前的文件夹追加到ZIP文件夹。通过嵌套的for循环

```
    for filename in filenames:
```

从文件列表中顺次取出文件名。

通过

```
    backup_zip.write(os.path.join(foldername,
filename))
```

连接文件夹名称和文件名，创建路径，追加到用于备份的ZIP文件。期间如果发现用于备份的ZIP文件，则跳过追加步骤。若完成对当前文件夹内文件列表的操作，则再次返回外侧的for循环，从子文件夹中依次取出文件列表，将包括子文件夹在内的文件追加到ZIP文件，至此操作结束。

在编写完成的程序中，备份文件以

```
    backup_folder =  'C:\\mydata'
```

形式存在，运行程序，则表示如下。

```
zip = mydata_1.zip
Creating mydata_1.zip...
追加C:\mydata至ZIP文件
追加C:\mydata\exp至ZIP文件
追加C:\mydata\recipe至ZIP文件
备份完成
请按任意键结束
```

在当前目录生成备份用ZIP文件。当前目录是源文件saveToZip.py保存的文件夹。

当接收到最后输入的键时，该程序终止运行。所以直接双击启动源文件时也能够在控制台看到结果。

第5章

164~175

调试

5-1 异常处理和日志收集

秘技 164

引发异常

扫码看视频

难易程度 ●●○

这里是关键点！ raise语句

Python中预先登录有各种异常，一旦运行了错误的代码就会引发异常。若事先就预感到可能引发的异常，就可以通过try和except代码块处理异常而不终止程序。

这种异常可以使用raise语句进行自定义，操作如下所示。

- 引发异常

```
raise Exception('留言')
```

执行代码则发生异常，在Exception()函数中，参数的指定字符串被作为信息输出。在交互式运行环境中，若输入如下内容，则立即反馈出错信息。

▼明确表示引发错误

```
>>> raise Exception('错误')
Traceback (most recent call last):
  File "<pyshell#0>", line 1, in <module>
    raise Exception('错误')
Exception: 错误
```

将raise语句嵌入容易引发错误的地方，发生意外操作时即可自动引发错误。

秘技 165

自动引发异常并进行异常处理

扫码看视频

难易程度 ●●○

这里是关键点！ 基于“except Exception as变量”的异常捕获

向函数传递了错误的值时，使用if语句进行检测，即可引发异常。在下面3个参数中，若通过第1个参数获取的字符串长度不是1，则引发异常。

▼向参数传递错误的值时发生异常

```
def draw_square(pattern, width, height):
    if len(pattern) != 1:
        raise Exception('pattern必须是1个字符')
```

而异常处理在调用函数的一侧进行，如下所示。

```
try:
    draw_square(pattern, w, h)  # 执行draw_square()
except Exception as err:
    print('发生异常→ ' + str(err))
```

若发生刚才的if语句异常，则生成Exception对象，可通过

```
    except Exception as err
```

接收。这在编程用语中被称为“异常捕获”。将Exception对象代入到err中，以字符串形式取出包含在Exception对象中的信息，将其输出后即可获知错误的内容。接下来是使用函数进行异常处理的案例，该函数输出可以作为程序说明栏使用的方形区域。

▼处理向参数传递错误的值时发生的异常（handing_error.py）

```
''' 输出方形区域的函数

    pattern:字符类型
    width  :宽
    height :高
'''
def draw_square(pattern, width, height):
    if len(pattern) != 1:
        raise Exception('pattern必须是1个字符')
```

```
    if width <= 2:
        raise Exception('width必须是大于2的值')
    if height <= 2:
        raise Exception('height必须是大于2的值')
    # 表示上边
    print(pattern * width)
    # 表示高度
    for i in range(height - 2):
        print(pattern + (' ' * (width - 2)) + pattern)
    # 表示底边
    print(pattern * width)

# 反复执行draw_square()
for pattern, w, h in (('#', 4, 4),  # 4×4的方形区域
                      ('#', 1, 4),  # 设定错误值
                      ('#', 4, 1),  # 设定错误值
                      ('#', 40, 7)):# 40×7的方形区域
    try:
        draw_square(pattern, w, h)  # 执行draw_square()
    except Exception as err:
        print('发生异常→ ' + str(err))
```

▼运行结果

```
####
#  #
#  #
####
发生异常→width必须是大于2的值
发生异常→height必须是大于2的值
########################################
#                                      #
#                                      #
#                                      #
#                                      #
#                                      #
########################################
```


秘技 166

确认错误发生的位置和详情

扫码看视频

难易程度 ●●○

这里是关键点！ 回溯、调用堆栈

在Python中，一旦发生错误，就会生成回溯信息以汇总错误发生的详情。回溯信息包含了以下内容。

· 错误信息。
· 错误发生的代码行。
· 错误发生之前所有的函数调用记录。

上述第3条函数调用记录也被称为调用堆栈。接下来，定义函数func2()用于引发错误信息，func2()是通过func1()进行调用的程序。执行代码编辑程序Run→RunModule命令，在交互式运行环境中输出回溯信息。

▼用于确认回溯信息的程序（raiseException.py）

```
def func1(): # 调用func2()的函数
    func2()

def func2(): # 引发异常的函数
    raise Exceprion('func1()的错误信息。')

func1()        # 调用func1()
```

▼运行结果

```
Traceback (most recent call last):
  File "C:/sample/chap05/05_01/raiseException.py", line 7, in <module>
    func1()
  File "C:/sample/chap05/05_01/raiseException.py", line 2, in func1
    func2()
  File "C:/sample/chap05/05_01/raiseException.py", line 5, in func2
    raise Exception('func1()的错误信息。')
Exception: func1()的错误信息。
```

从输出的回溯信息来看，函数的调用依照func1()→func2()的顺序进行，并且在调用func2()时，发生异常。该程序会在程序内各处调用函数，或在函数内部进行其他函数的调用，因此在错误发生时，要想查明错误位置，也要费一番工夫。但是我们可以通过回溯确认错误发生的位置和详细情况。

秘技 167

将错误回溯信息保存至文件

难易程度 ●●

这里是关键点！ 通过traceback.format_exc()返回字符串形式的回溯

错误发生时生成的回溯信息，若不进行异常处理，则被直接输出到控制台。执行traceback模块下的traceback.format_exc()，则可获取字符串。利用它进行异常处理，可以在错误发生时处理回溯信息。

●将回溯信息添加到文件

捕获异常后，进行异常处理，即将回溯信息添加到记录用的文件中。这样一来，即便发生异常，程序也能够继续运行，并且还可以通过保存了异常信息的文件确认之前的回溯信息。

▼错误发生时保存回溯信息（saveTraceback.py）

```
import traceback

def func1(): # 调用func2()的函数
    func2()

def func2(): # 引发异常的函数
    raise Exception('func1()的错误信息。')

try:
    func1()        # 调用func1()
except:
    err_file = open('error.txt', 'w')
    err_file.write(traceback.format_exc())
    err_file.close()
    print('在error.txt中记录回溯信息。')
```

▼运行结果

```
在error.txt中记录回溯信息。
```

秘技 168

确认源代码能否正常使用

难易程度 ●●

这里是关键点！ 基于assert语句的断言设置

断言是一种检测手段，用于确认源代码是否在程序中发挥预期作用。

• 基于assert语句的检测

```
assert 条件表达式, '条件为False时表示的信息'
```

以judge = ‘OK’这一变量为例。在含有该变量的程序中，我们必须在值为“OK”的前提下编写代码。为了使程序能够正常运行，judge的值必须为“OK”。因此，我们对judge设置断言。

▼对变量设置断言

```
>>> judge = 'OK'
>>> assert judge == 'OK', 'judge的值必须为"OK"。'
```

judge == ‘OK’是条件表达式。若该条件表达式不成立，则发生AssertionError异常。控制台显示信息：‘judge的值必须为“OK”。’。

▼设置断言并执行

```
>>> judge = 'OK'
>>> # 设置断言
>>> assert judge == 'OK', 'judge的值必须为"OK"。'
>>> # 执行断言
>>> assert judge == 'OK', 'judge的值必须为"OK"。'
>>> # 没有引发任何异常
```

因为judge的值为“OK”，“judge == ‘OK’”才能成立，也因此没有引发任何异常。那么，接下来我们尝试改变judge的值，再次执行断言。

▼改变变量值后执行断言（接前例）

```
>>> judge = 'NO'
```

```
>>> # 执行断言
>>> assert judge == 'OK', 'judge的值必须为"OK"。'
Traceback (most recent call last):
  File "<pyshell#7>", line 1, in <module>
    assert judge == 'OK', 'judge的值必须为"OK"。'
AssertionError: judge的值必须为"OK"。
```

AssertionError异常，显示之前设定的断言信息。

如上，断言用于记录“源代码应发挥的作用”。在上述案例中，程序运行的前提是judge的值必须为“OK”。如果程序没有按照预期规划运行，则执行断言，一旦断言失败，我们就能够断定程序中某处的值发生了替换。

秘技 169

输出日志

扫码看视频

难易程度 ●●

这里是关键点！ logging模块、LogRecord对象

熟悉计算机的人，一定不会对“抓取日志”这个词感到陌生。Windows中也存在错误日志，用以记录错误详情。

也就是说，日志用于实时记录系统及软件等程序的运行情况，什么位置发生了什么问题，我们都能通过日志获悉。在Python中，可以使用logging模块创建任意形式的日志。

●LogRecord对象的设置

日志被作为LogRecord对象管理，首先我们通过logging.basicConfig()方法对LogRecord对象的信息记录形式进行设置。

▼设置标准日志形式

```
logging.basicConfig(# 将日志级别定为DEBUG（详细信息）
                    level=logging.DEBUG,
                    # 设置日志形式
                    # 事件日期与具体时间-日志级别-信息
                    format='%(asctime)s-%(levelname)
s - %(message)s')
```

日志级别由logging.basicConfig()的参数等级指定。logging.DEBUG作为常量，用于在任何情况下输出日志。作为日志，参数formart能够设置输出字符串的形式。

```
format=' %(asctime)s - %(levelname)s - %(message)s')
```

asctime表示输出日志时的日期和具体时间，levelname表示设定的日志级别，message用于表示日志中设置的信息。根据上述方法，以

```
2017-12-21 16:47:54,485 - DEBUG - 程序开始
```

形式输出日志。

●日志的输出

使用logging.debug()方法进行日志输出。该方法将指定到参数的字符串直接以日志形式输出。参数中通过format()方法指定的字符串如下所示。指定了

```
    logging.debug('执行factorial({})'.format(num))
```

后，使用代入变量num中的值，输出如下日志。

```
    2017-12-21 16:47:54,532 - DEBUG - 执行factorial(5)
```

使用logging.basicConfig()方法设置的形式如下所示。

```
    2017-12-21 16:47:54,532 - DEBUG -
```

使用logging.debug()输出的字符串如下所示。

```
    执行factorial(5)
```

●在交互式运行环境中输出日志

例如，定义一个计算阶乘的函数，并以日志形式输出计算过程。阶乘是所有小于及等于该数的正整数的积，4的阶乘即4×3×2×1=24，6的阶乘即6×5×4×3×2×1=720。

▼通过日志输出函数求取阶乘的计算过程

```
import logging        # 导入logging模块
```

```
logging.basicConfig(# 将日志级别定为DEBUG（详细信息）
                    level=logging.DEBUG,
                    # 设置日志形式
                    # 事件日期与具体时间-日志级别-信息
                    format='%(asctime)s-%(levelname)s
 - %(message)s')

# 输出最开始的日志
logging.debug('程序开始')

# 计算阶乘的函数
def get_factorial(num):
    # 输出日志(操作的开始)
    logging.debug('执行factorial({})'.format(num))
    fact = 1                    # 设置乘法的初始值
    for i in range(1, num + 1): # 重复1～num +1
        fact *= i               # 令fact的值与i的值
                                  相乘之后再次赋值
        # 输出日志(i的值、fact的值)
        logging.debug('i={},fact={}'.format(i,fact))
    # 输出日志（操作结束）
    logging.debug('factorial({})终止'.format(num))
    return fact                 # 返回阶乘后的值

# 调用get_ factorial()，求阶乘
print(get_factorial(5))

# 输出日志（程序终止）
logging.debug('程序终止')
```

选择代码编辑器的Run→RunModule命令并执行，则在交互式运行环境下输出如下结果。

▼运行结果

```
2017-12-21 18:34:24,878 - DEBUG - 程序开始
2017-12-21 18:34:24,907 - DEBUG - 执行factorial(5)
2017-12-21 18:34:24,918 - DEBUG - i = 1, fact = 1
2017-12-21 18:34:24,922 - DEBUG - i = 2, fact = 2
2017-12-21 18:34:24,926 - DEBUG - i = 3, fact = 6
2017-12-21 18:34:24,930 - DEBUG - i = 4, fact = 24
2017-12-21 18:34:24,933 - DEBUG - i = 5, fact = 120
2017-12-21 18:34:24,937 - DEBUG - factorial(5)终止
120
2017-12-21 18:34:24,946 - DEBUG - 程序终止
```

嵌入在源代码中的logging.debug()方法将输出各种日志。在函数内部，以

```
logging.debug('i = {}, fact = {}'.format(i, fact))
```

形式存在，因此可以通过日志输出for循环中变量i和变量fact的变化过程。接下来我们将for循环的部分改写为

```
for i in range(num + 1):
```

再一次运行程序，结果如下。

▼将for循环的部分改写为for i in range(num + 1):并执行

```
2017-12-21 18:58:17,480 - DEBUG - 程序开始
2017-12-21 18:58:17,530 - DEBUG - 执行factorial(5)
2017-12-21 18:58:17,546 - DEBUG - i = 0, fact = 0
2017-12-21 18:58:17,550 - DEBUG - i = 1, fact = 0
2017-12-21 18:58:17,554 - DEBUG - i = 2, fact = 0
2017-12-21 18:58:17,558 - DEBUG - i = 3, fact = 0
2017-12-21 18:58:17,576 - DEBUG - i = 4, fact = 0
2017-12-21 18:58:17,580 - DEBUG - i = 5, fact = 0
2017-12-21 18:58:17,587 - DEBUG - factorial(5)终止
0
2017-12-21 18:58:17,597 - DEBUG - 程序终止
```

改写为“for i in range(num + 1):”后，i从0开始，因此无论进行几次“fact *=i”的计算，结果都是0。如果编写程序，就容易发生这样的问题，但若获取日志，变量fact的值就为0，也就能够发现i的初始值出现了问题。

使用print()，即便不通过日志，也可以输出想知道的信息。但也只是“开发者自己想知道的信息”而已。程序的操作结果可以不用输出，因此不使用print()，而使用日志输出更为合适。另外，若以日志形式输出且当输出不再必要，则可以将信息汇总并使之无效化，因此日志非常适合作为调试的线索。

秘技 170

更改日志级别

扫码看视频

▸难易程度 ●●

这里是关键点！ 日志级别、日志输出函数

可以对日志设置5个等级。设置的等级被称为日志级别，将其与日志输出函数搭配使用，可以控制日志的输出。

▼日志级别和日志输出函数

日志级别	常量	日志输出函数	说明
DEBUG	logging.DEBUG	logging.debug()	输出的最低级别，表示详细信息
INFO	logging.INFO	logging.info()	在通过事件的记录和程序说明确认操作时使用
WARNING	logging.WARNING	logging.warning()	在没发生实际错误，但预测有潜在错误时使用
ERROR	logging.ERROR	logging.error()	用于记录程序操作失败等错误
CRITICAL	logging.CRITICAL	logging.critical()	输出的最高级别，用于提示程序异常终止等致命错误

在使用logging.basicConfig()方法设置LogRecord对象时指定日志级别。在实际输出日志的同时设置日志输出函数的等级。

▼将LogRecord对象设定为DEBUG并输出日志（交互式运行环境）

```
>>> import logging
>>> # 将LogRecord对象设定为DEBUG
>>> logging.basicConfig(level=logging.DEBUG,
                       format=' %(asctime)s - %(levelname)s - %(message)s')

>>> logging.debug('程序运行中')              # 输出DEBUG级别的日志
 2017-12-21 19:29:32,056 - DEBUG - 程序运行中
>>> logging.info('程序运行中')               # 输出INFO级别的日志
 2017-12-21 19:29:52,200 - INFO - 程序运行中
>>> logging.warning('程序运行中')            # 输出WARNING级别的日志
 2017-12-21 19:30:13,817 - WARNING - 程序运行中
>>> logging.error('程序运行中')              # 输出ERROR级别的日志
 2017-12-21 19:30:28,946 - ERROR - 程序运行中
>>> logging.critical('程序运行中')           # 输出CRITICAL级别的日志
 2017-12-21 19:30:52,719 - CRITICAL - 程序运行中
```

将LogRecord对象设定为DEBUG后，无论使用哪个日志输出函数，都可以实现日志输出。接下来我们再次启动交互式运行环境，将LogRecord对象设定为ERROR，输出日志。

▼将LogRecord对象设定为ERROR并输出日志（交互式运行环境）

```
>>> import logging
>>> logging.basicConfig(level=logging.ERROR,
                       format=' %(asctime)s - %(levelname)s - %(message)s')
>>> logging.debug('程序运行中')              # 输出DEBUG级别的日志
>>> logging.info('程序运行中')               # 输出INFO级别的日志
>>> logging.warning('程序运行中')            # 输出WARNING级别的日志
>>> logging.error('程序运行中')              # 输出ERROR级别的日志
 2017-12-21 19:41:34,115 - ERROR - 程序运行中
>>> logging.critical('程序运行中')           # 输出CRITICAL级别的日志
 2017-12-21 19:41:41,719 - CRITICAL - 程序运行中
```

只表示ERROR级别和CRITICAL级别的日志。像这样分开配置好日志输出函数，就可以通过LogRecord对象的日志级别设置控制日志的输出。根据输出情况，对不同级别的日志配置对应的函数，程序开发后，默认LogRecord对象的日志级别为DEBUG。

这样一来，无论日志输出函数是什么，都可以实现全部日志的输出。之后如果根据程序开发进程，按照INFO→WARNING→ERROR的顺序改变日志级别，就可以在程序开发的同时输出日志。

秘技 171

难易程度 ●●

日志无效化

扫码看视频

这里是关键点！ logging.disable(日志级别常量)

程序调试结束后，也就没有必要输出日志。这时，即使不删除日志输出代码，将日志级别传入logging.disable()，也能实现日志的无效化。

●指定级别使日志无效化

在logging.disable()方法的参数中，指定表示日志级别的常量。这样一来，就无法输出指定日志级别以下的日志级别。

▼使日志级别依次无效

```
>>> import logging
>>> # 将日志级别设置为INFO
>>> logging.basicConfig(level=logging.INFO,
                        format=' %(asctime)s - %(levelname)s - %(message)s')
>>> # 使INFO级别的日志无效
>>> logging.disable(logging.INFO)
>>> logging.info('程序运行中')      # 不输出INFO级别的日志
>>> logging.critical('程序运行中') # 不输出CRITICAL级别的日志
 2017-12-21 20:09:41,144 - CRITICAL - 程序运行中
>>> # CRITICAL使CRITICAL级别的日志无效
>>> logging.disable(logging.CRITICAL)
>>> logging.critical('程序运行中') # 即便是CRITICAL级别的日志，也不输出
```

执行logging.disable()方法，指定至参数的级别以下的日志级别都将无效，因此在import logging行的附近输入比较好。这样一来，就可以通过添加说明或删除说明实现日志的无效化和有效化，非常方便。

秘技 172

难易程度 ●●

将日志记录到文件

扫码看视频

这里是关键点！ logging.basicConfig(filename = '文件名', level=…, format=…)

使用设置LogRecord对象的logging.basicConfig()方法设置带名参数filename，就可以将日志输出到文件。改写秘技169中的程序，尝试输出日志到文件。

▼将日志输出到文件

```
import logging        # 导入logging模块

logging.basicConfig(filename = 'logFile.txt',# 将日志输出到文件
                    level=logging.DEBUG,     # 日志级别为DEBUG
                    format=' %(asctime)s - %(levelname)s - %(message)s')

logging.debug('程序开始') # 输出最开始的日志
def get_factorial(num):          # 计算阶乘的函数
    logging.debug(执行'factorial({})'.format(num)) # 输出日志
    fact = 1                     # 设置乘法运算的初始值
```

```
    for i in range(1, num + 1):  # 循环1~num + 1
        fact *= i                # 将i的值与fact的值相乘后再次赋值
        logging.debug('i = {}, fact = {}'.format(i, fact)) # 输出日志
    logging.debug('factorial({})終了'.format(num))      # 输出日志
    return fact                                          # 返回阶乘后的值

print(get_factorial(5))           # 调用get_factorial()，求阶乘
logging.debug('程序终止')          # 输出日志
```

运行该程序，仅输出print(get_factorial(5))的结果。不输出日志，而是将其写入当前目录中的logFile.txt文件中，因此打开该文件即可看到日志。下次运行程序时，将新的内容替换到日志文件。

5-2 利用调试程序进行调试

秘技 173

利用IDLE的调试器进行调试

扫码看视频

难易程度 ●●○

这里是关键点！ Debug Control窗口

IDLE中安装有调试器，用于逐行执行程序代码，传递运行情况。使调试器生效并运行程序，在执行1行代码后停止，表示如下信息。

· 所有局部变量的名称和值。
· 所有全局变量的名称和值。
· 接下来要执行的代码行。

使用调试器可以在程序运行的同时逐个检索变量的值，在发现bug方面也起到一定作用。

●启动调试器

要使用IDLE的调试器，首先要选择交互式运行环境中Debug菜单的Debugger选项。然后打开下图的Debug Control窗口。

▼启动后的Debug Control窗口

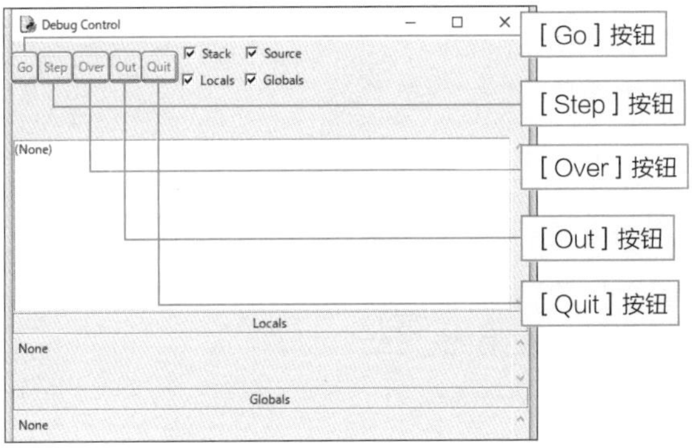

在下面的复选框中打勾即可使用。

· Stack　　· Source
· Locals　　· Globals

用于操作的5个按钮功能如下。

• **Go**

将程序一次性执行到最后1行。若在之后设置断点，则运行至断点所在行。

• **Step**

逐行执行源代码。

单击按钮，执行当前行的下一行代码后终止。

在下一行代码中调用函数时“跟入函数”，在执行该函数的第1行代码时终止。

• **Over**

与Step按钮作用相同，在执行下一行源代码后终止。只是，接下来的代码在调用函数时，一次性执行函数（step over），在从函数返回处停止。

• **Out**

想要从函数中“跳出”时，使用该钮。使用Step跟入函数内部之后，单击Out按钮，一次性执行剩下的代码，并在返回调用处的代码时终止。

• **Quit**

中止Debug，程序立即终止。

秘技 174

利用step over进行调试

扫码看视频

▶难易程度 ●●

这里是关键点！ step over、step into

在启动调试器的前提下，使用代码编辑器打开任意源文件，选择Run菜单的RunModule选项，开始调试。

输入3个数值，则显示总数。接下来我们尝试使用下面的程序进行调试。

▼输入3个数值，则显示总数（doDebug.py）

```
print('合计输入的数值')
num1 = input('请输入第1个值>')
num2 = input('请输入第2个值>')
num3 = input('请输入第3个值>')
result = num1 + num2 + num3
print('合计' + str(int(num1) + int(num2) + int(num3)))
```

❶在交互式运行环境中的Debug菜单→选择Debugger选项，打开Debug Control窗口，勾选4个复选框。

❷在打开了doDebug.py的代码编辑器中选择Run菜单的RunModule选项，然后按<F5>键。

❸在之后执行的代码行处暂停。在Globals的__annotations__等程序中能够表示未定义的变量，但这是Python为了方便操作，在内部生成的变量。

▼调试开始后的Debug Control窗口

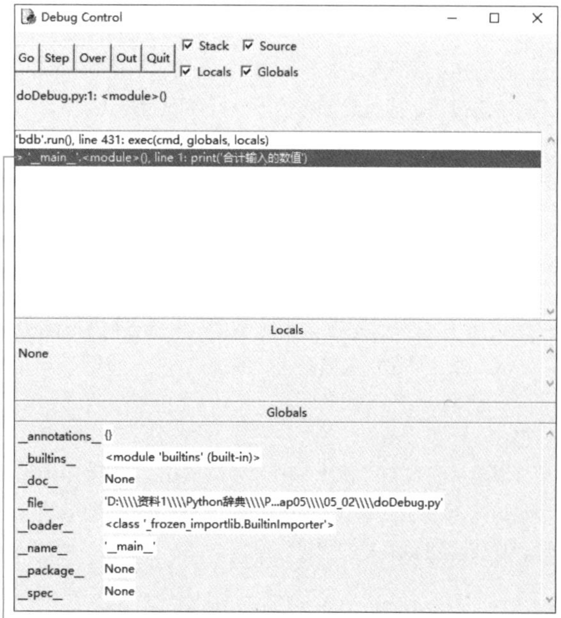

在源代码刚开始处终止

❹刚开始的代码行是

```
print('合计输入的数值')
```

但是单击Step按钮，则在print()函数的内部跟入，在此单击Over按钮，令print()终止运行。

❺在交互式运行环境中输出print()函数的结果。由于调试在input()函数的调用处终止，单击Over按钮执行。

▼调试中的交互式运行环境和Debug Control窗口

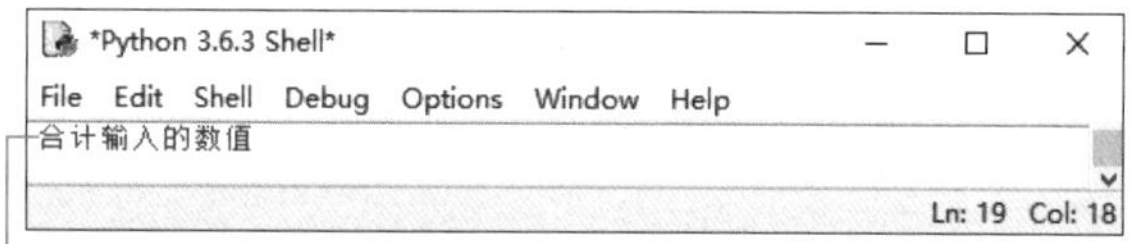

输出print()函数的结果

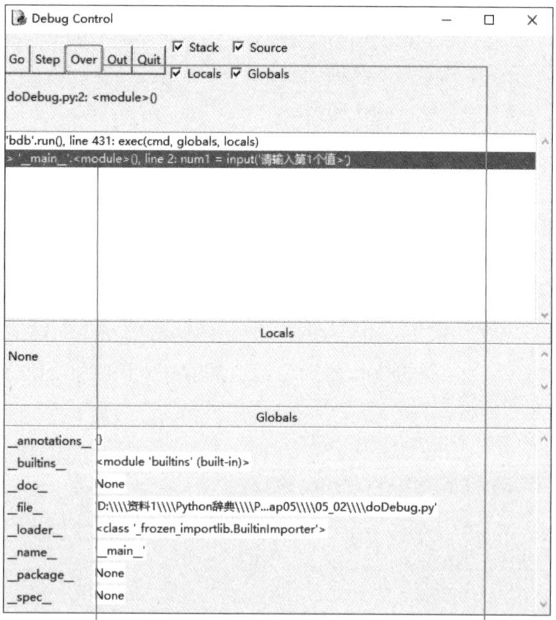

调试在input()函数的调用处终止

单击Over按钮

❻最终在交互式运行环境中表示input()函数的执行结果，所以输入数值并按<Enter>键。

▼交互式运行环境

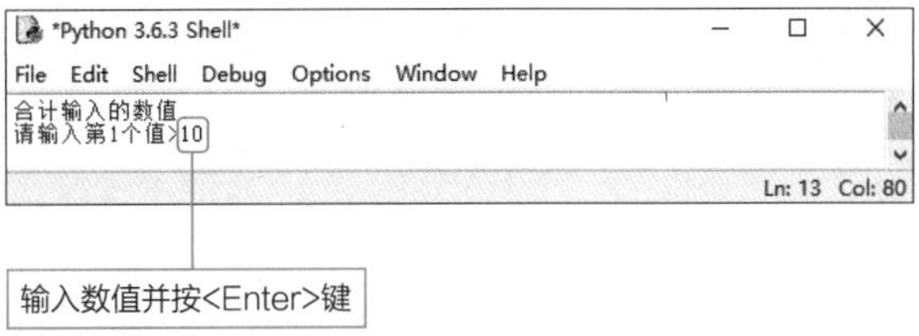

❼在之后input()函数的调用处终止调试。通过勾选Globals复选框，可以确认num1中赋值了10。单击Over按钮执行，在交互式运行环境中输入第2个值后按<Enter>键。

▼Debug Control窗口

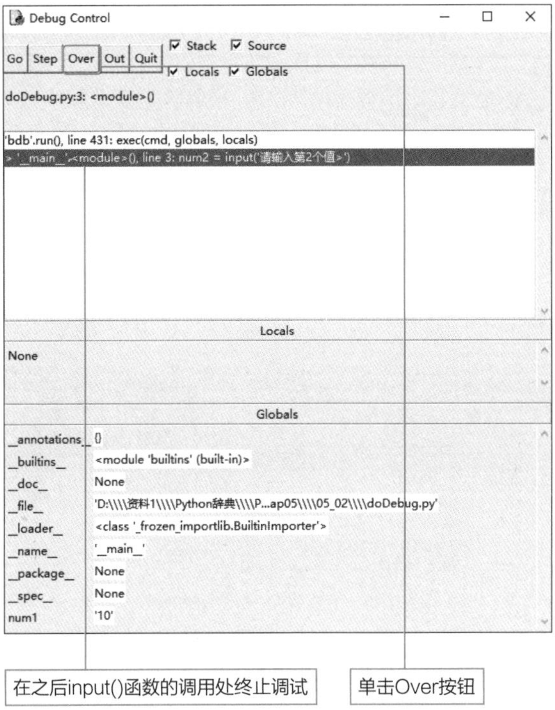

▼交互式运行环境

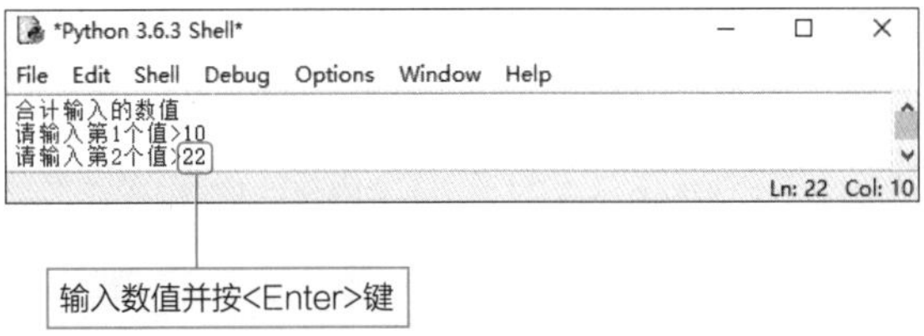

❽在input()函数的二次调用处终止调试，单击Over按钮执行，在交互式运行环境中输入第3个值后按<Enter>键，在最后print()函数的调用处终止调试。通过勾选Globals复选框，我们可以确认之前输入的值都被赋值到了变量num1、num2、num3中。单击Over按钮，执行最后的代码。

▼执行最后的代码行

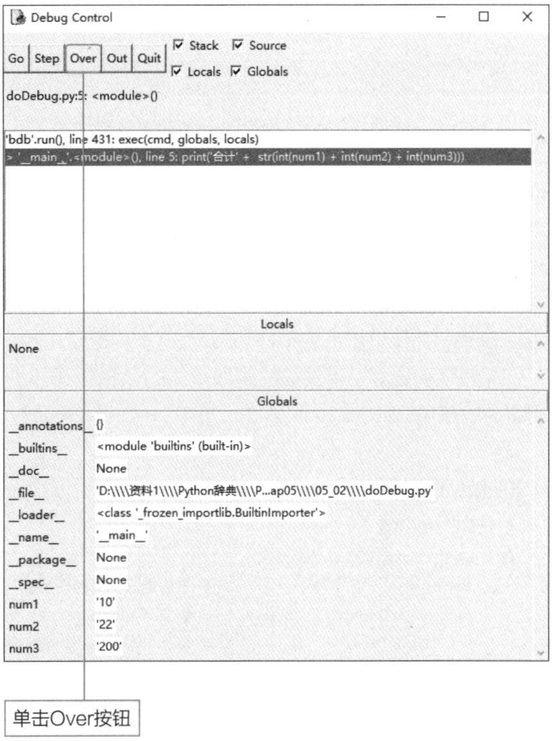

❾在交互式运行环境中输出结果，终止程序。

▼程序终止

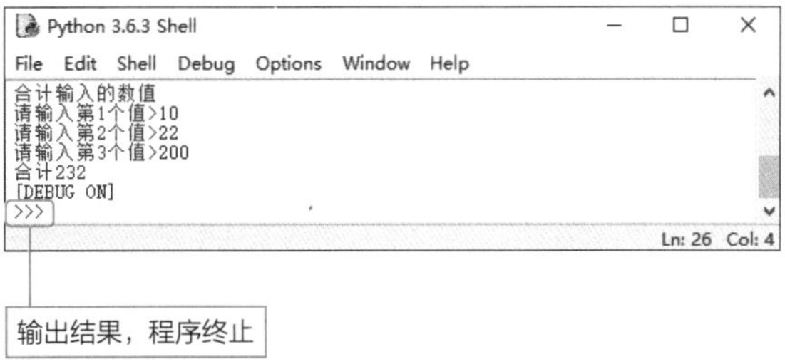

由于程序中所有的代码都被执行，所以我们看到Debug Control窗口的各个按钮都将无效。再一次选择代码编辑器中Run菜单的RunModule选项，然后按<F5>键，则调试从头开始。不再进行调试时，单击Debug Control窗口的“×”按钮，选择交互式运行环境中的Debug菜单→Debugger选项，解除调试。

秘技 **175** 难易程度 ●●○

一次性执行至指定代码后终止调试

扫码看视频

这里是关键点！ Set Breakpoint命令

一方面，我们可以在调试器（DebugControl）上逐行执行代码。另一方面，如果代码数量很多，全部执行将会耗费大量时间。因此，对想要确认的代码设置断点，然后一次性执行至该代码，在执行断点所在行代码时终止调试。

●设置断点进行调试

下面以秘技172中生成的求取阶乘的函数为例，介绍断点的使用。

▼求取阶乘的程序（breakPoint.py）

```
# 计算阶乘的函数
def get_factorial(num):
    fact = 1                    # 设置乘法运算的初始值
    for i in range(1, num + 1): # 循环1～num + 1
        fact *= i               # 将i的值与fact的值相乘
                                  后再次赋值
    return fact                 # 返回阶乘后的值

print(get_factorial(5))         # 调用get_factorial()
```

通过代码编辑器执行程序后，输出到交互式运行环境，结果如下。

▼运行结果

```
120 ——— 5所在处
```

get_factorial()函数中含有用于求取阶乘的for循环。因内部含有用于反复计算阶乘的“fact *=i”，所以可以在此设置断点，确认fact的值。

❶ 将光标置于“fact *=i”代码行，然后右击，选择Set Brea-kpoint命令。之后则用表示断点的黄色强调该行代码。

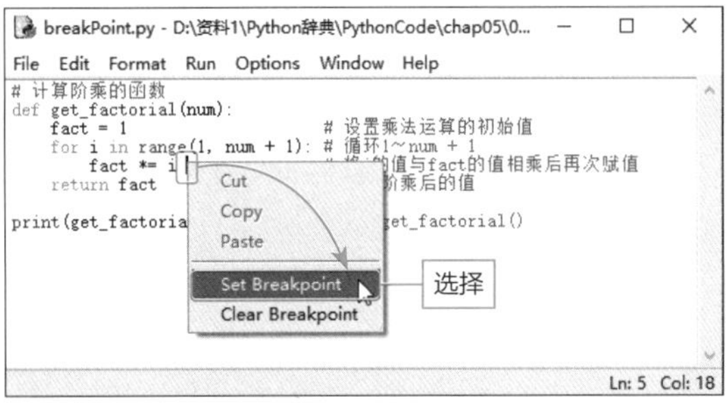

❷ 在交互式运行环境中的Debug菜单中选择Debugger选项，打开Debug Control窗口。

❸ 打开breakPoint.py文件，选择代码编辑器中Run菜单的RunModule选项后按<F5>键。

❹ 在最开始的源代码处暂时终止操作，单击Go按钮。

▼在最开始的代码处终止操作

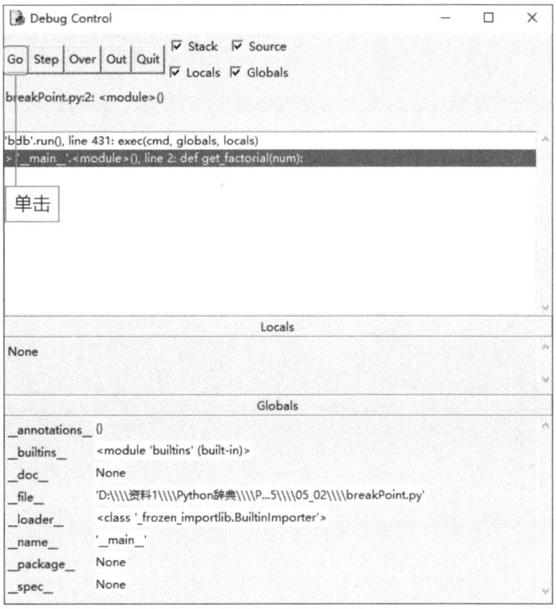

❺ 执行到断点所在行，程序终止。通过查看Locals，可以确认赋值变量fact、i、num的值，然后单击Go按钮。

❻ 执行for循环，在断点处终止操作。这样一来，在循环内部设置有断点时，使用Go按钮，则每次循环出现1次操作终止，直至进行到该操作的最后一步。

▼使用断点终止操作

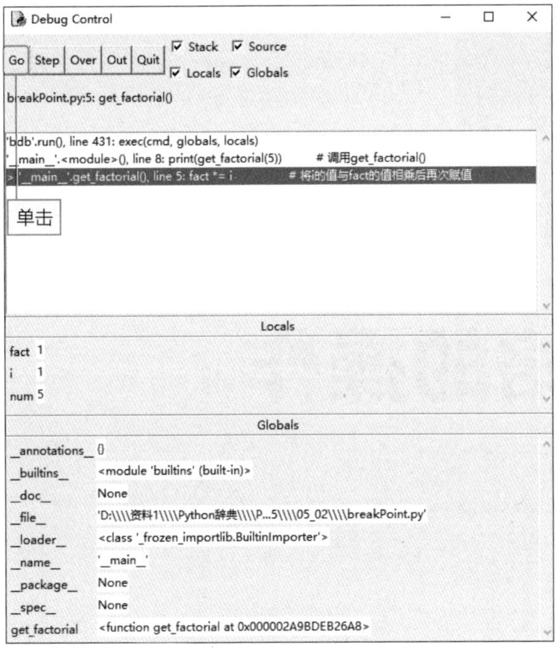

▼在第2次反复处终止操作

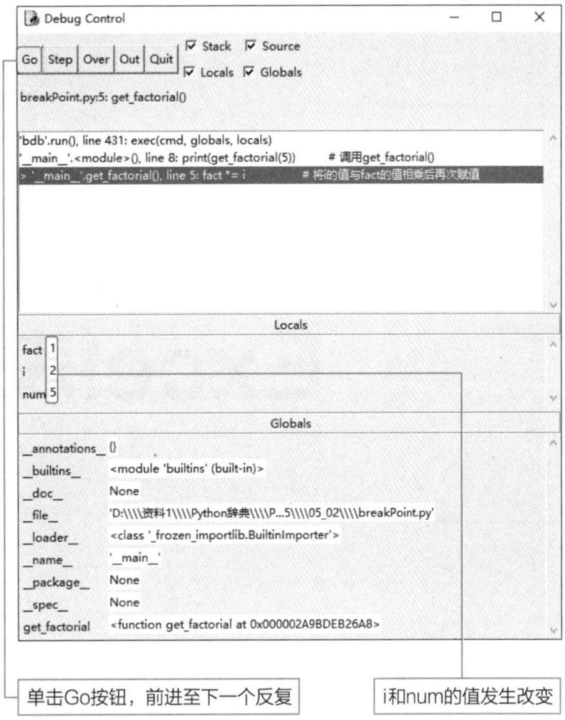

按照顺序单击Go按钮之后for循环终止，执行最后的代码，则程序终止。右击对象代码行，选择Clear Breakpoint命令则可解除断言。

第6章

176~206

Excel表格的操作

6-1　工作表的操作

秘技 176

安装模块用以操作表格

扫码看视频

难易程度 ●●○

这里是关键点！ OpenPyXL的下载与安装

在Excel中，以工作簿形式保存数据，工作簿中包含作业用工作表。通过在Python中安装OpenPyXL，能够对Excel的工作簿进行操作。

●openpyxl模块的安装

根据Python的pip命令，在PyPI的网页（https://pypi.python.org/）上进行下载并安装。OpenPyXL的模块名是openpyxl。

在Windows系统中，输入

```
pip install openpyxl
```

至控制台，即可进行下载和安装。使用Mac则输入如下命令。

```
sudo pip3 install openpyxl
```

▼利用Windows PowerShell进行openpyxl模块的安装

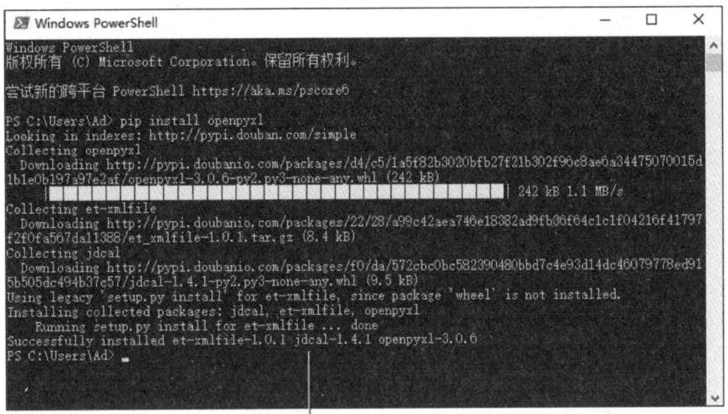

输入pip install openpyxl后按<Enter>键，即可执行下载与安装操作

秘技 177

读入Excel工作簿

扫码看视频

难易程度 ●●○

这里是关键点！ openpyxl.load_workbook(‘工作簿名称.xlsx’)

Excel工作簿可以通过openpyxl模块的openpyxl.load_workbook()打开。

- **openpyxl.load_workbook()方法**

读入指定到参数的Excel工作簿，并将其作为Workbook对象返回。

●读取Excel工作簿

读入与源文件保存在同一位置的Excel工作簿，即“各地形面积.xlsx”。

▼读入Excel工作簿（getExcelBook.py）

```
import openpyxl                              # 导入openpyxl模块

book = openpyxl.load_workbook('各地形面积.xlsx')
                                             # 获取Excel
print(type(book))                            # 表示对象的种类
```

通过代码编辑器执行程序，则在交互式运行环境中表示如下。

▼程序运行结果

```
<class 'openpyxl.workbook.workbook.Workbook'>
```

读入与源文件保存在同一文件夹的“各地形面积.xlsx”，输出定义对象的类名openpyxl.workbook.workbook.Workbook。

秘技 **178**

获取Excel表格的所有标题

扫码看视频

▶难易程度 ●●○

这里是关键点！ **Workbook.get_sheet_names()**

Workbook对象自带方法，用于获取工作簿中包含的所有Excel表格的标题、活动工作表以及特定表格。

●使用的Excel工作表

在进入Excel工作表的操作之前，首先对之后要用到的样本进行确认。本次使用的样本是某些县的各地形面积（km²）记录。

▼样本工作表（各地形面积.xlsx）

	A	B	C	D	E
1	县名	山地	丘陵	高地	低地
2	青森县	4,868	1,570	1,831	1,237
3	岩手县	11,021	2,089	881	1,261
4	宫城县	2,158	2,673	652	1,757
5	秋田县	6,755	1,629	710	2,453
6	山形县	6,307	841	776	1,393
7	福岛县	10,389	702	1,114	1,437
8					
9					
10					

●获取工作簿中的表格标题

通过Workbook对象的get_sheet_names()方法获取工作簿中包含的所有表格标题。

- **workbook.get_sheet_names()**

将工作簿中包含的所有表格名称代入列表后返回。

▼读入工作簿，获取表格标题（getExcelSheets.py）

```
import openpyxl

# 获取Excel工作簿
book = openpyxl.load_workbook('各地形面积.xlsx')
# 获取所有的表格名称
sheets_name = book.get_sheet_names()
print(sheets_name)
```

选择Run→RunModule选项并执行，在交互式运行环境中显示含表格标题的列表。

▼运行结果

```
['Sheet1', 'Sheet2', 'Sheet3']
```

秘技 **179**

读入Excel表格

扫码看视频

▶难易程度 ●●○

这里是关键点！ **Workbook.get_sheet_by_name('工作表')、Workbook.active属性**

获取保存在工作簿中的工作表有以下两种方法。

- **Workbook.get_sheet_by_name('工作表')**

对于Workbook对象，若对参数指定工作表名称并执行，则返回包含了对象工作表的Worksheet对象。

- **Workbook.active属性**

若指定Workbook对象的active属性，则在包含于Workbook对象的工作表中，返回处于活动状态的工作表的Worksheet对象。

工作簿中包含了工作表，且这些工作表以Worksheet对象形式存在于Workbook对象中。get_sheet_by_name()能够返回指定到参数的工作表的Worksheet对象，因此获取表格名称时可以使用该方法。而Workbook具有active属性（该属性参照活动工作表），因此，当输入Workbook对象.active，则返回处于活动状态的Worksheet对象。若以活动工作表为前提进行获取，则可使用该方法。

▼获取保存在工作簿中的工作表（getSheet.py）

```
# 指定名称获取Sheet1
sheet1 = book.get_sheet_by_name('Sheet1')
# 输出sheet1对象的种类
print(type(sheet1))
# 输出包含在sheet1中的表格
print(sheet1.title)
# 输出活动表格的标题
print(book.active.title)
```

Worksheet对象具有title属性（该属性参照标题），因此可以通过Worksheet对象.title获取标题。

通过

```
    print(book.active.title)
```

可以从活动工作表中直接输出参照了title的工作表名称。

▼运行结果

```
Sheet1 ———— 指定名称后获取的工作表标题
Sheet1 ———— 处于活动状态的工作表标题
```

秘技 180

从工作表中获取单元格信息

扫码看视频

难易程度 ●●○

这里是关键点！ Worksheet对象[‘单元格序号’]、Cell对象.value

我们可以从Workbook对象中获取Worksheet对象或者指定列和行以获取单元格信息。

• **获取单元格信息**

```
Worksheet对象['单元格序号']
```

单元格信息作为Worksheet对象的元素存在，若使用[]运算符指定单元格序号，例如A1，则以Cell对象形式返回对象的单元格信息。

• **获取单元格的值**

输入Cell对象.value，则可获取单元格的值。

▼工作簿的读入→工作表的读入→单元格的读入（getCell.py）

```
import openpyxl
# 获取Excel工作簿
book = openpyxl.load_workbook('各地形面积.xlsx')

# 获取Sheet1
sheet = book.get_sheet_by_name('Sheet1')

# 输出第1行标题
print('A1单元格:' + sheet['A1'].value)
print('B1单元格:' + sheet['B1'].value)
print('C1单元格:' + sheet['C1'].value)
print('D1单元格:' + sheet['D1'].value)
print('E1单元格:' + sheet['E1'].value)
# 输出第2行标题
print(sheet['A2'].value,
      sheet['B2'].value,
      sheet['C2'].value,
      sheet['D2'].value,
      sheet['E2'].value
      )
```

▼运行结果

```
A1单元格:县名
B1单元格:山地
C1单元格:丘陵
D1单元格:高地
E1单元格:低地
青森县 4868 1570 1831 1237
```

秘技 181

从Cell对象中获取单元格信息

扫码看视频

难易程度 ●●

这里是关键点！ row→行号、column→列名、coordinate→单元格序号、value→值

Cell对象用于参照单元格信息，包含以下属性。

▼Cell对象的属性

属性	说明
row	表示行的整数值
column	表示列的字符串
coordinate	表示单元格序号的字符串
value	单元格的值

▼从Cell对象中取出信息（getRowColumn.py）

```
import openpyxl

book  = openpyxl.load_workbook('各地形面积.xlsx')
                                  # 获取Excel工作簿
sheet = book['Sheet1']                       # 获取Sheet1
cel   = sheet['A2']                          # 获取单元格A2

# 输出列名、行号、值
print('列' + str(cel.column) +               # 仅获取列名
      ', 行' + str(cel.row) +                # 仅获取行号
      ' : ' + cel.value)                     # 获取单元格的值

# 输出单元格序号和值
print('单元格' + cel.coordinate +             # 获取行和列的单元格序号
      ' : ' + cel.value)                     # 获取单元格的值
```

▼运行结果

```
列1, 行2 : 青森县
单元格A2 : 青森县
```

秘技 182

使用数值指定单元格序号

扫码看视频

难易程度 ●●

这里是关键点！ Worksheet.cell(row=行号、column=列号)

Excel的单元格序号包括两部分，列由从A开始的26个字母来表示，行用数值表示，例如A1或B1。但是在程序中，使用字符指定列比较麻烦。这是因为Z列之后就是AA、AB、AC……

因此，使用Worksheet对象的cell()方法，可以只用数值指定单元格序号，也可以使用for循环等在特定的单元格范围内进行连续处理。

• **Worksheet.cell()方法**

通过行号、列号指定单元格序号后，返回对应的单元格的cell对象。

形式	Worksheet.cell(row=行号、column=列号)

下面的案例为：通过cell(row=3、column=1)获取A3单元格。

▼使用数值指定单元格序号（UseColumAndRow.py）

```
import openpyxl
book  = openpyxl.load_workbook('各地形面积.xlsx')
                                  # 获取Excel工作簿
sheet = book.get_sheet_by_name('Sheet1')# 获取Sheet1

print(sheet.cell(row=3,          # 指定行
                 column=1        # 指定列
                 ).value)
```

▼运行结果

```
岩手县
```

●通过for循环获取特定单元格范围的值

在for循环中使用cell()方法，即可获取指定范围内单元格的值。

▼获取指定范围内单元格的值（UseColumAndRow.py）

```
for i in range(2, 8):         # 在第2行至第7行之间进行反复
    print(i,                  # 行号
          sheet.cell(row=i,   # 将2~7顺次代入
                column=1  # 列固定为1
                ).value)
```

▼运行结果

```
2 青森县
3 岩手县
4 宫城县
5 秋田县
6 山形县
7 福岛县
```

在for循环中，将2至7的值顺次代入i中。它们被作为行号使用，而列号固定为2。这样一来，若第2列，即B列是单元格序号，则对B列的第2行到第7行进行单元格序号修正，然后取出B2到B7的值。

之后，指定range()函数的第3参数，只能跳过指定的数目。

▼从起始单元格开始隔行取值（以偶数列的单元格为对象）

```
for i in range(2, 8, 2):      # 对第2行到第7行的内容进行
                              隔行反复
    print(i,                  # 行号
          sheet.cell(row=i,   # 以1为间隔代入2至7的数值
                column=1  # 固定列为1
                ).value)
```

▼运行结果

```
2 青森县
4 宫城县
6 山形县
```

单元格从第2行开始，指定range()函数的第3个参数为2并采取隔行取出操作，则仅取出偶数行单元格的值。

秘技 **183**

获取汇总表大小

扫码看视频

难易程度 ●●○

这里是关键点！ Sheet.max_row、Sheet.max_column

Sheet对象的max_row属性用于获取行数，max_column属性用于获取列数。分别获取行和列的数量后，我们就可以得知工作表上的汇总表大小。

▼获取汇总表大小（maxRowColumn.py）

```
import openpyxl
book = openpyxl.load_workbook('各地形面积.xlsx')
                                    # 获取Excel工作簿
sheet = book.get_sheet_by_name('Sheet1')# 获取Sheet1

print('最大行数->',
      sheet.max_row,    # 获取表的行数
      '最大列数->',
      sheet.max_column # 获取表的列数
      )
```

▼运行结果

```
最大行数->7  最大列数->5
```

秘技 **184**

单元格序号中列字母和序号的转换

扫码看视频

难易程度 ●●○

这里是关键点！ openpyxl.utils.get_column_letter(列号)、openpyxl.utils.get_column_letter（‘列字母’）

使用openpyxl.utils类的方法可以从列号中获取列字母，从列字母中获取列号。

- **openpyxl.utils.get_column_letter(列号)**

  返回列号对应的列字母。

- **openpyxl.utils.get_column_letter(‘列字母’)**

  返回列字母对应的列号。

▼列号中列字母的获取，列字母中列号的获取（getColumnLetter.py）

```
import openpyxl
# 导入get_column_letter、column_index_from_string
from openpyxl.utils import get_column_letter, column_index_from_string

print('列字母', get_column_letter(1))                # 从列号中获取列字母
print('列号', column_index_from_string('A'))         # 从列字母中获取列号
```

▼运行结果

```
列字母 A
列号 1
```

若输入openpyxl.utils.get_column_letter()，则长度过长，所以在开头显示如下内容。

```
from openpyxl.utils import get_column_letter, column_
index_from_string
```

它表示从

```
from openpyxl.utils
```

中导入

```
import get_column_letter, column_index_from_string
```

这两个方法到程序中。这样只写方法名就可以了。

●将工作表的特定列号转换为列字母

get_column_letter()用于从返回列号的方法获取列字母。例如，将使用max_ column()获取的汇总表的最终列号转换为列字母。

▼通过列字母获取汇总表的最终列

```
book  = openpyxl.load_workbook('各地形面积.xlsx')              # 获取Excel工作簿
sheet = book.get_sheet_by_name('Sheet1')                       # 获取Sheet1
print('最终列的列字母->', get_column_letter(sheet.max_column)) # 获取最终列的列字母
```

▼运行结果

```
最终列的列字母-> E
```

秘技 **185**

获取工作表中特定范围的Cell对象

扫码看视频

难易程度 ●●○

这里是关键点！ **WorkSheet[起始单元格:终止单元格]**

我们可以在Excel工作表中移动光标，对多个单元格进行范围划定、复制及移动等操作。Python的WorkSheet对象中包含了Cell对象，所以我们可以使用[]运算符只取出特定范围的Cell对象。

▼获取工作表中特定范围的Cell对象（cellRange.py）

```
import openpyxl, pprint
book  = openpyxl.load_workbook('各地形面积.xlsx')    # 获取Excel工作簿
sheet = book.get_sheet_by_name('Sheet1')             # 获取Sheet1

pprint.pprint((sheet['A2':'E7']))                    # 获取A2~E7的Cell对象
```

▼运行结果

```
((<Cell 'Sheet1'.A2>,
  <Cell 'Sheet1'.B2>,
  <Cell 'Sheet1'.C2>,
  <Cell 'Sheet1'.D2>,
  <Cell 'Sheet1'.E2>),
```

第2行的Cell对象

```
 (<Cell 'Sheet1'.A3>,
  <Cell 'Sheet1'.B3>,
  <Cell 'Sheet1'.C3>,
  <Cell 'Sheet1'.D3>,
  <Cell 'Sheet1'.E3>),
```

第3行的Cell对象

```
 (<Cell 'Sheet1'.A4>,
  <Cell 'Sheet1'.B4>,
  <Cell 'Sheet1'.C4>,
  <Cell 'Sheet1'.D4>,
  <Cell 'Sheet1'.E4>),
```

第4行的Cell对象

```
 (<Cell 'Sheet1'.A5>,
  <Cell 'Sheet1'.B5>,
  <Cell 'Sheet1'.C5>,
  <Cell 'Sheet1'.D5>,
  <Cell 'Sheet1'.E5>),
```

第5行的Cell对象

```
 (<Cell 'Sheet1'.A6>,
  <Cell 'Sheet1'.B6>,
  <Cell 'Sheet1'.C6>,
  <Cell 'Sheet1'.D6>,
  <Cell 'Sheet1'.E6>),
```

第6行的Cell对象

```
 (<Cell 'Sheet1'.A7>,
  <Cell 'Sheet1'.B7>,
  <Cell 'Sheet1'.C7>,
  <Cell 'Sheet1'.D7>,
  <Cell 'Sheet1'.E7>))
```

第7行的Cell对象

在处理表格形式的数据时，称1行数据为行记录。此处表示为如下内容。

```
sheet['A2':'E7']
```

将A到E列、2到7行的各记录作为元组的元组返回。

6-2 行记录和列名的操作

秘技 186

将汇总表作为数据库表格进行操作

难易程度 ●●○

这里是关键点！ 表格、行记录、列名、文件夹

在用Python做Excel工作表的时候，以汇总表为数据库的办法更方便一些。这是因为如果用程序来做汇总表，则不仅是单元格，包括每一行、每一列都要进行汇总整理。

●将Excel汇总表作为数据库的表格

用Excel汇总表的结构刚好可以嵌进数据库表格的数据结构中。

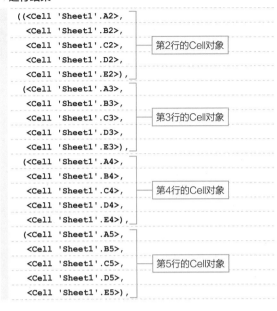

	A	B	C	D	E	F
1	县名	山地	丘陵	高地	低地	
2	青森县	4,868	1,570	1,831	1,237	
3	岩手县	11,021	2,089	881	1,261	
4	宫城县	2,158	2,673	652	1,757	
5	秋田县	6,755	1,629	710	2,453	
6	山形县	6,307	841	776	1,393	
7	福岛县	10,389	702	1,114	1,437	
8						
9						
10						

列名　表格　行记录

将汇总表整体作为一个表格，则每一行的数据为行记录，每一列的数据为列名。用Excel操作的时候可能很少会注意到这一点，但是用程序操作的话，大多数情况下需要先分别获取行、列的数据，再分别对其进行处理。因此，从数据库的观点来理解Excel汇总表的结构，对编程来说要更方便一些。

秘技 187

获取一列数据

扫码看视频

难易程度 ●●○

这里是关键点！ Worksheet.column属性

列名由汇总表中的一列数据组成，同时列名中也包括各行的数据。

列名　列名

县名	山地	丘陵	高地	低地
青森县	4,868	1,570	1,831	1,237
岩手县	11,021	2,089	881	1,261

以上表形式记录的列数据可参考Worksheet对象中的columns属性。

• **Worksheet.columns属性**

返回Generator对象，Generator对象汇总了汇总表各列单位的单元格对象。

但是columns属性返回的Generator对象不能直接使用，需要转换成元组后方能使用。

▼将columns属性返回的Generator对象转换成元组

```
import openpyxl
book  = openpyxl.load_workbook('各地形面积.xlsx')      # 获取Excel工作簿
sheet = book.get_sheet_by_name('Sheet1')              # 获取Sheet1

t = tuple(sheet.columns)  # 将columns获取的列对象转换成元组
pprint.pprint(t)          # 输出
```

▼运行结果（有适当换行显示）

```
((<Cell 'Sheet1'.A1>,<Cell 'Sheet1'.A2>, <Cell 'Sheet1'.A3>, <Cell 'Sheet1'.A4>, <Cell 'Sheet1'.A5>,
 <Cell 'Sheet1'.A6>, <Cell 'Sheet1'.A7>),
 (<Cell 'Sheet1'.B1>, <Cell 'Sheet1'.B2>, <Cell 'Sheet1'.B3>, <Cell 'Sheet1'.B4>, <Cell 'Sheet1'.B5>,
 <Cell 'Sheet1'.B6>, <Cell 'Sheet1'.B7>),
 (<Cell 'Sheet1'.C1>, <Cell 'Sheet1'.C2>, <Cell 'Sheet1'.C3>, <Cell 'Sheet1'.C4>, <Cell 'Sheet1'.C5>,
 <Cell 'Sheet1'.C6>, <Cell 'Sheet1'.C7>),
 (<Cell 'Sheet1'.D1>, <Cell 'Sheet1'.D2>, <Cell 'Sheet1'.D3>, <Cell 'Sheet1'.D4>, <Cell 'Sheet1'.D5>,
 <Cell 'Sheet1'.D6>, <Cell 'Sheet1'.D7>),
 (<Cell 'Sheet1'.E1>, <Cell 'Sheet1'.E2>, <Cell 'Sheet1'.E3>, <Cell 'Sheet1'.E4>, <Cell 'Sheet1'.E5>,
 <Cell 'Sheet1'.E6>, <Cell 'Sheet1'.E7>))
```

在上面的运行结果中，元组中又包含了已容纳各列单元格对象的元组。用运算符[]指定即可获取特定列的数据，所以只需使用for循环就可以获取列数据。

▼从汇总表中获取特定列数据（GetColumnData.py）

```
import openpyxl, pprint
book  = openpyxl.load_workbook('各地形面积.xlsx')
                                      # 获取Excel工作簿
sheet = book.get_sheet_by_name('Sheet1')
                                      # 获取Sheet1

t = tuple(sheet.columns)  # 将columns获取的列对象转换
                            成元组
for cell_obj in t[0]:       # 从列对象元组中获取一列
    print(cell_obj.value)
```

▼运行结果

```
县名
青森县
岩手县
宫城县
秋田县
山形县
福岛县
```

秘技 188

以列为单位获取所有列数据

扫码看视频

难易程度 ●●○

这里是关键点！ 通过双重for循环获取各列数据

因为Columns属性返回的Generator对象的元组中包含了所有列的单元格对象，所以只需双重循环即可按照列单位获取所有列的数据。

▼以列为单位获取所有列数据（getAllColumnData.py）

```
import openpyxl, pprint
book  = openpyxl.load_workbook('各地形面积.xlsx')     # 获取Excel工作簿
sheet = book.get_sheet_by_name('Sheet1')              # 获取Sheet1

for cells_obj in tuple(sheet.columns): # 从列数据的元组中取出数据，每次一列
    for  cell_obj in cells_obj:
        print(cell_obj.value)
    print('--- 列数据终止 ---')  # 显示列间隔
```

▼运行结果

```
县名
青森县
岩手县
宫城县
秋田县
山形县
福岛县
--- 列数据终止 ---
山地
4868
11021
2158
6755
6307
10389
--- 列数据终止 ---
丘陵
1570
2089
2673
1629
841
702
--- 列数据终止 ---
高地
1831
881
652
710
776
1114
--- 列数据终止 ---
低地
1237
1261
1757
2453
1393
1437
--- 列数据终止 ---
```

秘技 189

取出1行记录

扫码看视频

难易程度 ●●○

这里是关键点！ Worksheet.rows属性

汇总表的行记录由各行的数据组成，行记录中也包括各列的数据。

县名	山地	丘陵	高地	低地
青森县	4,868	1,570	1,831	1,237
岩手县	11,021	2,089	881	1,261

行记录

行记录

以上图形式记录的行记录可参考Worksheet对象中的rows属性。

• Worksheet.rows属性

返回Generator对象，Generator对象汇总了汇总表各行记录的单元格对象。

但是rows属性返回的Generator对象不能直接使用，需要先转换成元组。

▼将rows返回的Generator对象转换成元组

```
import openpyxl, pprint
book  = openpyxl.load_workbook('各地形面积.xlsx')     # 获取Excel工作簿
sheet = book.get_sheet_by_name('Sheet1')             # 获取Sheet1

t = tuple(sheet.rows)
print(t)
```

▼运行结果（有适当换行显示）

```
((<Cell 'Sheet1'.A1>, <Cell 'Sheet1'.B1>, <Cell 'Sheet1'.C1>, <Cell 'Sheet1'.D1>, <Cell 'Sheet1'.E1>),
 (<Cell 'Sheet1'.A2>, <Cell 'Sheet1'.B2>, <Cell 'Sheet1'.C2>, <Cell 'Sheet1'.D2>, <Cell 'Sheet1'.E2>),
 (<Cell 'Sheet1'.A3>, <Cell 'Sheet1'.B3>, <Cell 'Sheet1'.C3>, <Cell 'Sheet1'.D3>, <Cell 'Sheet1'.E3>),
 (<Cell 'Sheet1'.A4>, <Cell 'Sheet1'.B4>, <Cell 'Sheet1'.C4>, <Cell 'Sheet1'.D4>, <Cell 'Sheet1'.E4>),
 (<Cell 'Sheet1'.A5>, <Cell 'Sheet1'.B5>, <Cell 'Sheet1'.C5>, <Cell 'Sheet1'.D5>, <Cell 'Sheet1'.E5>),
 (<Cell 'Sheet1'.A6>, <Cell 'Sheet1'.B6>, <Cell 'Sheet1'.C6>, <Cell 'Sheet1'.D6>, <Cell 'Sheet1'.E6>),
 (<Cell 'Sheet1'.A7>, <Cell 'Sheet1'.B7>, <Cell 'Sheet1'.C7>, <Cell 'Sheet1'.D7>, <Cell 'Sheet1'.E7>))
```

上面的运行结果显示，元组中又包含了已容纳各行记录单元格对象的元组。用运算符[]指定即可获取特定列的数据，所以只需使用for循环就可以获取行记录数据。

▼从汇总表中只获取特定行记录数据（getRowData.py）

```
import openpyxl, pprint
book  = openpyxl.load_workbook('各地形面积.xlsx')     # 获取Excel工作簿
sheet = book.get_sheet_by_name('Sheet1')             # 获取Sheet1

t = tuple(sheet.rows)      # 将使用columns获取的对象转换为元组

for cell_obj in t[1]:      # 从行记录的元组中取出1行
    print(cell_obj.value)
```

▼运行结果

```
青森县
4868
1570
1831
1237
```

秘技 190

以行为单位获取所有行数据

扫码看视频

难易程度 ●●

这里是关键点！ 通过双重for循环获取各行数据

Rows属性返回的Generator对象元组中包括了所有行记录单元格对象。通过双重循环即可按照行单位获取所有行记录的数据。

▼以行为单位获取所有行数据（getAllRowsData.py）

```
import openpyxl, pprint
book  = openpyxl.load_workbook('各地形面积.xlsx')     # 获取Excel工作簿
sheet = book.get_sheet_by_name('Sheet1')              # 获取Sheet1

for cells_obj in tuple(sheet.rows):       # 取出1行的行记录
    for  cell_obj in cells_obj:           # 从行记录中取出Cell对象
        print(cell_obj.value)
    print('--- 1行记录终止 ---') # 显示1行的行间隔
```

▼运行结果

```
县名
山地
丘陵
高地
低地
--- 1行记录终止 ---
青森县
4868
1570
1831
1237
--- 1行记录终止 ---
岩手县
11021
2089
881
1261
--- 1行记录终止 ---
宫城县
2158
2673
652
1757
--- 1行记录终止 ---
秋田县
6755
1629
710
2453
--- 1行记录终止 ---
山形县
6307
841
776
1393
--- 1行记录终止 ---
福岛县
10389
702
1114
1437
--- 1行记录终止 ---
```

秘技 191

获取指定单元格范围内的数据

扫码看视频

难易程度 ●●

这里是关键点！ 通过嵌套的for循环对Worksheet['单元格序号':'单元格序号']进行操作

对Worksheet来说，若输入Worksheet['单元格序号':'单元格序号']，就能够以行记录为单位获取指定单元格范围内的数据。这时，以行记录为单位返回元组，该元组是以Cell对象为元组的元组。所以，可以使用双重for循环并以行记录为单位取出所有的数据。

▼以行记录为单位将指定范围的数据全部取出（getRecords.py）

```
import openpyxl
book  = openpyxl.load_workbook('各地形面积.xlsx')       # 获取Excel工作簿
sheet = book.get_sheet_by_name('Sheet1')               # 获取Sheet1

for row_obj in sheet['A2':'E7']:                       # ❶取出1行记录
    for cell_obj in row_obj:                           # ❷从行记录中取出单元格
        print(cell_obj.coordinate,                     # 单元格序号
              cell_obj.value                           # 单元格的值
              )
    print('--- 1行记录终止 ---')                         # 显示1行的行间隔
```

▼运行结果

```
A2 青森县
B2 4868
C2 1570
D2 1831
E2 1237
--- 1行记录终止 ---
A3 岩手县
B3 11021
C3 2089
D3 881
E3 1261
--- 1行记录终止 ---
A4 宫城县
B4 2158
C4 2673
D4 652
E4 1757
--- 1行记录终止 ---
A5 秋田县
B5 6755
C5 1629
D5 710
E5 2453
--- 1行记录终止 ---
A6 山形县
B6 6307
C6 841
D6 776
E6 1393
--- 1行记录终止 ---
A7 福岛县
B7 10389
C7 702
D7 1114
E7 1437
--- 1行记录终止 ---
```

❶的for循环中

```
for row_obj in sheet['A2':'E7']:
```

表示通过sheet['A2':'E7']获取从A2到E7的Cell对象，其中对于像A2这样的标识，获取的都是单元格中的值。获取的元组元素中还包含了元组，所以可以将其从row_obj中逐个取出。取出的元组中含有1行记录的Cell对象，表示如下。

```
(<Cell 'Sheet1'.A2>,
<Cell 'Sheet1'.B2>,
<Cell 'Sheet1'.C2>,
<Cell 'Sheet1'.D2>,
<Cell 'Sheet1'.E2>)
```

因此，使用嵌套的❷的for循环

```
for cell_obj in row_obj:
```

反复将Cell对象从cell_obj中逐个取出，则可获取1行记录。获取成功后返回外侧for循环，对下一元组进行同样操作，则第2行之后的所有行记录获取完成。

6-3 工作簿的制作与编辑

秘技 192

生成新工作簿

扫码看视频

难易程度 ●●

这里是关键点！ openpyxl.Workbook()构造方法

在Python中，openpyxl.Workbook()构造方法用于创建新的Workbook对象。

▼创建新的Workbook对象（交互式运行环境）

```
>>> import openpyxl
>>> book = openpyxl.Workbook()       # 创建Workbook对象
>>> print(book.get_sheet_names())#  表示新工作簿中的工
                                     作表名称
['Sheet']
>>> print(book.active.title)        # 表示活动工作表
Sheet
```

若创建了新的Workbook对象，就可以确认是否追加名为Sheet的工作表。

●生成工作表专有名称

通过Worksheet对象的title属性，将工作表名称变更为专有名称。

▼为工作表添加专有名称

```
>>> sheet.title = 'Sales_2018'      # sheet中包含了
                                      Worksheet对象
>>> print(book.get_sheet_names()) # 确认名称是否发生
                                      改变
['Sales_2018']
```

秘技 193

保存工作簿

扫码看视频

难易程度 ●●

这里是关键点！ Workbook.save('文件名.xlsx')

可以使用Workbook对象的save()方法，将编辑中的Workbook对象保存为Excel工作簿。

▼将Workbook对象保存为.xlsx形式的Excel工作簿

```
>>> import openpyxl
>>> book = openpyxl.Workbook()       # 创建Workbook对象
>>> book.save('example.xlsx')
```

运行上述代码，可将Excel工作簿命名为example.xlsx并保存于当前记录中。也可以对save()方法的参数指定路径，表示如下。

```
book.save('sample\\example.xlsx')
```

这样记录中的sample文件夹中也保存了example.xlsx。

秘技 194

追加工作表

扫码看视频

难易程度 ●●

这里是关键点！ Workbook.create_sheet()方法

通过Workbook对象的create_sheet()方法，可以在当前的Workbook中追加新的工作表。

▼对Workbook对象追加工作表

```
>>> import openpyxl
>>> book = openpyxl.Workbook()   # 创建Workbook对象
>>> book.get_sheet_names()
['Sheet']
>>>
>>> book.create_sheet()
<Worksheet "Sheet1">
>>> book.get_sheet_names()
['Sheet', 'Sheet1']
```

create_sheet()方法是指追加系统默认名称为sheet1的Worksheet对象。之后，每次追加的Worksheet对象名称分别被设置为sheet2、sheet3……

补充知识点　追加工作表后，可以用save()方法保存更改的内容。

秘技 195

指定位置和名称，追加新工作表

扫码看视频

难易程度 ●●

这里是关键点！ Workbook.create_sheet(index=索引，title=‘标题’)

使用Workbook对象create_sheet()方法中带有名称的参数，可以在指定位置追加任意名称的工作表。

• Workbook.create_sheet()方法

该方法用于在index中展示插入的位置，指定从0开始的索引值。

形式	Workbook.create_sheet(index=索引, title=‘标题’)

▼指定位置和名称，追加新工作表

```
>>> import openpyxl
>>> book = openpyxl.Workbook() # 创建Workbook对象
>>> book.get_sheet_names()    # 获取当前工作表名称
['Sheet']
>>> # 令名称为FirstSheet，在开头位置追加新工作表
>>> book.create_sheet(index=0, title='FirstSheet')
<Worksheet "FirstSheet">
>>> book.get_sheet_names()    # 获取当前的工作表名称
['FirstSheet', 'Sheet']
>>> # 令名称为SecondSheet,在开头第2个位置进行追加
>>> book.create_sheet(index=1, title='SecondSheet')
<Worksheet "SecondSheet">
>>> book.get_sheet_names()    # 获取当前工作表名称
['FirstSheet', 'SecondSheet', 'Sheet']
```

秘技 196

删除工作表

扫码看视频

难易程度 ●●

这里是关键点！ Workbook.remove_sheet(Worksheet对象)

使用Workbook对象的remove_sheet()方法，可以删除任意的工作表。

• Workbook.remove_sheet()方法

形式	Workbook.remove_sheet(Worksheet对象)

指定Worksheet对象到参数，对于想要删除的工作表，在只知其名称时，将get_sheet_by_name()方法的返回值作为参数。

▼删除工作表

```
>>> book.get_sheet_names()    # 获取当前工作表名称
['FirstSheet', 'SecondSheet', 'Sheet']
>>> # 删除Sheet
>>> book.remove_sheet(book.get_sheet_by_name('Sheet'))
>>> book.get_sheet_names()    # 获取当前工作表名称
['FirstSheet', 'SecondSheet']
>>> # 删除SecondSheet
>>> book.remove_sheet(book.get_sheet_by_name
('SecondSheet'))
>>> book.get_sheet_names()    # 获取当前工作表名称
['FirstSheet']
```

秘技 197

将值写入单元格

难易程度 ●●

扫码看视频

这里是关键点！ Worksheet对象[‘单元格序号’]=输入的值

将值写入单元格，即：

Worksheet对象[‘单元格序号’]=输入的值

这种方法类似于在字典中设置对应键的值。

▼将值写入单元格

```
>>> import openpyxl
>>> book = openpyxl.Workbook()          # 创建Workbook对象
>>> book.get_sheet_names()              # 获取当前工作表名称
['Sheet']
>>> # 获取Worksheet对象
>>> sheet = book.get_sheet_by_name('Sheet')
>>> sheet['A1'] = '12月的销售额'         # 输入到A1单元格
>>> sheet['B1'] = 1000                  # 输入到B1单元格
>>> # 参照A1单元格
>>> sheet['A1'].value
'12月的销售额'
>>> # 参照B1单元格
>>> sheet['B1'].value
1000
```

秘技 198

编写程序以更新数据

难易程度 ●●

扫码看视频

这里是关键点！ 更新对象的单元格检索和值的置换

以下面的工作表为例。

▼家常菜的单价、销售量和销售额记录（家常菜销售额.xlsx）

	A	B	C	D	E
1	小菜名称	单价/克	销售量	销售额	
2	龙田炸秋刀鱼	3.56	200	712	
3	菌菇拌菜	2.26	350	791	
4	油菜花辣拌菜	2.69	400	1076	
5	土豆烧肉	3.89	300	1167	
6	风味泡菜	2.11	600	1266	
7	鸡肉丸萝卜汤	2.85	250	712.5	
8	鲈鱼萝卜汤	2.98	450	1341	
9	龙田炸秋刀鱼	3.56	200	712	
10	菌菇拌菜	2.26	300	678	
11	油菜花辣拌菜	2.69	600	1614	
12	土豆烧肉	3.89	1000	3890	
13	风味泡菜	2.11	800	1688	
14	鸡肉丸萝卜汤	2.85	400	1140	
15	鲈鱼萝卜汤	2.98	560	1668.8	
16	鸡肉丸萝卜汤	2.85	380	1083	
17	龙田炸秋刀鱼	3.56	200	712	
18	龙田炸秋刀鱼	3.56	200	712	
19	菌菇拌菜	2.26	300	678	
20	油菜花辣拌菜	2.69	600	1614	

Sheet1

我们可以根据商品的单价和销售量（克）计算销售额，但如果其中一部分单价出错，就必须找出对应商品的行，替换单价。如果只是几十行的数据量，我们可以一一手动替换；但若面对几百行甚至更多的数据，就需要我们放弃手动操作，而开发自动更新程序来完成替换。

需要进行的操作本身十分简洁，共包含以下两点。

· 检索需更新单价的行记录（行）。
· 置换对应行记录的单价单元格。

●编写自动更新程序

更新单价所在单元格的流程为：通过for循环检索更新对象的行记录，再通过嵌套在其中的if语句确认商品名是否与应更新的商品名一致，若一致，则替换单价。

▼更新指定商品单价的程序（salesUpdater.py）

```
import openpyxl
```

```
book = openpyxl.load_workbook('家常菜销售额.xlsx')          # 创建Workbook对象
sheet = book.get_sheet_by_name('Sheet1')                    # 创建Worksheet对象

PRICE_UPDATES = {'龙田炸秋刀鱼': 3.66,                     # ❶将要变更的商品名和变更后的单价记录到字典
                 '鸡肉丸萝卜汤': 2.78,
                 '菌菇拌菜': 2.16}

# 更新对应商品的单价
for row_num in range(2, sheet.max_row + 1):                 # ❷除去开头一行，从第2行开始循环
    name = sheet.cell(row=row_num,                          # 指定行号
                      column=1                              # 指定记录了商品名的第1列
                      ).value                               # 获取商品名
    if name in PRICE_UPDATES:                               # ❸商品名是否与PRICE_UPDATES的商品名一致
                                                            # 若一致，则更新PRICE_UPDATES的单价
        sheet.cell(row=row_num,                             # 指定行号
                   column=2                                 # 指定记录了单价的第2行
                   ).value = PRICE_UPDATES[name]            # 更新为PRICE_UPDATES的name键值

book.save('家常菜销售额_updated.xlsx')                      # 以其他名称保存更新后的工作表
```

正如❶中

```
PRICE_UPDATES = {'龙田炸秋刀鱼': 3.66,
                 '鸡肉丸萝卜汤': 2.78,
                 '菌菇拌菜': 2.16}
```

显示的那样，创建字典，以更新单价的商品名为键，以新的单价为值。

在❷的for循环，即

```
name = sheet.cell(row=row_num, column=1).value
```

中，通过sheet.max_row获取的最大行数为1，设定达到最大行数之前的反复次数。另外，第1行是列标题，所以从第2行开始进行操作。接着通过

```
name = sheet.cell(row=row_num, column=1).value
```

获取第2行之后的第1列的值（小菜名称）。

利用❸中嵌套的if语句

```
if name in PRICE_UPDATES:
```

确认在字典PRICE_UPDATES的键（小菜名称）与当前取出的行记录的值是否一致。若一致，则通过

```
sheet.cell(row=row_num, column=2).value = PRICE_
UPDATES[name]
```

将行记录中第2行的值（单价）替换为PRICE_UPDATES[name]的值。操作完成之后，返回❷的for循环，进行反复操作，替换对应的所有单价。最后将Workbook对象保存为重新命名的Excel工作簿，操作至此结束。

秘技 199

输入计算公式

扫码看视频

难易程度 ●●

这里是关键点！ Worksheet[‘单元格序号’]=‘=计算公式’

Excel的计算公式可以以字符串形式输入。

```
sheet['A10'] = '=SUM(A1:A9)'
```

这意味着在工作表的A10单元格中输入SUM()函数公式，用以计算A1到A9的值。

▼在单元格中输入计算公式

```
>>> import openpyxl
>>> book = openpyxl.Workbook()   # 创建Excel工作簿
```

```
>>> sheet = book.active                # 获取活动工作表
>>> sheet['A1'] = 500                  # 在A1单元格中输入值
>>> sheet['A2'] = 300                  # 在A2单元格中输入值
>>> sheet['A3'] = '=SUM(A1:A2)'        # 在A3单元格中输入
                                         SUM()函数
>>> sheet['A3'].value                  # 确认A3单元格的计算
                                         公式
'=SUM(A1:A2)'
>>> book.save('sample.xlsx')           # 保存工作簿
```

sample.xlsx文件被保存在当前目录中，打开后则如下图所示。在A3单元格中表示A1和A2的和。

▼在Excel中打开sample.xlsx文件

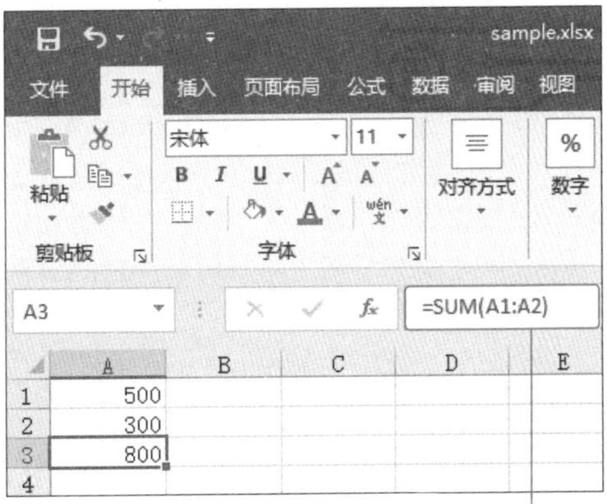

输入SUM()函数的计算公式

秘技 200 难易程度 ●●○

参照计算公式的计算结果

扫码看视频

这里是关键点！ openpyxl.load_workbook(‘文件名.xlsx’，data_only=True)

输入到单元格中的计算公式可以参照Worksheet对象的value属性，但若参照结果的值，则要在创建Workbook对象时设定data_only=True。

· **创建可以参照计算公式结果的Workbook对象**

```
变量 = openpyxl.load_workbook('文件名.xlsx', data_
only=True)
```

打开前一条秘技中创建的sample.xlsx文件，试着参照计算公式的结果。只是在进行该操作前，必须在Excel中打开sample.xlsx文件，进行覆盖保存。若输入Python中的计算公式，则公式本身就被保存在工作簿中，计算本身并未被执行。因此，要先打开工作簿，在Excel中执行公式，进行覆盖保存。

▼参照计算公式的结果

```
>>> # 创建一般Workbook对象
>>> book = openpyxl.load_workbook('sample.xlsx')
>>> sheet = book.active
>>> sheet['A3'].value     # 参照输入了计算公式的单元格
'=SUM(A1:A2)' ———— 参照计算公式
>>> # 创建Workbook对象，专用于读取值
>>> book_data_only = openpyxl.load_workbook('sample.
xlsx', data_only=True)
>>> sheet_d = book_data_only.active
>>> sheet_d['A3'].value # 参照输入了计算公式的单元格
800 ———————— 参照SUM()函数的结果
```

秘技 201 难易程度 ●●○

设置列宽和行高

扫码看视频

这里是关键点！ column_dimensions属性、row_dimensions属性

Worksheet对象包含以下两种对象，用以控制列宽和行高。

· **ColumnDimensions对象**

控制列宽。通过width属性设置单元格的宽度。

· **RowDimensions对象**

控制行高。通过height属性设置单元格的高度。

这两种对象能够通过column_dimensions属性和row_dimensions属性连接。但针对单元格的各行各列，已有对应的对象存在。column_dimensions对应列字母，row_dimensions对应行号，可以通过[]运算符分别指定并进行连接。

· **设置列宽**

```
Worksheet.column_dimensions['列字母'].width = 数值
```

· **设置行高**

```
Worksheet.row_dimensions[行号].height = 数值
```

行高可以是0到409之间的整数或者浮点值。单位是“磅（pt）”。而列宽可以是0到255之间的整数或者浮点值。

▼设置列宽和行高

```
>>> import openpyxl
>>> book = openpyxl.Workbook()     # 创建Workbook对象
>>> sheet = book.active            # 提供活动工作表
>>> sheet['A1'] = 'column_dim'# 在A1单元格中输入字符串
>>> sheet['B2'] = 'row_dim'  # 在B2单元格中输入字符串
>>> sheet.column_dimensions['A'].width = 30
# 设置A列的列宽为30
>>> sheet.row_dimensions[2].height = 100
# 设置第2行的行高为100
>>> sheet.column_dimensions['A'].width
# 确认A列的宽度
30.0
>>> sheet.row_dimensions[2].height # 确认第2行的高度
100.0
>>> book.save('dimensions.xlsx') # 保存为Excel工作簿
```

使用Excel打开保存在当前目录中的dimensions.xlsx，就能够像下图一样，对列宽和行高进行确认。

▼设置列宽、行高后的工作表

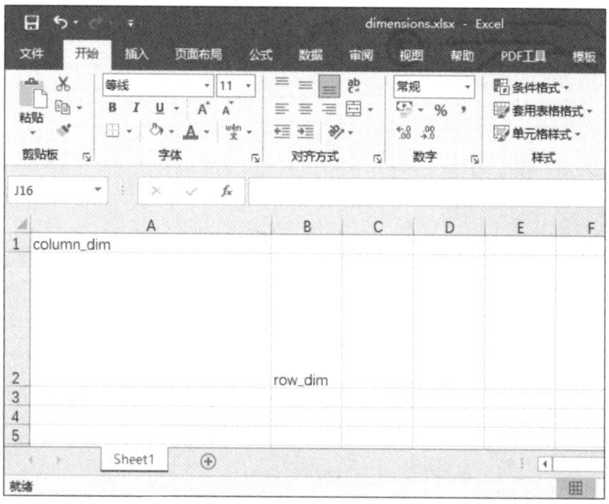

秘技 202 合并单元格

扫码看视频

难易程度 ●●

这里是关键点！ Worksheet.merge_cells('单元格范围')

使用Worksheet对象的merge_cells()方法，可以将多个单元格合并为1个。

· **Worksheet.merge_cells()方法**

在参数中指定单元格范围，则所有单元格都合并到左上角的单元格。

在参数中指定A1:A2时，A2合并到A1，指定A1:D3时，4列3行共12个单元格合并到A1。也就是说，合并单元格操作都是将单元格合并到指定范围的左上角，那么设定值就是指定“合并范围左上角的单元格

```
>>> import openpyxl
>>> book = openpyxl.Workbook()
>>> sheet = book.active
>>> sheet.merge_cells('A1:A2')     # 合并单元格
>>> sheet['A1'] = 'A1:A2合并'      # 输入到单元格
>>> sheet.merge_cells('B1:C1')     # 合并单元格
>>> sheet['B1'] = 'B1:C1合并'# 输入到单元格
>>> sheet.merge_cells('D1:G3')     # 合并单元格
>>> sheet['D1'] = 'D1:G3合并'# 输入到单元格
>>> book.save('merge_cells.xlsx')
```

▼使用Excel打开保存的merge_cells.xlsx

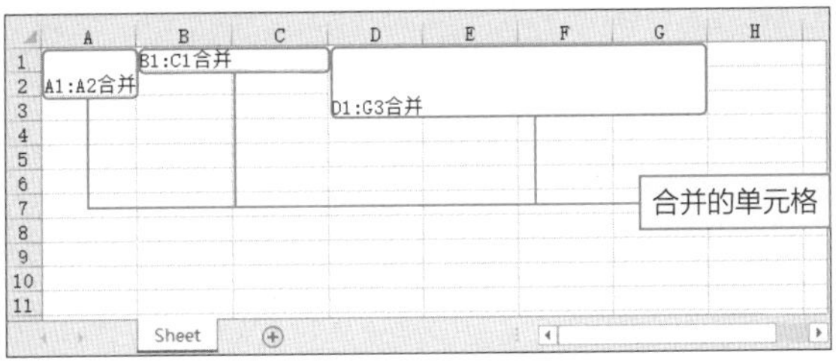

秘技 203

取消合并单元格

扫码看视频

难易程度 ●●

这里是关键点！ Worksheet.unmerge_cells(‘合并前的单元格范围’)

使用unmerge_cells()方法取消合并单元格，使之恢复到原有状态。

• **Worksheet.unmerge_cells()方法**

在参数中指定已合并单元格的原本范围，然后取消合并，回到单元格原有状态。

在前1条秘技中，我们分别对A1:A2、B1:C1、D1:G3进行了合并单元格操作。现在要让已合并的单元格全部回到它们的原有状态。

▼取消合并单元格

```
>>> import openpyxl
>>> # 读入当前目录的merge_cells.xlsx
>>> book = openpyxl.load_workbook('merge_cells.xlsx')
>>> sheet = book.active
>>> sheet.unmerge_cells('A1:A2') # 取消合并
>>> sheet.unmerge_cells('B1:C1') # 取消合并
>>> sheet.unmerge_cells('D1:G3') # 取消合并
>>> book.save('merge_cells.xlsx')
```

▼使用Excel打开保存的merge_cells.xlsx

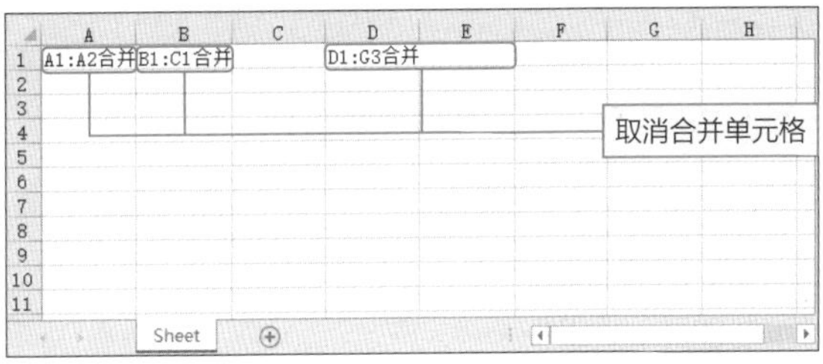

秘技 204

冻结窗口

扫码看视频

难易程度 ●●

这里是关键点！ Worksheet.freeze_panes = ‘冻结单元格’

我们可以使用Excel冻结特定的行和列，而继续滚动工作表中其他的单元格以进行操作。在数据量比较大时，冻结标题行或列后，即便下拉或左右滑动表格，也能固定显示标题，使操作更方便简洁。

将任意单元格序号代入Worksheet对象的freeze_panes属性，冻结单元格。

▼设置Worksheet.freeze_panes属性的示例

示例	冻结的行或列
Worksheet.freeze_panes = 'A2'	冻结第1行
Worksheet.freeze_panes = 'B1	冻结列A
Worksheet.freeze_panes = 'C1'	冻结列A~B
Worksheet.freeze_panes = 'C3'	冻结行1~2、列A~B

需要注意的是，指定单元格上边的所有行和左边的所有列都会冻结，但单元格所在的行和列不会冻结。接下来我们以当前目录下的“家常菜销售额.xlsx”为例，冻结该表格的第1行。

▼冻结工作表的第1行

```
>>> import openpyxl
>>> book = openpyxl.load_workbook('家常菜销售额.xlsx')
>>> sheet = book.active
>>> sheet.freeze_panes = 'A2'
>>> book.save('家常菜销售额_freeze.xlsx')
```

用Excel打开保存的工作簿，就能确认第1行是否已被冻结。

▼冻结的单元格

	A	B	C	D	E
1	小菜名称	单价/克	销售量	销售额	
14	鸡肉丸萝卜汤	2.85	400	1140	
15	鲈鱼萝卜汤	2.98	560	1668.8	
16	鸡肉丸萝卜汤	2.85	380	1083	
17	龙田炸秋刀鱼	3.56	200	712	
18	龙田炸秋刀鱼	3.56	200	712	
19	菌菇拌菜	2.26	300	678	
20	油菜花辣拌菜	2.69	600	1614	
21	土豆烧肉	3.89	1000	3890	
22	风味泡菜	2.11	800	1688	

Sheet1

第1行单元格已被冻结，因此即便滚动页面，第1行依然显示在当前页面

秘技 205

以行为单位追加数据

扫码看视频

难易程度 ●●

这里是关键点！ Worksheet.append()方法

通过for循环进行操作，以行为单位汇总多个数据并输入。将1行记录作为元组，汇总到1个列表中。之后使用for循环取出包含行记录的元组，利用Worksheet对象的append()方法逐行追加。

▼以行为单位追加数据

```
import openpyxl

book  = openpyxl.Workbook()  # 创建工作簿
sheet = book.active          # 获取活动表

rows = [
    ('月', '商品A', '商品B'), # 由标题行和12行记录的
                              元组构成的列表
    (1, 30, 35),
    (2, 10, 30),
    (3, 40, 60),
    (4, 50, 70),
    (5, 20, 10),
    (6, 30, 40),
    (7, 50, 30),
    (8, 65, 30),
    (9, 70, 30),
    (10, 50, 40),
    (11, 60, 50),
    (12, 65, 55),
]

for row in rows:               # 仅反复行数的内容
    sheet.append(row)          # 追加到工作表

book.save('月销售额.xlsx')     # 保存工作簿
```

▼运行结果（用Excel打开月销售额.xlsx）

	A	B	C	D	E
1	月	商品A	商品B		
2	1	30	35		
3	2	10	30		
4	3	40	60		
5	4	50	70		
6	5	20	10		
7	6	30	40		
8	7	50	30		
9	8	65	30		
10	9	70	30		
11	10	50	40		
12	11	60	50		
13	12	65	55		
14					
15					
16					
17					

秘技 206

创建图表

扫码看视频

难易程度 ●●

这里是关键点！ 图表对象的创建

使用由openpyxl.chart定义的类，可以根据工作表的数据创建图表，基本步骤如下。

- **图表对象的创建**

使用以下构造方法创建对应图表种类的对象。

▼创建图表对象的构造方法

构造方法	图表种类
openpyxl.chart.BarChart	柱形图
openpyxl.chart.LineChart	折线图
openpyxl.chart.ScatterChart	散点图
openpyxl.chart.PieChart	饼状图
openpyxl.chart.BubbleChart	气泡图
openpyxl.chart.DoughnutChart	环形图
openpyxl.chart.StockChart	箱型图
openpyxl.chart.SurfaceChart	三维曲面图

- **图表标题等的设置**

使用图表对象的属性，设置表格类型、主标题、横纵坐标轴标题。

- **数据用Reference对象的创建**

在Reference()构造方法的参数中指定包含了图表数据的单元格范围，生成Reference对象。

- **分类数据用Reference对象的创建**

在Reference()构造方法的参数中指定包含了分类数据的单元格范围，生成Reference对象。

- **对图表对象追加数据用Reference对象**

使用add_data()方法对图表对象追加数据用Reference对象。

- **对图表对象追加分类的Reference对象**

使用set_categories()方法对图表对象追加分类用Reference对象。

- **指定位置，配置图表**

在Worksheet对象的add_chart()方法的参数中，指定单元格范围，为配置图表对象和图表提供标准，然后在工作表内配置表格。

●创建4种柱形图

创建纵向柱形图、横向柱形图、横向堆积柱形图和纵向堆积柱形图。

▼创建4种柱形图（makeBarChart.py）

```
import openpyxl
from openpyxl.chart import BarChart, Series, Reference

book  = openpyxl.Workbook()  # 创建工作簿
sheet = book.active          # 获取活动表

rows = [
    ('月', '商品A', '商品B'), # 由标题行和12行记录的
                              元组构成的列表
    (1,  30, 35),
    (2,  10, 30),
    (3,  40, 60),
    (4,  50, 70),
    (5,  20, 10),
    (6,  30, 40),
    (7,  50, 30),
    (8,  65, 30),
    (9,  70, 30),
    (10, 50, 40),
    (11, 60, 50),
    (12, 65, 55),
]

for row in rows:              # 仅反复行数的内容
    sheet.append(row)         # 追加到工作表

#### 根据列创建柱形图 ####
chart1 = BarChart()           # 创建柱形图对象
chart1.type  = 'col'          # 根据列表示纵向柱
chart1.style = 10             # 设置表格样式
chart1.title = '年销售额'         # 主标题
chart1.y_axis.title = '销售额'    # 纵轴标题
chart1.x_axis.title = '月'    # 横轴标题

# 包含数据的单元格范围
data = Reference(sheet,       # 对象工作表
                 min_col=2,   # 起始列
                 min_row=1,   # 起始行
                 max_col=3,   # 终端列
                 max_row=13   # 终端行
                 )

# 分类数据的单元格范围
```

```
cats = Reference(sheet,      # 对象工作表
                 min_col=1,  # 起始列
                 min_row=2,  # 起始行
                 max_row=13) # 终端行

# 对BarChart对象追加数据
chart1.add_data(data, titles_from_data=True)

# 对BarChart对象追加分类
chart1.set_categories(cats)

# 在工作表中追加图表
sheet.add_chart(chart1,          # 对象工作表
                'A16'            # 将图表区域的左上角
                                   对齐A16单元格
                )

#### 创建横向柱形图 ####
from copy import deepcopy

chart2 = deepcopy(chart1)        # 复制BarChart对象
chart2.type = 'bar'              # 根据列表示纵向柱
chart2.style = 11                # 设置图表样式
sheet.add_chart(chart2,          # 在工作表中追加图表
                'A32'            # 将图表区域的左上角
                                   对齐A32单元格
                )

### 创建堆积柱形图 ####
chart3 = deepcopy(chart1)        # 复制BarChart对象
chart3.type = 'col'              # 表示纵向柱
chart3.style = 12                # 设置图表样式
chart3.grouping = 'stacked'      # 直接堆叠数据
chart3.overlap = 100             # 使堆积而成的柱形
                                   一致，整齐排列
sheet.add_chart(chart3,          # 在工作表中追加图表
                'I16'            # 将图表区域的左上角
                                   对齐I16单元格
                )

### 创建横向堆积柱形图 ####
chart4 = deepcopy(chart1)              # 复制BarChart对象
chart4.type = 'bar'                    # 表示横向柱
chart4.style = 13                      # 设置图表样式
chart4.grouping ='percentStacked'# 利用数据的比率堆积
chart4.overlap = 100                   # 使堆积而成的柱形
                                         一致，整齐排列
sheet.add_chart(chart4,                # 在工作表中追加图表
                'I32'                  # 将图表区域的左上角
                                         对齐I32单元格
                )

book.save('barChart.xlsx')             # 保存工作簿
```

用Excel打开创建于当前目录中的工作簿，如下图所示。

▼创建完成的4种柱形图

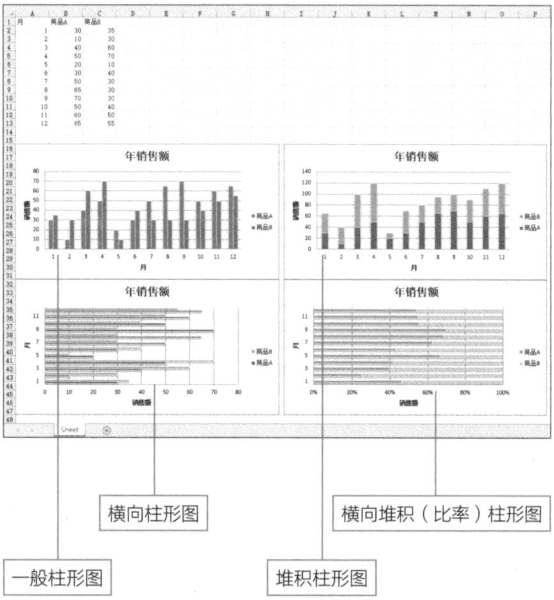

第7章

207~215

Word文档

7-1 Word文档的处理

秘技 207

安装用于操作Word文档的模块

扫码看视频

难易程度 ●●○

这里是关键点！ Python-Docx的下载与安装

通过安装Python-Docx，可对Word制成的文档（文件）进行操作，其模块名为python-docx。

●Python-Docx的安装

通过Python的pip命令，可从PyPI的网址（https://pypi.python.org）下载并安装。

在Windows环境下输入

```
pip install python-docx
```

即可进行下载安装。

而在Mac环境下输入

```
sudo pip3 install python-docx
```

即可。

▼用Windows PowerShell安装python-docx模块

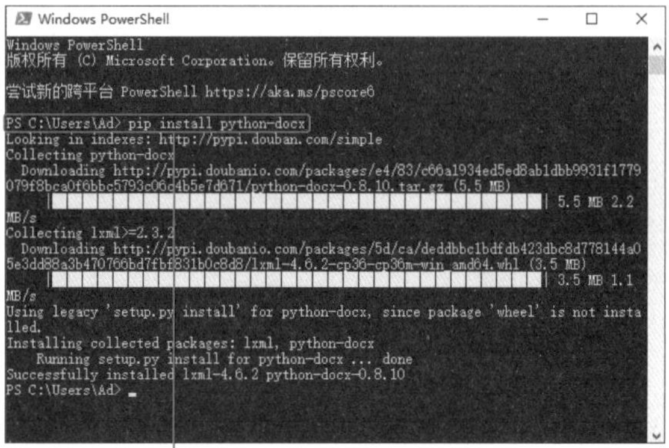

输入pip install python-docx后按<Enter>键，便可进行下载安装

秘技 208

读入Word文档

扫码看视频

难易程度 ●●○

这里是关键点！ docx.Document()构造函数、Document.paragraph属性

Word文档的读入，通过docx. Document()构造函数执行。

• docx.Document()构造函数

将docx形式的Word文件指定到参数并执行，读入对象Word文档并返回Document对象。

Document对象中并非原封不动地储存Word文档的数据，而是将文档中的段落储存为各个Paragraph对象，并以列表的形式进行归纳储存。而用于连接这种Paragraph列表的属性就是paragraph。

• Document.paragraph属性

用[]运算符指定索引，连接paragraph属性，取出文本，文本可参照text属性。

●通过读入Word文档取出每个段落的数据

通过读入保存在当前目录的sample.docx，将所有段落逐段取出。

▼从Word文档中取出段落

```
>>> import docx                    # 导入python-docx
>>> doc = docx.Document('sample.docx')
>>> len(doc.paragraphs)      # 输出paragraphs的元素数目
4 ——— 段落数为4
>>> doc.paragraphs[0].text      # 取出第1段的文本
```

```
'Python的特征'
>>> doc.paragraphs[1].text      # 取出第2段的文本
'由于Python的源代码写法分别对应了对象指向型、命令型、过程型、函数型等各个类型，因此可以根据不同情况区分使用。'
>>> doc.paragraphs[2].text      # 取出第3段的文本
'使用对象指向型可进行更高级别的编程，但命令型、过程型、函数型虽然名称不同，但都是编写程序的基础，一般而言，需要先掌握这几种类型的写法，再学习对象指向型。'
>>> doc.paragraphs[3].text      # 取出第4段的文本
'Python用途广泛，一方面可用于开发PC上运行的一般程序、Web程序、游戏以及图像处理等各类自动处理系统；另一方面还被广泛运用于统计分析以及面向AI（人工智能）开发的Deep Learning（深度学习）领域。'
```

秘技 209

获取段落构成要素

扫码看视频

难易程度 ●●○

这里是关键点！ Run对象

Word文档中设置了字体、字体大小、颜色等样式。连续使用同一样式的文本将被汇总到同一个Run对象中，每更改一次样式就会生成一个新的Run对象。Run对象以样式为依据进行分类，而这些Run对象则被保存在表示一个段落的paragraph对象中。

▼paragraph对象中的Run对象

因为Run对象被存放于列表中，所以通过

```
paragraph[索引].runs[索引].text
```

即可获取。Text是参照Run对象文本的属性。

●从一个段落中取出Run对象

从保存在当前记录中的Word文档的第2个段落中取出Run对象。

▼Word文档（sample.docx）

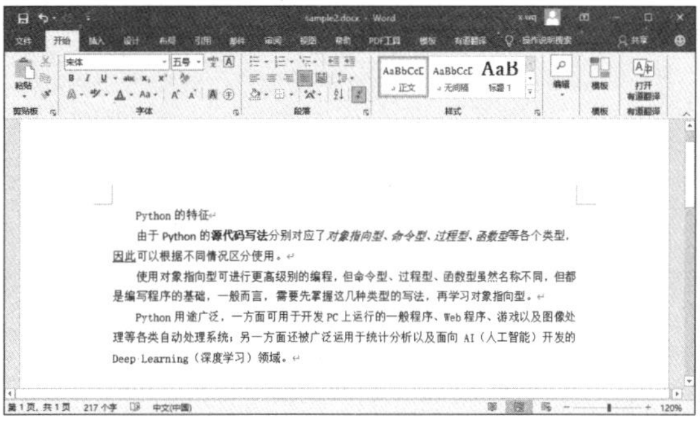

▼从保存在当前记录的Word文档的第2个段落中取出Run对象

```
>>> import docx
>>> doc = docx.Document('sample.docx')
>>> len(doc.paragraphs[1].runs)          # 获取第2段落中的Run对象数量
9
>>> doc.paragraphs[1].runs[0].text       # 第2段第1个Run对象
'由于'
>>> doc.paragraphs[1].runs[1].text       # 第2段第2个Run对象
'Python'
>>> doc.paragraphs[1].runs[2].text       # 第2段第3个Run对象
'的'
>>> doc.paragraphs[1].runs[3].text       # 第2段第4个Run对象
'源代码写法'
>>> doc.paragraphs[1].runs[4].text       # 第2段第5个Run对象
'分别对应了'
>>> doc.paragraphs[1].runs[5].text       # 第2段第6个Run对象
'对象指向型、命令型、过程型、函数型'
```

秘技 210

从Word文档中获取所有文本

扫码看视频

难易程度 ●●○

这里是关键点！ 通过for循环取出Paragraphs对象

因为Paragraphs对象中存有Word文档段落列表，所以可以通过for循环获取所有文本。之后代入Word文档的文件名，获取所有文本之后，返回的get_text()函数即为返回值。

▼代入文件名后返回所有段落的get_text()函数（getText.py）

```
import docx

def get_text(file):
    doc = docx.Document(file)
    all_text = []                      # 内含文本的列表
    for para in doc.paragraphs:        # 从Paragraphs
                                       对象中取出元素
        all_text.append(para.text)     # 获取文本之后追加
                                       到all_text中
    return '\n'.join(all_text)         # 换行并连接元素，
                                       返回返回值
```

交互式运行环境下，指定文件名并调用get_text()函数即可获取文档中的文本。

▼获取Word文档中的文本（交互式运行环境）

```
>>> import getText
>>> print(getText.get_text('sample.docx'))
```

在段落间进行换行，将all.text.append(para.text)替换为

```
all_text.append('  ' + para.text)
```

并使对返回值进行操作的部分为

```
return '\n\n.join(all_text)
```

如此一来，将段落降下全角状态下的一字符之后，段落间就会空出一行。

• Python的特征

由于Python的源代码写法分别对应了对象指向型、命令型、过程型、函数型等各个类型，因此可以根据不同情况区分使用。

使用对象指向型可进行更高级别的编程，但命令型、过程型、函数型虽然名称不同，但都是编写程序的基础，一般而言，需要先掌握这几种类型的写法，再学习对象指向型。

Python用途广泛，一方面，可用于开发PC上运行的一般程序、Web程序、游戏，以及图像处理等各类自动处理系统；另一方面还被广泛运用于统计分析以及面向人工智能开发的深度学习领域。

秘技 211

设置文本样式

扫码看视频

难易程度 ●●○

这里是关键点！ Run对象样式的相关属性

在Run对象中可设置样式的属性如下表所示。将True代入属性值中则为有效设置，代入False则为无效设置。

▼用来设置Run对象样式的属性

属性	说明
bold	加粗
italic	斜体
underline	下划线
strike	删除线

（续表）

属性	说明
double_strike	二重删除线
all_caps	全部大写
small_caps	将小型大写字母、小写字母缩小两个字号
outline	文字轮廓

▼套用样式之后的Word文档

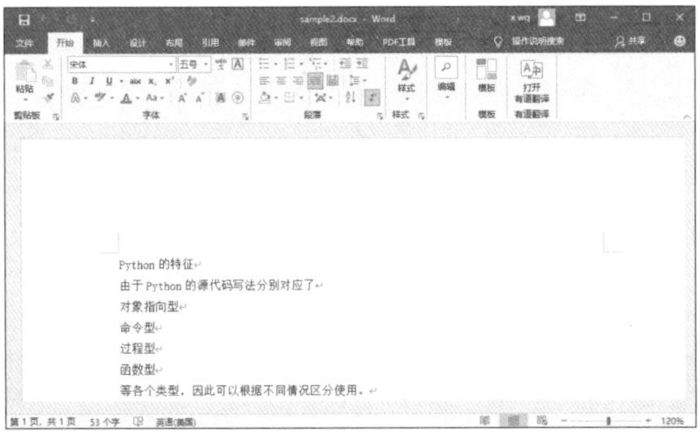

▼设置文本样式

```
>>> doc = docx.Document('sample2.docx')  # 打开当前目录中的文档
>>> doc.paragraphs[0].text
>>> doc.paragraphs[0].runs[0].text       # 第1段
'Python'
>>> doc.paragraphs[2].runs[0].text       # 第3段
'对象指向型'
>>> doc.paragraphs[3].runs[0].text       # 第4段
'命令型'
>>> doc.paragraphs[4].runs[0].text       # 第5段
'过程型'
>>> doc.paragraphs[5].runs[0].text       # 第6段
'函数型'
>>> doc.paragraphs[0].runs[0].bold = True
                                 # 在第1段中设置加粗
>>> doc.paragraphs[2].runs[0].underline = True
                                 # 在第3段中设置下划线
>>> doc.paragraphs[3].runs[0].underline = True
                                 # 在第4段中设置下划线
>>> doc.paragraphs[4].runs[0].underline = True
                                 # 在第5段中设置下划线
>>> doc.paragraphs[5].runs[0].underline = True
                                 # 在第6段中设置下划线
>>> doc.save('styled.docx')      # 另存为
```

在Word中打开已保存的styled.docx，即可确认样式是否已经设置成功。

▼完成样式设置后保存的styled.docx

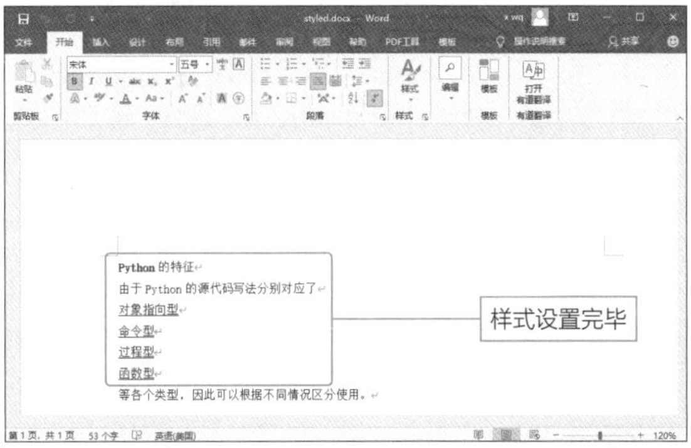

秘技 212

新建Word文档并输入文本

扫码看视频

难易程度 ●●

这里是关键点！ docx.Document()构造函数、Document.add_paragraph(‘文本’)

使用docx.Document()构造函数新建Word文档。通过add_paragraph()方法对新建的Document对象追加文本段落。

▼新建Word文档，追加段落

```
>>> import docx
>>> doc = docx.Document()               # 创建新的文档
>>> doc.add_paragraph('通过Python输入')  # 追加文本段落
>>> doc.save('new.docx')                # 保存文档
```

在当前目录中会生成new.docx文件。用Word打开，可以看到如下内容。

▼用Word打开new.docx

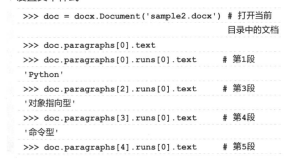

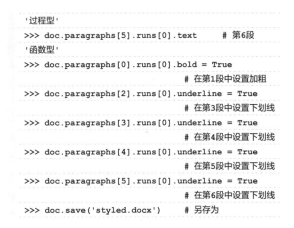

秘技 213

在Word文档中追加文本

▶难易程度 ●●

扫码看视频

这里是关键点！ Paragraphs.add_run('文本')

打开已有的Word文档，执行add.paragraph()方法，即可在已有段落的结尾处追加新的段落。另外，因为add.paragraph()会作为paragraph对象的返回值被返回，所以通过对对象执行add_run()方法即可在已有段落的结尾处追加新的段落。

打开在上一个秘技中创建的new.docx，追加新段落。

▼在已有的文档中追加新的文本段落（交互式运行环境）

```
>>> import docx
>>> doc = docx.Document('new.docx') # 读入已有文档
>>> para_1 = doc.add_paragraph('第2段落。')# 追加新的
                                            段落
>>> para_2 = doc.add_paragraph('第3段落。')# 追加新的
                                            段落
>>> # 在第2段落追加文本
>>> para_1.add_run('在第2段落追加文本。')
<docx.text.run.Run object at 0x00FB8910>
>>> doc.save('new_add.docx')
```

用Word打开保存在当前目录中的new_add.docx，即可确认段落是否追加成功。

▼用Word打开new_add.docx

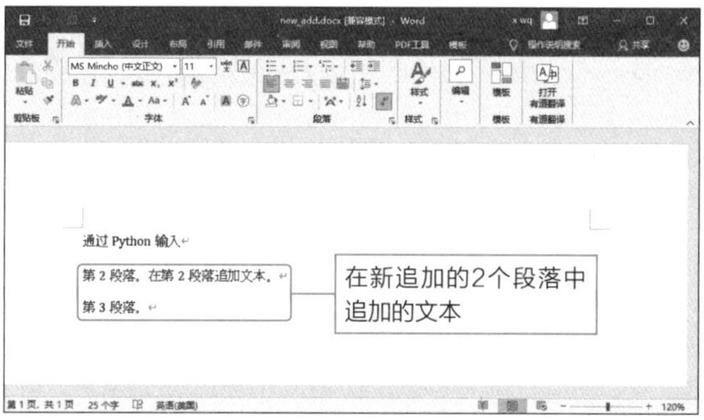

秘技 214

追加标题

▶难易程度 ●●

扫码看视频

这里是关键点！ Document.add_heading(‘文本’，标题级别)

用Document对象的add_heading()方法指定标题样式并追加段落。

• 追加段落至标题

```
Document.add_heading('文本', 标题级别)
```

在标题所有级别中，0用于总标题，1到4分别代表一级标题到四级标题。

▼指定标题样式追加段落

```
>>> doc = docx.Document()
>>> doc.add_heading('标题 0', 0)
<docx.text.paragraph.Paragraph object at 0x06486E90>
>>> doc.add_heading('标题 1', 1)
<docx.text.paragraph.Paragraph object at 0x00FB8910>
>>> doc.add_heading('标题 2', 2)
<docx.text.paragraph.Paragraph object at 0x0646FB30>
>>> doc.add_heading('标题 3', 3)
<docx.text.paragraph.Paragraph object at 0x00FB8910>
>>> doc.add_heading('标题 4', 4)
<docx.text.paragraph.Paragraph object at 0x0646FB30>
>>> doc.save('标题.docx')
```

用Word打开保存在当前目录中的标题.docx文件，即可确认指定格式的标题是否追加成功。

▼用Word打开保存在当前目录中的标题.docx文件

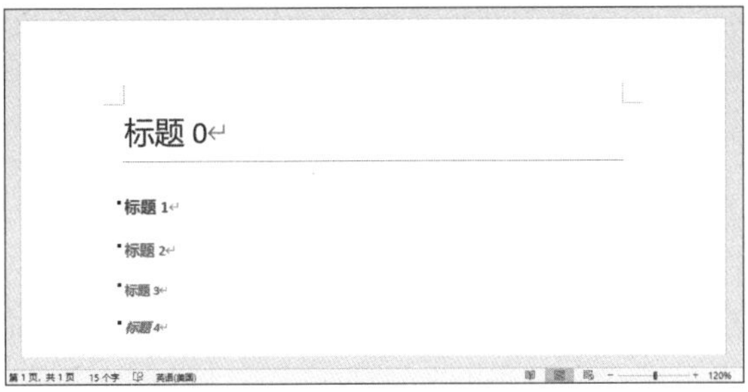

秘技 215

增加分页

扫码看视频

难易程度 ●●○

这里是关键点！ Document.add_page_break()

使用document对象的add_page_break()方法，可在任意段落后增加分页。

▼增加分页

```
>>> doc = docx.Document()
>>> doc.add_paragraph('1页。')
<docx.text.paragraph.Paragraph object at 0x00FC12F0>
>>> doc.add_page_break()
<docx.text.paragraph.Paragraph object at 0x00FC1BF0>
>>> doc.add_paragraph('2页。')
<docx.text.paragraph.Paragraph object at 0x00FC1E90>
>>> doc.save('分页.docx')
```

通过Word打开保存在当前目录中的分页.docx，即可确认是否已在第1页增加了分页。

▼用Word打开分页.docx

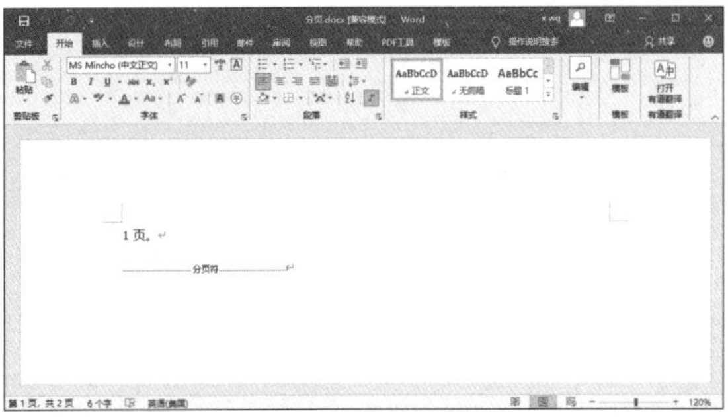

第8章

216~228

网络连接

8-1　获取Web数据

秘技 216　难易程度 ●●

利用外部模块Requests连接Web

扫码看视频

这里是关键点！ Requests的下载和安装

urllib是Python标准程序库之一，只要导入就能连接网络。但是，使用Requests这一外部模块会使操作更简单，而且便于连接到网络。

●Requests的安装

通过Python的pip命令，从PyPI的网页（http://pypi.python.org/）下载并安装。Requests的库名全部是小写字母，即requests。在Windows系统中，输入

```
pip install requests
```

即可进行下载和安装。使用Mac则输入

```
sudo pip3 install requests
```

▼在Windows PowerShell中安装requests

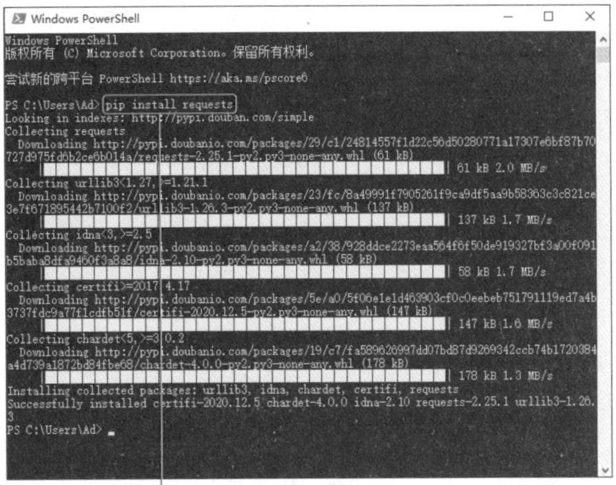

输入pip install requests，按<Enter>键即进行下载和安装

秘技 217　难易程度 ●●

连接到慕课网

扫码看视频

这里是关键点！ Requests.get('URL')

下面我们进行最基本的操作，即“指定URL进行连接”。使用requests的get()方法可以轻易完成连接，get()方法还可以从连接的Web服务器中获取Web网页的数据。

●利用Requests连接Web网页

输入到交互式运行环境后连接慕课网。

▼在交互式运行环境中执行requests的get()方法

```
>>> import requests                               # requests的导入
>>> rq = requests.get('https://www.imooc.com/')   # 执行get()方法
>>> print(rq.text)                                # 输出返回值
<!DOCTYPE html>
<html>
<head>
<meta charset="utf-8">
<title>慕课网-程序员的梦工厂</title>
……省略……
</head>
```

```
<body id="index">
……省略……
```

使用print()输出获取的数据时会显示大量数据。这是慕课网的首页数据。将显示的数据全部复制到“记事本”等文本编辑器中，保存到扩展名为.htm的文件中，例如imooc.html。

双击该文件则启动浏览器，显示Web网页。

▼将通过get()方法获取的数据显示在浏览器上

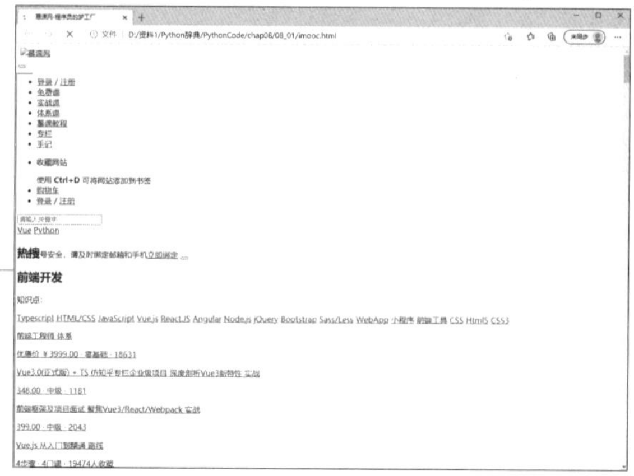

显示Web网页本身（不显示连接的数据）

秘技 218 理解Web数据的交换机制

难易程度 ●●○

这里是关键点！ 请求报文和响应报文

使用HTTP协议表示Web网页时要用到HTTP的GET方法。

▼通过浏览器发送GET方法（请求），显示Web网页的流程

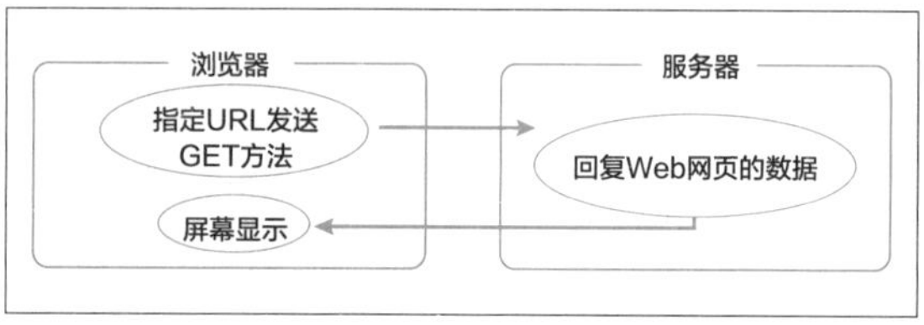

浏览器将GET方法发送到Web服务器之后，Web网页的数据得以返回。通过这一流程使信息在浏览器上显示。这种交换通过“请求（要求）报文”和“响应（应答）报文”进行。

●请求报文

下面是连接到Yahoo!JAPAN时，由浏览器发送的请求报文。

▼GET方法的请求报文（浏览器发送）

```
GET http://www.yahoo.co.jp HTTP/1.1 ——— 请求行
Accept   text/html, application/xhtml+xml, */*
  ——— 请求报头
Accept-Language    ja-JP
User-Agent: Mozilla/5.0 (Windows NT 10.0; WOW64;
Trident/7.0; rv:11.0) like Gecko
Accept-Encoding    gzip, deflate
Host: www.yahoo.co.jp
Connection    Keep-Alive
  ——— 空行（CR+LF）
  ——— 报文体（空）
```

报文由显示GET方法内容的请求行、表示详细信息的请求报头、附有发送数据的报文体这3个部分构成。

▼请求行的结构

GET（或POST）请求内容的所在位置（URL）使用的协议和版本

▼GET方法的请求行

```
GET http://www.yahoo.co.jp HTTP/1.1
```

方法名 | 请求内容的所在位置（URL） | 使用的协议和版本

●响应报文

下面是从Web服务器返回的响应报文。响应报文也是由显示应答内容的状态行、表示详细信息的响应报头、包含了发送数据的报文体这3个部分构成。

▼响应报文的结构（Web服务器送信）

```
HTTP/1.1 200 OK ——— 状态行
Cache-Control: private, ——— 响应报头
no-cache, no-store, must-revalidate
Connection: close
Content-Encoding: gzip
Content-Type: text/html; charset=UTF-8
Date: Mon, 6 Jan 2018 23:43:22 GMT
Expires: -1
P3P: policyref="http://privacy.yahoo.co.jp/w3c/
p3p_jp.xml",......
Pragma: no-cache
Server: nginx
Transfer-Encoding: chunked
Vary: Accept-Encoding
X-Content-Type-Options: nosniff
X-Frame-Options: SAMEORIGIN, SAMEORIGIN
X-XRDS-Location: https://open.login.yahooapis.jp/
openid20/www.yahoo.co.jp/xrds
X-XSS-Protection: 1; mode=block
——— 空行(CR+LF)
<!DOCTYPE HTML PUBLIC ——— 报文体
 "-//W3C//DTD HTML 4.01 Transitional//EN"
 "http://www.w3.org/TR/html4/loose.dtd">
<html>
<head>
......省略......
<meta name="description" content="日本最大等级的门户
网站。提供检索、拍卖、新闻、邮件、社区、购物等80多项服务。它
的目标是成为让人们生活更加丰富的“生活•引擎”。>
……省略……
<title>Yahoo! JAPAN</title>
……省略……
```

▼状态行

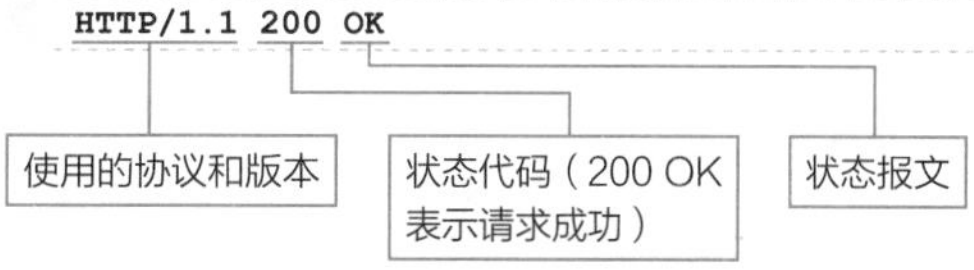

从Web服务器返回的报文体中包含有Web网页的数据（HTML数据），因此浏览器对其进行分析后将其显示在屏幕上。Web网页由HTML语言记述，因此代码全部都是文本形式。

并且，当Web网页中含有图像类数据时，浏览器连续发送用于获取图像的请求报文，执行数据请求。从Web服务器返回的最开始的数据是Web网页基本框架，所以要反复请求，以获取图像等附加数据。

将通过request()方法获取的数据保存到文件，当它显示在浏览器上时，Web网页左右的部分（工具栏）没有显示，这是因为获取的数据是基本框架部分。本来如果从浏览器连接到http://www.yahoo.co.jp，即可进行多次请求，从而通过“Web网页本身的获取”→“工具栏的获取”将Web网页完整表现出来。

另外还可以在通过request()获取的Web网页中显示图像的一部分。这是因为，在显示使用request()获取的数据（以.htm为扩展名保存）时，从浏览器一侧获取图像的请求被送出。

秘技 **219**

从响应报文中取出数据

扫码看视频

难易程度 ●●○

这里是关键点！ **Response对象的属性**

request的get()方法令URL为参数，所以从Web服务器中返回的响应报文包含在Response对象中，可以将其作为返回值返回。Response下的属性可以取出必要的数据。

▼Response对象的属性

属性	内容
status_code	状态行
headers	报头信息
encoding	字符代码的编码方式
text	报文体

（续表）

▼获取状态行

```
>>> rq = requests.get('http://www.yahoo.co.jp')
>>> print(rq.status_code)
200
```

8 网络连接

▼获取响应报头信息

```
>>> print(rq.headers)
{'X-Frame-Options': 'SAMEORIGIN, SAMEORIGIN', 'Connection': 'close', 'Vary': 'Accept-Encoding', 'Server':
'nginx', 'Cache-Control': 'private, no-cache, no-store, must-revalidate', 'Expires': '-1', 'X-XRDS-Location':
'https://open.login.yahooapis.jp/openid20/www.yahoo.co.jp/xrds', 'Date': 'Mon, 25 Jul 2016 23:57:24 GMT',
'Content-Type': 'text/html; charset=UTF-8', 'X-Content-Type-Options': 'nosniff', 'P3P': 'policyref="http://
privacy.yahoo.co.jp/w3c/p3p_jp.xml", CP="CAO DSP COR CUR ADM DEV TAI PSA PSD IVAi IVDi CONi TELo OTPi OUR
DELi SAMi OTRi UNRi PUBi IND PHY ONL UNI PUR FIN COM NAV INT DEM CNT STA POL HEA PRE GOV"', 'Content-Length':
'4879', 'Pragma': 'no-cache', 'Content-Encoding': 'gzip', 'X-XSS-Protection': '1; mode=block'}
```

▼获取字符代码的编码方式

```
>>> print(rq.encoding)
UTF-8
```

8-2　应用WebAPI

秘技 220

通过WebAPI获取数据

难易程度 ●●●

这里是关键点！ 借助WebAPI使用Web服务

本小节内容为利用Web服务进行的数据获取。

●借助WebAPI使用Web服务

最初，基于互联网的Web通信网络还只能进行Web网页的交互，随着技术的发展，它开始提供Web服务，为用户提供了更为便利的数据交换方式。Web服务指的是一种系统，它能够利用Web通信机制，实现计算机之间各种数据的交换。

每天有大量的信息经由Web平台发布，包括每日新闻、天气预报、防灾对策、地图、动画、音乐甚至检索服务。这些信息不仅以网页形式发布出来，Web服务还会将必要的信息整理为数据进行发送。

Web服务能够使网络上的不同应用进行信息交互，并实现与各应用的联动。通过浏览器浏览Web网页，即建立了“人”与“系统”的关系，但Web服务是通过“程序”与“程序”的关系进行数据交换的。请求方的程序发送某请求，Web服务器的程序则返回响应。

可以使用Python编写程序，以发送请求。而针对请求的应答程序由Web服务器提供，我们将其称为WebAPI。API是Application Programming Interface的简称，指的是用于提供某种功能的“窗口”程序（或机制）。WebAPI即通过Web使用的API，主要由使用Web服务的企业等团体或个人提供。

专栏　面向Twitter开发人员的网站

推特（Twitter）（https://twitter.com）是著名的WebAPI之一。一般来说，我们可以通过PC端浏览器连接Twitter的网站，或使用智能手机的配套应用来使用推特。而借助WebAPI，开发人员可以从自己编写的程序进行投稿或浏览他人的投稿内容。

▼面向Twitter开发人员的网站（英语）

https://dev.twitter.com

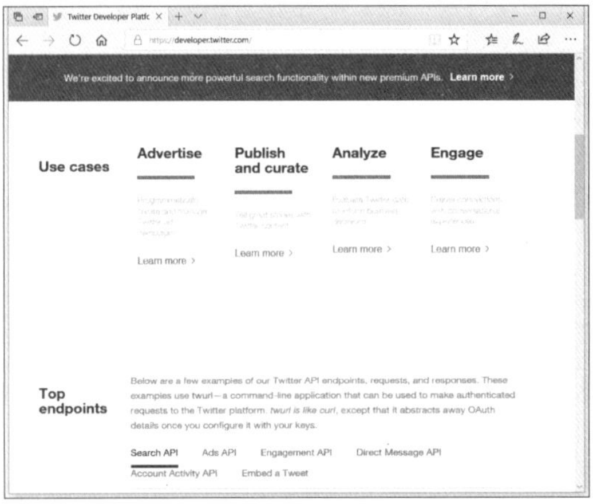

秘技 221

创建附带查询信息的URL以获取天气预报

难易程度 ●●●

这里是关键点！ 添加使用WebAPI的查询信息，创建URL

“中国天气”网站的天气信息服务提供了各个城市的天气状况。

▼“中国天气”网站（http://www.weather.com.cn）

除了各种天气的预测，还有气象科普的详细介绍，都总结在以下页面内。

▼“气象科普”的介绍页（http://www.weather.com.cn/science）

●创建URL，用于获取北京的天气预报

天气预报的对象区域包含了各个城市的各个地方，并且还为各个地方分配了用于识别地域的id号码，指定该号码就可以获取目标地的天气预报。

城市的id号码可以在网页源代码中查看。虽然网页源代码不太容易理解，但可以明确的是，紧接着每个城市天气链接地址之后的数字就是该地区的id号码。

▼“中国天气”网站首页源代码信息

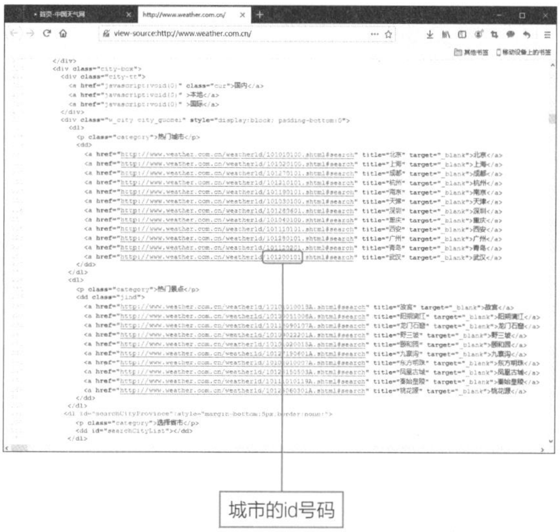

▼用于查询天气的URL

```
http://www.weather.com.cn
```

在Python中，我们可以使用requests的get()方法发送GET请求。但是本次还必须传递地域id，所以只能将其作为查询信息添加到URL。查询信息是添加在URL末尾送出的信息。在使用检索网站进行检索时查看地址栏，就能够确认查询信息。

8 网络连接

▼使用Google检索wiki时的URL案例

```
https://www.google.co.jp/search?q=wiki&ie=utf-8&oe=utf-8&client=firefox-b&gfe_rd=cr&ei=HC-XV5HuIpGL8QfYx5voCg
```

查询信息

URL末尾的“search?”之后就是查询信息。在URL末尾的“?”之后添加“键名=值”的组合，这个组合被称为查询参数。

查询参数为复数时使用“&”连接，汇总查询信息后发送。查询参数的键名是每个Web网站独有的名称，像刚才的Google，用的名称就是指定检索字符串的q。在Google中检索由q=wiki指定的有关wiki的Web网页，并将结果返回到浏览器。

查询指定城市的天气需要城市的id号码。在刚才的URL末尾添加指定城市的id，则URL加查询信息的相关操作顺利完成。

▼创建添加了查询北京天气信息的URL

```
url = 'http://www.weather.com.cn/data/
cityinfo/101010100.html'
```

秘技 222

从Web服务中获取天气预报

扫码看视频

难易程度 ●●●

这里是关键点！ 利用requests的get()获取JSON数据，利用json()进行解码

从天气查询网页返回的数据不是一般的文本形式，而是被称为JSON的数据形式。JSON是JavaScript Object Notation的简称，是与XML类似的文本库数据形式。正如其名称一样，它是应用于Web应用开发的JavaScript语言的数据形式，但不是JavaScript专用，也可以用于各种软件和编程语言之间的数据传递。

在JSON中，使用冒号记录用于识别值的键-值对，并且使用冒号将要表示的键:值对隔开，一一列举，整体用{}括起来。

```
{"name": "Taro Shuuwa", "age": 31}
```

需要注意的是，作为键使用的数据类型只能是字符串。虽说是JavaScript的数据形式，但与Python的字典是一样的数据型。因此，用Python来处理JSON的数据完全没有问题。

虽说如此，使用JSON的方法可以对数据内ASCII（英文字母、数字和符号等）以外字符进行名为Unicode escape的转换操作。基于该处理，Unicode（统一码）的字符号码被转换为4位的16进制数，并在开头添加了\u。

▼将“东京”转换为Unicode之外的字符时

```
\u6771\u4eac
```

JSON数据也和Web网页的数据一样，涵盖响应报文的报文体。首先，让我们来看一下JSON具体是怎样的一种数据。

▼原样输出的JSON数据

```
>>> import urllib.request
>>> import pprint
>>> url = 'http://www.weather.com.cn/data/cityinfo/101010100.html'
>>> page = urllib.request.urlopen(url)
>>> html = page.read().decode('utf-8')
>>> page.close()
>>> pprint.pprint(html)
'{"weatherinfo":{"city":"北京","cityid":"101010100","temp1":"18℃", "temp2":"31℃","weather":"多云转阴","img1":
"n1.gif","img2":"d2.gif", "ptime":"18:00"}}'
```

虽然能够获取JSON数据，但还需要进行解码操作，将其还原为原来的字符。Requests程序库中存在json()方法，可以将JSON数据转换成方便人们使用的形式。json()是Requests对象中的方法，因此，若输入

```
data = requests.get(url).json()
```

就可以获取转换后的JSON数据。

▼使用json()对城市的JSON数据进行加工并获取加工后的数据

```
>>> import requests
>>> import json
>>> import pprint
>>> url = "http://wthrcdn.etouch.cn/weather_mini?city="
>>> cityName = input("请输入要查询的城市名称:")
请输入要查询的城市名称:上海              # 输入目标城市名称
>>> data = requests.get(url + cityName).json()
>>> pprint.pprint(data)
{'data': {'city': '上海',
          'forecast': [{'date': '24日星期三',
                        'fengli': '<![CDATA[3级]]>',
                        'fengxiang': '东风',
                        'high': '高温 15℃',
                        'low': '低温 11℃',
                        'type': '多云'},
                       {'date': '25日星期四',
                        'fengli': '<![CDATA[3级]]>',
                        'fengxiang': '东南风',
                        'high': '高温 16℃',
                        'low': '低温 10℃',
                        'type': '小雨'},
......省略......
                       {'date': '28日星期天',
                        'fengli': '<![CDATA[2级]]>',
                        'fengxiang': '东风',
                        'high': '高温 16℃',
                        'low': '低温 8℃',
                        'type': '阴'}],
          'ganmao': '感冒低发期，天气舒适，请注意多吃蔬菜水果，多喝水哦。',
          'wendu': '11',
          'yesterday': {'date': '23日星期二',
                        'fl': '<![CDATA[3级]]>',
                        'fx': '东北风',
                        'high': '高温 13℃',
                        'low': '低温 7℃',
                        'type': '多云'}},
 'desc': 'OK',
 'status': 1000}
```

成功转换为指定的形式后，我们就能够读懂其中的内容了。

秘技 223

抽取一周的天气信息

难易程度 ●●●

扫码看视频

这里是关键点！ JSON数据的键与值

从城市天气网页中返回的JSON形式的数据与Python的字典型数据完全一致。也就是说，可以使用字典型的方法。下面我们试着使用keys()方法将键的部分单独抽出。

▼从JSON数据中抽出键

```
>>> data.keys()
dict_keys(['data','status','desc'])
```

从上面的结果可以看出，共有3个键，天气信息都在data键中。从data键中可以获取日期、温度、风向等天气信息。

下表是对data键中forecast的信息说明。

▼forecast的信息说明

键	值
date	表示日期
fengli	表示风力，比如3级
fengxiang	表示风向，比如东风
high	表示一天中的最高温度
low	表示一天中的最低温度
type	表示天气的类型，比如多云

将一周的天气制成列表，作为forecast键的值。列表内容是表示预报日期和天气的字典。下面表示的是一周的天气情况。

▼一周的天气

```
>>>>> print(data['data'])
{'yesterday': {'date': '23日星期二', 'high': '高温
13℃', 'fx': '东北风', 'low': '低温 7℃', 'fl':
'<![CDATA[3级]]>', 'type': '多云'}, 'city': '上海',
'forecast': [{'date': '24日星期三', 'high': '高温
15℃', 'fengli': '<![CDATA[3级]]>', 'low': '低温
11℃', 'fengxiang': '东风', 'type': '多云'},
{'date': '25日星期四', 'high': '高温 16℃', 'fengli':
 '<![CDATA[3级]]>', 'low': '低温 10℃', 'fengxiang':
'东南风', 'type': '小雨'}, {'date': '26日星期五',
'high': '高温 12℃', 'fengli': '<![CDATA[4级]]>',
'low': '低温 8℃', 'fengxiang': '北风', 'type': '小雨
'}, {'date': '27日星期六', 'high': '高温 13℃',
'fengli': '<![CDATA[3级]]>', 'low': '低温 9℃',
'fengxiang': '东风', 'type': '阴'}, {'date': '28日星
期天', 'high': '高温 16℃', 'fengli': '<![CDATA[2
级]]>', 'low': '低温 8℃', 'fengxiang': '东风',
'type': '阴'}], 'ganmao': '感冒低发期，天气舒适，请注意
多吃蔬菜水果，多喝水哦。', 'wendu': '13'}
```

从中我们可以看到指定城市近期的天气状况。为了能更加直观地阅读天气信息，在下一个秘技中将编写相关程序。

秘技 224

编写程序以表示今、明、后三天的天气预报

难易程度 ●●●

扫码看视频

这里是关键点！ 基于for循环的操作

接下来编写程序获取今天、明天和后天的天气预报。

▼is_weather.py

```
import requests
import json
url = "http://wthrcdn.etouch.cn/weather_mini?city="
cityName = input("请输入要查询的城市名称:")
data = requests.get(url + cityName).json()
    # 返回json数据
if data['status'] >= 1000:
    print("城市:", data["data"]["city"])
    for i in range(0, 3):
        print("时间:", data["data"]["forecast"][i]
["date"])
        print("温度:", data["data"]["forecast"][i]
["high"], data["data"]["forecast"][i]["low"])
        print("天气:", data["data"]["forecast"][i]
["type"])
        print("-----------------------")
```

在request的get()方法中，可以使用url+cityName指定查询信息。通过for循环设置需要查询的天数，然后分别获取时间、温度和天气并输出。

▼运行结果示例

```
请输入要查询的城市名称:北京
城市: 北京
时间: 24日星期三
温度: 高温 6℃ 低温 -2℃
天气: 多云
-----------------------
时间: 25日星期四
温度: 高温 9℃ 低温 -3℃
天气: 多云
-----------------------
时间: 26日星期五
温度: 高温 11℃ 低温 -3℃
天气: 晴
-----------------------
```


秘技 225

检索网页信息并保存为文件

扫码看视频

难易程度 ●●●

这里是关键点! 从“豆瓣电影”页面获取评分较高的电影

“豆瓣电影”是国内比较出名的获取电影评分和评价的网站，它有一套对电影的评分体制。虽然每个人喜好的电影不同，但是通常豆瓣评分在8分以上的电影还是不错的。“豆瓣电影Top 250”电影排行榜中提供了评分较高的电影（https://movie.douban.com/top250）。

▼“豆瓣电影”排行榜中的电影信息

我们可以通过程序从庞大的数据中获取高分电影并保存为文本文件。

▼获取高分电影评价的程序（movies_data.py）

```
import requests
from bs4 import BeautifulSoup   # 导入bs4库
import re

# 使用代理获取url地址
def open_url(url):
    headers = {'user-agent': 'Mozilla'}
    res = requests.get(url, headers=headers)
    return res
# 定义获取电影名和评分的函数
def movies_info(res):
    soup = BeautifulSoup(res.text, 'html.parser')
    movies = [] # 创建存储电影名的列表
    name = soup.find_all("div", class_="hd")
# 获取电影名
    for each in name:
        movies.append(each.a.span.text)
# 将获取的电影名追加到movies列表中

    ranks = []  # 创建存储电影评分的列表
    targets = soup.find_all("span",
class_="rating_num")  # 获取电影评分
    for each in targets:
        ranks.append(' 评分:%s ' % each.text)
# 将电影评分追加到ranks列表中

    result = []
    length = len(movies)
    for i in range(length):
        # 将电影名和评分追加到result列表中
        result.append(movies[i]+'\t' + ranks[i] +
'\n')
return result
def pages(res):  # 定义获取电影页面数量的函数
    soup = BeautifulSoup(res.text, 'html.parser')
```

```
    # 获取后页的前一个兄弟节点的兄弟节点
    num = soup.find('span', class_='next').
previous_sibling.previous_sibling.text
    return int(num)

#==================================================
# 程序的起点
#==================================================
if __name__ == "__main__":
    host_url = "https://movie.douban.com/top250"
    res = open_url(host_url)  # 获取url
    num = pages(res)
    result = []
    for i in range(num):
        # 获取每页的url
        url = host_url + '/?start=' + str(25 * i)
        res = open_url(url)
        result.extend(movies_info(res))
    with open("movies_rank.txt", "w",
encoding="utf-8") as f: # 创建文本文件
        for j in result:
            f.write(j)  # 将电影和评分写入文件中
```

本次程序基于BeautifulSoup4进行数据的抓取和检索，该模块可以通过

```
pip install beautifulsoup4
```

命令进行安装。关于该模块的详细说明和相关应用，将在8-3节中介绍。

●获取电影名和评分

查看网页源代码，我们可以发现，每一部电影的名称都在<div class=“hd”>…</div>标签中。

```
<div class="hd">
<a class=…>
<span class="title">肖申克的救赎</span>
……省略……
</div>
```

其中各个标签的从属关系如下。

```
div -> a -> span
```

在movies_info函数中通过调用find_all()方法获取class=“hd”的所有div标签，再通过for循环按照从属关系，获取span标签中的电影名称。获取评分也是同样的思路。

```
name = soup.find_all("div", class_="hd")
    for each in name:
        movies.append(each.a.span.text)
```

▼网页源代码分析

```
<div class="item">
  <div class="pic"> … </div>
  <div class="info">
    <div class="hd">
      <a class="" href="https://movie.douban.com/subject/1292052/"> event
        <span class="title">肖申克的救赎</span>
        空白
        <span class="title"> / The Shawshank Redemption</span>
        空白
        <span class="other"> / 月黑高飞(港) / 刺激1995(台)</span>
        空白
      </a>
      <span class="playable">[可播放]</span>
    </div>
    <div class="bd">
      <p class=""> … </p>
      <div class="star">
        <span class="rating5-t"></span>
        空白
        <span class="rating_num" property="v:average">9.7</span>
        空白
        <span property="v:best" content="10.0"></span>
        <span>2300599人评价</span>
      </div>
      <p class="quote"> … </p>
    </div>
</div>
```


●def pages(res):

在pages函数中，调用了两次previous_sibling，这样可以获取指定页面的节点，为后续获取url做准备。

```
soup.find('span', class_='next').previous_sibling.
previous_sibling.text
```

●获取每页的url

“豆瓣电影Top 250”中每个页面的url前半部分都是

```
https://movie.douban.com/top250
```

中间包含了一个字符串“/?start=”，而每个页面中又包含了25个电影，通过str(25 * i)可以获知网址中的数字。这样就可以获取每页的url。

```
url = host_url + '/?start=' + str(25 * i)
```

运行程序之后，会以txt的形式将检索到的电影名称和评分保存到文件中。

▼生成的文本文件中的信息（movies_rank.txt）

```
肖申克的救赎    评分:9.7
霸王别姬    评分:9.6
阿甘正传    评分:9.5
这个杀手不太冷    评分:9.4
泰坦尼克号    评分:9.4
美丽人生    评分:9.5
千与千寻    评分:9.4
辛德勒的名单    评分:9.5
盗梦空间    评分:9.3
忠犬八公的故事    评分:9.4
星际穿越    评分:9.3
```

```
楚门的世界 评分:9.3
海上钢琴师 评分:9.3
……中间省略……
浪潮 评分:8.7
聚焦 评分:8.8
小萝莉的猴神大叔 评分:8.4
追随 评分:8.9
黑鹰坠落 评分:8.7
网络谜踪 评分:8.6
```


8-3 网络爬虫

秘技 226

什么是网络爬虫

难易程度 ●●●

这里是关键点！ 爬取和抓取

RSS服务是发送Web网站信息的机制。像Web服务一样，不使用API发送信息，而是提供服务，将用XML语言编写的，类似于“汇总网页”的内容公开。

具体来说，就是打开网页的新闻标题及摘要进行汇总，然后使用RSS技术，以RSS接口形式发送汇总后的信息。利用该服务，就可以快速检测Web网站上更新的信息和报道的摘要。

一般来说，浏览器会将我们经常浏览的网页放到“经常访问”一栏，定期进行访问，能够读取更新后的最新信息。若在RSSLeader这一专门应用软件中设置类似于“经常访问”的RSS接口，就可以一次性检测各网站和博客的更新信息。

这样的RSS接口是基于XML语言编写的，因此自然可以将其从程序读入后使用。只是在完整读入RSS接口后，必须进行进一步操作，从而“取出必要信息”。从Web网站中完整取出网页信息的操作被称为爬取，而抓取是指爬取了整个网页信息之后，从中取出必要数据，并将其转换为方便使用的数据类型的操作。它来自单词scrape，也就是“刮掉”的意思。

在上一条秘技中，我们获取了网站的首页数据，这就是爬取。而与之相对的抓取则是仅从获取的数据中取出表示HTML本体的<body>标识的内容，然后将其转换为便于使用的形式。

秘技 227

安装抓取数据专用的BeautifulSoup4模块

难易程度 ●●●

这里是关键点！ 基于BeautifulSoup4的数据抓取

公开抓取数据专用的BeautifulSoup4这一外部模块，可以通过pip命令进行简单安装。

构成Web网页的HTML语言使用标识对网页内的文本和图像进行配置。将Web网页整体写在

```
<html> ~ </html>
```

之间，则

```
<head> ~ </head>
```

之间是网页的头部，

```
<body> ~ </body>
```

之间是网页的主体部分。使用BeautifulSoup4，就可以取出HTML的特定标识内容，也就能“仅从Web网页中取出必要的信息”。

BeautifulSoup4的优点就在于，即便起始标识和终止标识不成对出现，也可以取出其中的内容。本来，HTML的标识必须像<html>~</html>一样，配置有起始

和终止标识。但是，在庞杂的网络世界，经常会出现“忘记闭合标识”的网页，所以对这种类型的网页，BeautifulSoup4也会进行妥善的处理。当然，与HTML极度相似的XML也能够进行同样的处理，因此我们也能够轻易地获取RSS的数据并进行数据抓取。

●BeautifulSoup4的安装

通过Python的pip命令，从PyPI的网页（http://pypi.python.org/）下载并安装。

若使用Windows系统，则在控制台输入

```
pip install beautifulsoup4
```

进行下载和安装。若使用Mac，则输入

```
sudo pip3 install beautifulsoup4
```

▼安装BeautifulSoup4

输入命令，按<Enter>键即可进行安装

秘技 228

抓取“奇客Solidot”网站上的RSS

扫码看视频

难易程度 ●●●

这里是关键点！ XML文档

“奇客Solidot”通过RSS发送各个领域的新闻。

▼“奇客Solidot”网页之RSS一览

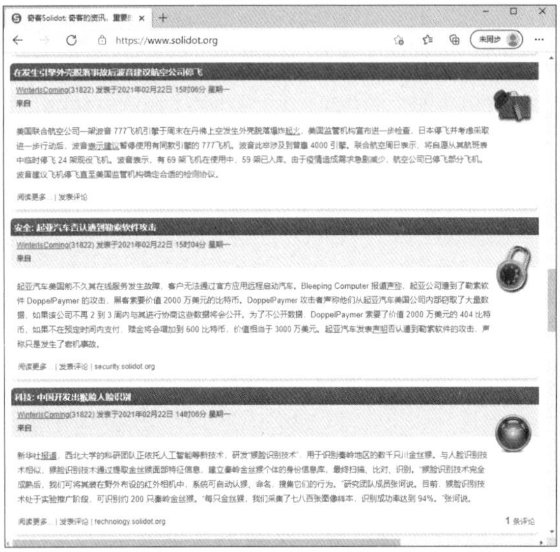

RSS按键附在各种类别的新闻网页底部。单击它就可以看到已发送的RSS。

▼单击网页底部的RSS按键，查看内容

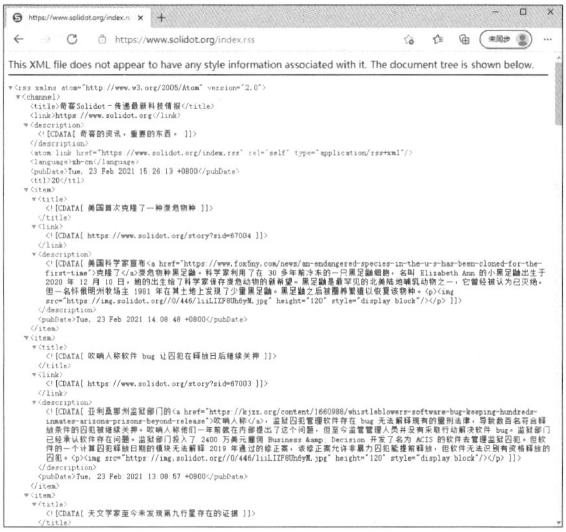

显示被作为RSS发送的XML数据（XML文档）。Microsoft Edge会原样显示XML，但根据浏览器的不同，也会显示Web网页。

查看XML文档的内容，就会发现它以“数字人民币

背后的意图”“Python发布三十周年”等表示新闻的内容，也就是“标题”。而且仔细看的话，就会发现这些标题都用<item>标识中的<title>标识围起来了，若只抓取<title>标识的内容，就可以只汇总最新新闻的标题。

▼从“奇客Solidot”发送的RSS中获取标题（news_headline.py）

```
import requests
from bs4 import BeautifulSoup  # ❶

xml = requests.get('https://www.solidot.org/
index.rss')  # ❷
soup = BeautifulSoup(xml.text, 'html.parser') # ❸
for news in soup.findAll('item'):  # ❹
    print(news.title.string)  # ❺
```

在❶中导入BeautifulSoup4时，即可使用BeautifulSoup的bs4模块。

在❷中执行get()方法，URL被用于与特定种类的RSS连接。该URL通过“奇客Solidot”网页之RSS一览，在单击特定新闻的[RSS]按键时显示网页。另外，在单击[RSS]按键，查看发送内容时，显示该网页网址的是该新闻的RSS的URL。若发送请求，则RSS网页的XML数据将会被完整下载下来。

在❸中，将BeautifulSoup类实例化。实例化时，令对象的XML和HTML数据为参数。

▼BeautifulSoup类的实例化

```
soup = BeautifulSoup(xml.text, 'html.parser')
```

xml是requests的Response对象，因此取出text属性的文本

抓取数据时指定为第2参数

在❹中，通过BeautifulSoup类的findAll()方法抓取数据。要取出的是<item>标识中<title>标识围起来的标题字符串，首先使用for语句将XML数据中<item>标识的内容逐个取出。<item>为参数时，去掉< >，只写内容部分即可。

▼取出的<item>标识之一

```
<item>
<title>
<![CDATA[ Python 发布三十周年 ]]>
</title>
<link>
<![CDATA[ https://www.solidot.org/story?sid=66988 ]]>
</link>
<description>
......省略......
</description>
<pubDate>Sun, 21 Feb 2021 20:04:38 +0800</pubDate>
</item>
```

通过❺输出到画面，但findAll()方法返回的是BeautifulSoup的Tag类的对象。接下来我们通过Tag类的<title>属性取出<title>~<title>。

▼通过news.title取出<title>标识

```
<title>
<![CDATA[Python发布三十周年]]>
</title>
```

然后通过string属性取出<title>标识的内容。

▼news.title. string的结果

```
Python发布三十周年
```

对所有的<item>标识都进行这一操作，则可以将新闻标题输出到屏幕。

▼程序的运行结果

```
美国首次克隆了一种濒危物种
吹哨人称软件 bug 让囚犯在释放日后继续关押
天文学家至今未发现第九行星存在的证据
研究发现五分之一的人携带了能耐寒的基因突变
数字人民币背后的意图
……省略……
Python 发布三十周年
Brave 浏览器在 DNS 流量中会泄露 onion 地址
科学家实现与做梦者的实时交流
茄子快传发现多个安全漏洞
澳总理表示不会向 Facebook 屈服
Clubhouse 下载量两周内翻一番
```

本次我们尝试对RSS发送的XML数据进行了抓取，实际上抓取普通Web网页数据也非常简单。必须要清楚想获取的信息存在于哪一标识中，明确了这一点，就可以对秘技中介绍的源代码进行改写，从而顺利获取自己想要的信息。

专栏 datetime模块

在Python的标准模块datetime中，包含了处理时间和日期的相关功能。

●获取今天的日期

执行datetime模块date对象中的today()方法，获取程序运行的日期。

▼获取日期

```
>>> from datetime import date
>>> date.today()
datetime.date(2017, 7, 1)
```

date型的对象以“2017,7,1”的形式保存日期，使用strftime()方法可以将其转换为任意形式的str对象。

▼将日期转换为任意形式

```
>>> from datetime import date
>>> today = date.today()
>>> today.strftime('%Y%m%d')
'20170701'
>>> today.strftime('%Y/%m/%d')
'2017/07/01'
>>> today.strftime('%Y年%m月%d日')
'2017年07月01日'
>>> today.strftime('%Y %B %d %a')
'2017 July 01 Fri'
```

▼日期的指定字符形式

指定字符形式	表示形式
%Y	用公历的4位表示年
%y	用公历的2位表示年
%m	用2位表示月
%B	用英语表示月份名
%d	用英语表示缩写的月份名
%A	用英语表示星期名
%a	用英语表示缩写的星期名

●获取当前的日期和时间

执行datetime模块的datetime对象中的now()方法，获取程序运行的日期和时间。

▼获取日期和时间

```
>>> from datetime import datetime
>>> datetime.now()
datetime.datetime(2017, 7, 1, 20, 20, 7, 240691)
```

datetime型的对象以“2016,7,1”的日期和“时、分、秒、微秒”的形式保存日期与时刻。与date()对象相同，可以使用strftime()方法将获取的日期及时间转换为任意形式的str对象。

▼将日期及时间转换为任意形式

```
>>> now = datetime.now()
>>> now.strftime('%Y-%m-%d %H:%M:%S')
'2017-07-01 20:07:32'
```

▼日期的指定字符形式

指定字符形式	表示形式
%H	用24小时制表示时间
%I	用12小时制表示时间
%p	显示时间为AM或PM
%M	用2位的数字表示分
%S	用2位的数字表示秒
%f	用6位的数字表示微秒

第9章

229~260

文本挖掘

秘技 229

确认是否为同一字符串

扫码看视频

难易程度 ●●

这里是关键点！ 等价运算符==

使用等价运算符“==”确认“是否为同一字符串”。若为同一字符串，则返回True，否则返回False。

▼确认是否为同一字符串（交互式运行环境）

```
>>> word = 'right'
>>> word == 'right'  # 同一字符串
True
>>> word == 'light'  # 不同字符串
False
```

秘技 230

确认是否含字符串

扫码看视频

难易程度 ●●

这里是关键点！ in运算符

在对字符串进行处理时，in运算符是一种极为便利的操作手段。in字符能够确认某一字符串是否存在于其他字符串中，若存在，则返回True，否则返回False。

在确认字符串A是否包含在字符串B中时，写法如下。

• **确认是否含字符串**

```
字符串A in 字符串B
```

确认right、light中是否含ight。

▼确认是否含字符串（交互式运行环境）

```
>>> word_1 = 'right'
>>> word_2 = 'light'
>>> 'ight' in word_1  # word_1中是否含ight
True
>>> 'ight' in word_2  # word_2中是否含ight
True
>>> 'l' in word_1     # word_1中是否含l
False
>>> 'r' in word_2     # word_1中是否含r
False
```

●只在含有指定字符串时显示文本

利用in的功能按如下形式书写，意为只在sentence中含有sky这一字符串时才显示sentence的内容。

▼只在含有指定字符串时显示文本（1）

```
>>> sentence = 'I saw the sky.'
>>> if 'sky' in sentence:
    print(sentence)


I saw the sky.
```

▼只在含有指定字符串时显示文本（2）

```
>>> sentence = '我仰望天空。'
>>> if '天空' in sentence: # 若包含'天空'，则输出sentence
    print(sentence)


我仰望天空。
>>>
>>> if '海' in sentence: # 若包含'海'，则输出sentence
    print(sentence)


>>>
```

秘技 231

确认是否以指定的字符串开头或结尾

扫码看视频

难易程度 ●●○

这里是关键点！ startswith()、endswith()

startswith()用于确认对象字符串是否以特定字符串开头，endswith()用于确认对象字符串是否以特定字符串结尾。

• **startswith()方法**

对象字符串以指定到参数的字符串开头则返回True，否则返回False。

形式	字符串. startswith(‘字符串’)

• **endswith()方法**

对象字符串若指定到参数的字符串结尾则返回True，否则返回False。

形式	字符串. endswith(‘字符串’)

确认ununderstandable这一单词，是否以un或in开头，是否以able结尾。

▼确认是否以指定的字符串开头或结尾（交互式运行环境）

```
>>> word = 'ununderstandable'
>>> word.startswith('un')
True
>>> word.startswith('in')
False
>>> word.endswith('able')
True
```

秘技 232

确认是否不以指定的字符串开头或结尾

扫码看视频

难易程度 ●●○

这里是关键点！ not 字符串.startswith(‘字符串’)、not 字符串.endswith(‘字符串’)

使用not运算符，可以逆转True和False。由not连接的条件表达式使真为假，使假为真。

startswith()在对象字符串以特定字符串开头时返回True，endswith()在对象字符串以特定字符串结尾时返回True。但若使用not条件表达式，则可以在“不以特定字符开始”或“不以特定字符结束”时进行操作。

▼确认是否不含特定字符串（交互式运行环境）

```
>>> sentence = '不，我不仰望天空。'
>>> if not sentence.startswith('是'):
        print(sentence)


不，我不仰望天空。
>>> if not sentence.endswith('表示动作'):
        print(sentence)


不，我不仰望天空。
```

秘技 233

确认文本的开头和末尾是否与指定的字符串一致

难易程度 ●●

这里是关键点！ 字符串.startswith('字符串') and 字符串.endswith('字符串')

and运算符在左右两边的条件成立时返回True。利用该性质，将startswith()和endswith()用and连接起来，就可以确认文本的开头和末尾是否一致。

●确认文本开头和末尾的字符串是否与指定的字符串一致

在接下来的案例中，只有以“我是”为句子开头，以“哦”为句子结尾才会显示文本。

▼确认是否不含特定字符串（交互式运行环境）

```
>>> sentence = '我是喜欢牛肉盖饭的程序员哦。'
>>> if sentence.startswith('我是') and sentence.
endswith('哦。'):
      print(sentence)


我是喜欢牛肉盖饭的程序员哦。
```

当然，使用正则表达式也可以进行同样的操作，而且可以说使用正则表达式更方便，这是因为正则表达式可以指定各种方法进行操作。但如果只对开头和末尾字符串的一致性进行判断，则本次介绍的方法会更简单一些。

●组合and和not

将and和not组合使用，就能对一方是否成立，另一方是否不成立的情况进行判断。接下来，对句子是否以“我是”开头，而不以“没有。”结尾的情况进行判断，若一致，则显示对象文本。

▼判断句子是否以“我是”开头，而不以“没有。”结尾

```
>>> sentence = '我是喜欢牛肉盖饭的程序员哦。'
>>> if sentence.startswith('我是') and not sentence.
endswith('没有。'):
      print(sentence)


我是喜欢牛肉盖饭的程序员哦。
```

秘技 234

确认文本开头或末尾处的字符串

难易程度 ●●

这里是关键点！ 字符串.startswith('字符串') or 字符串.startswith('字符串')
字符串.endswith('字符串') or 字符串.endswith('字符串')

or运算符的用法是表达式的两边只要有一边成立，就返回True。这方便了我们确认文本开头和结尾处的字符串。

包含在sentence中的文本以“本人”或者“我”开头，则显示文本。详情如下。

▼若文本以“本人”或者“我”开头，则显示文本（交互式运行环境）

```
>>> sentence = '本人是帅气的程序员哦。'
>>> if sentence.startswith('我是') or sentence.
startswith('本人'):
      print(sentence)


本人是帅气的程序员哦。
```

同样，使用or也可以确认文本的结尾。

▼若文本以“哦。”或者是“呦。”结尾，则显示文本（交互式运行环境）

```
>>> sentence = '本人是帅气的程序员呦。'
>>> if sentence.endswith('哦。') or sentence.
endswith('呦。'):
      print(sentence)


本人是帅气的程序员呦。
```

9-2 文本文件的处理

秘技 235

逐个输出文本文件的句子

扫码看视频

难易程度 ●●○

这里是关键点！ open()函数

使用open()函数，可以打开文本文件，并将文件内容作为可迭代File对象返回。下面介绍的程序会将sample.txt的所有文本以句为单位输出。

▼输出文本文件的内容（ready.py）

```
file = open('sample.txt')  # 打开文件
for line in file:           # 包括换行，以句为单位取出
  print(line, end='')       # 不进行print()自身的换行即输出
file.close()                # 关闭File对象
```

▼运行结果

```
由于Python的源代码写法分别对应了对象指向型、命令型、过程型、函数型等各个类型，因此可以根据不同情况区分使用。
使用对象指向型可进行更高级别的编程，命令型、过程型、函数型虽然名称不同，但都是编写程序的基础，一般而言，需要先掌握这几种类型的写法，再学习对象指向型。
Python用途广泛，一方面可用于开发PC上运行的一般程序、Web程序、游戏以及图像处理等各类自动处理系统；另一方面还被广泛运用于统计分析以及面向AI（人工智能）开发的Deep Learning（深度学习）领域。
```

File对象中含有特定的方法，用以读入文本数据。使用for循环，能够以句（包括换行）为单位将文件内容从代码块参数中取出。在这里我们将到换行为止的一系列字符串整合为一个句子。

但是，像前面说的那样，因为句中包括了换行，如果使用print()原样输出，就会进行两次换行。因此，指定“end=''”到print()的第2个参数，print()自身就不会进行换行。

秘技 236

输出保存在文件中的所有句子，但不包括句子末尾的换行

扫码看视频

难易程度 ●●○

这里是关键点！ rstrip()方法

rstrip()方法可以去除字符串末尾的空白和换行。将读入的字符串末尾的换行去除，以句为单位输出。

▼在文本文件中去除字符串末尾的换行，以句为单位输出（read_restrip.py）

```
file = open('sample.txt')  # 打开文件
for line in file:           # 包括换行，以句为单位取出
  line = line.rstrip()      # 去除末尾的换行
  print(line)               # 输出
file.close()                # 关闭File对象
```

▼运行结果

```
由于Python的源代码写法分别对应了对象指向型、命令型、过程型、函数型等各个类型，因此可以根据不同情况区分使用。
使用对象指向型可进行更高级别的编程，命令型、过程型、函数型虽然名称不同，但都是编写程序的基础，一般而言，需要先掌握这几种类型的写法，再学习对象指向型。
Python用途广泛，一方面可用于开发PC上运行的一般程序、Web程序、游戏以及图像处理等各类自动处理系统；另一方面还被广泛运用于统计分析以及面向AI（人工智能）开发的Deep Learning（深度学习）领域。
```

秘技 237

跳过文本文件的空白行后输出

难易程度 ●●

这里是关键点！ 根据if代码块确认空白行

当文本文件中含有空白行时，可以试着将空白行跳过，再显示文本。这时，我们可以使用if代码块来确认空白字符。

▼包含空白行的文本文件（sample_blank.txt）

```
可以根据不同情况区分使用Python的源代码写法。

使用对象指向型可进行更高级别的编程。

命令型、过程型、函数型虽然名称不同，但都是编写程序的基础，一般而言，需要先掌握这几种类型的写法，再学习对象指向型。

Python用途广泛，可用于开发PC上运行的一般程序，进行统计分析以及面向AI（人工智能）开发的深度学习领域研究。
```

▼跳过文本文件的空白行后输出（skip.py）

```
file = open('sample_blank.txt')  # 打开文件
for line in file:                # 包括换行，以句为单位取出
  line = line.rstrip()           # 去除末尾的换行
  if not line == '':             # 在没有空白行时输出
      print(line)
file.close()                     # 关闭File对象
```

▼运行结果

```
可以根据不同情况区分使用Python的源代码写法。
使用对象指向型可进行更高级别的编程。
命令型、过程型、函数型虽然名称不同，但都是编写程序的基础，一般而言，需要先掌握这几种类型的写法，再学习对象指向型。
Python用途广泛，可用于开发PC上运行的一般程序，进行统计分析以及面向AI（人工智能）开发的深度学习领域研究。
```

●使用continue令代码清晰简洁

在刚才的程序中，使用

```
if not line == '':
```

生成条件“若不是空白”，这一代码看起来不太容易理解。这时我们可以使用continue使源代码变得更简洁。

▼使用continue跳过空白行

```
file = open('sample_blank.txt')
for line in file:
  line = line.rstrip()
  if line == '':  # 含空白行
    continue      # 跳过后进入到下一反复
  print(line)     # 仅输出不是空白的句子
file.close()      # 关闭File对象
```

秘技 238

仅输出含特定字符串的句子

扫码看视频

难易程度 ●●

这里是关键点！ if‘字符串’in 行数据

从文本文件中抽出含有特定字符串的整个句子。这时，使用in运算符能够完成如下操作。

▼仅输出含有指定字符串的句子（find.py）

```
file = open('sample.txt')     # 打开文件
for line in file:             # 以句为单位取出
  line = line.rstrip()        # 去除末尾的换行
  if '对象' in line:          # 句子中是否含指定字符串
    print('找到了！')
    print(line)               # 输出包含字符串的句子
file.close()                  # 关闭File对象
```

▼运行结果

```
找到了！
由于Python的源代码写法分别对应了对象指向型、命令型、过程型、函数型等各个类型，因此可以根据不同情况区分使用。
找到了！
使用对象指向型可进行更高级别的编程，命令型、过程型、函数型虽然名称不同，但都是编写程序的基础，一般而言，需要先掌握这几种类型的写法，再学习对象指向型。
```

由于给出了“if‘字符串’in 行数据:”这样的条件，我们需要确认1个句子中是否含有指定字符串。

秘技 239 难易程度 ●●

仅确认是否存在含有特定字符串的句子

扫码看视频

这里是关键点！ 基于break的循环强制终止

在上一条秘技中，我们将含有特定字符串的句子全部抽出，但有时仅需弄明白“文件中是否含有该单词”。这时，我们可以在找到符合条件的句子时，使用break跳出循环。

▼在找到含有特定字符串的句子时终止循环

```
file = open('sample.txt')      # 打开文件
for line in file:              # 以句为单位取出
  line = line.rstrip()         # 去除末尾的换行
  if '对象' in line:           # 句子中是否含指定字符串
    print('找到了！')
    print(line)                # 输出包含字符串的句子
    break                      # 跳出循环
file.close()                   # 关闭File对象
```

▼运行结果

```
找到了！
由于Python的源代码写法分别对应了对象指向型、命令型、过程型、函数型等各个类型，因此可以根据不同情况区分使用。
```

只要找到1个包含字符串的句子即终止操作。

秘技 240 难易程度 ●●

按段落连续标号

这里是关键点！ 利用计数变量生成和添加连续序号

给文章的段落标上连续的序号，不仅能使我们掌握文章段落数目，更能像“xx号段落”这样指示出特定的段落。

段落是将1个以上的句子整合成1个整体。而换行是完成段落切分的重要操作。在之前的秘技中，我们都会将在末尾进行换行的字符串作为1个句子处理，但对段落的处理不是按句换行，而是在1段的结尾进行换行，所以“换行 = 段落的切分”。

下面所要介绍的文章是夏目漱石所著《草枕》的开头部分。

▼《草枕》的开头部分（kusamakura.txt）

```
　一边在山路攀登，一边这样思忖。
　发挥才智，则锋芒毕露；凭借感情，则流于世俗；坚持己见，则多方掣肘。总之，人世难居。
　愈是难居，愈想迁移到安然的地方。当觉悟到无论走到何处都是同样难居时，便产生诗，产生画。
　创造人世的，既不是神，也不是鬼，而是左邻右舍的芸芸众生。这些凡人创造的人世尚且难居，还有什么可以搬迁的去处？要有也只能是非人之国，而非人之国比起人世来恐怕更难久居吧。
　……以下省略……
```

读入该文件，按段落标上连续序号后输出到屏幕。

按段落连续标号后输出（paragraph_number.py）

```
file = open('kusamakura.txt')  # 打开文件
counter = 0                    # 计数变量的初始化
```

```
for line in file:              # 以句为单位取出
  counter += 1                 # 计数变量的增加值为1
  line = line.strip()          # 去除前后的空白和末尾的换行
  print(str(
    counter) + ' : ' + line)   # 标号后输出段落
file.close()                   # 关闭File对象
```

该操作简单便捷，只需提供计数变量就能实现。下面是按照段落进行连续标号后输出的文章。

▼运行结果

```
1:一边在山路攀登，一边这样思忖。
2:发挥才智，则锋芒毕露；凭借感情，则流于世俗；坚持己见，则多方掣肘。总之，人世难居。
3:愈是难居，愈想迁移到安然的地方。当觉悟到无论走到何处都是同样难居时，便产生诗，产生画。
4:创造人世的，既不是神，也不是鬼，而是左邻右舍的芸芸众生。这些凡人创造的人世尚且难居，还有什么可以搬迁的去处？要有也只能是非人之
  国，而非人之国比起人世来恐怕更难久居吧。
5:人世难居而又不可迁离，那就只好于此难居之处尽量求得宽舒，以便使短暂的生命在短暂的时光里过得顺畅些。于是，诗人的天职产生了，画家的
  使命降临了。一切艺术之士之所以尊贵，正因为他们能使人世变得娴静，能使人心变得丰富。
……以下省略……
```

秘技 241　难易程度 ●●○

从文章中抽出指定段落并将其显示到屏幕

扫码看视频

这里是关键点！ 利用计数变量统计段落数量

我们可以通过指定段落序号的方法，从保存在文件内的文章中抽出特定的段落输出到屏幕，本次要用到的是计数变量。

●输出从文件开头到特定段落的部分

在接下来介绍的程序中，只要指定文件名和段落序号，就能将文件开头到特定段落的部分输出到屏幕。这里我们将使用含有《草枕》开头部分的kusamakura.txt作为读取文件。

▼显示指定段落的程序（disp_ paragraph_.py）

```
def paragraph(file, num):
  file_data = open(file)     # 打开文件
  counter = 0                # 计数变量的初始化
  for line in file_data:     # 以段落为单位取出
    line = line.rstrip()     # 只去掉末尾的换行
    print(line)              # 输出段落
    counter += 1             # 计数变量的增加值为1
    if counter==num:         # 达到指定的段落数后跳出循环
      break
  file_data.close()          # 关闭File对象

#============================================
# 程序的起点
#============================================
if __name__ == '__main__':
  f_name = input('请输入文件名>>>')
  p_num  = int(input('请输入读取的段落数目>>>'))
  paragraph(f_name, p_num)   # 指定文件名和段落数目后执
                             行paragraph()
```

▼运行结果

```
请输入文件名>>>kusamakura.txt ———— 指定文字名
请输入要读取的段落数量>>>3 ———— 指定要读取的段落数
  一边在山路攀登，一边这样思忖。
  发挥才智，则锋芒毕露；凭借感情，则流于世俗；坚持己见，则
多方掣肘。总之，人世难居。
  愈是难居，愈想迁移到安然的地方。当觉悟到无论走到何处都是
同样难居时，便产生诗，产生画。
```

使用paragraph()函数进行操作。执行该函数后，输出从开头到第3段落的内容。

●只输出特定段落

刚才的程序输出了从文件开头到指定段落的内容，但只要改变print()函数的位置，就可以只显示指定段落。

只输出特定段落（disp_ paragraph2.py）

```
def paragraph(file, num):
  file_data = open(file)     # 打开文件
  counter = 0                # 计数变量的初始化
  for line in file_data:     # 以段落为单位取出
    line = line.rstrip()     # 只去掉末尾的换行
```

```
        counter += 1              # 计数变量的增加值为1
        if counter==num:          # 达到指定的段落数后跳出循环
            print(line)           # ❶输出段落
            break
    file_data.close()             # 关闭File对象

#==================================================
# 程序的起点
#==================================================
if __name__ == '__main__':
    f_name = input('请输入文件名>>>')
    p_num  = int(input('请输入读取的段落数目>>>'))
    paragraph(f_name, p_num)  # 指定文件名和段落数目后执行paragraph()
```

❶的print()函数包含在if代码块中。在段落数目与其一致时，输出该段落，而使用break则可以跳出循环，只输出对应段落。

秘技

242 读入英文，创建单词列表

扫码看视频

难易程度 ●●○

这里是关键点！ 用split()方法的空格分隔符进行分词

在处理文本时，为了确认文章中使用的单词，我们经常会从长文章中抽出单词并将其汇总为列表。当文本为英语时，可以通过空格进行分词，因此使用split()方法分割单词，即可创建单词列表。

●读入英文的文本文件，将所有单词制成列表

创建程序，读入英文的文本文件，将所有单词制成列表。为了能确认列表内容，使用print()来输出所有单词。

▼读入文本文件并创建单词列表的程序（word_list.py）

```
def show_wordlist(file):
    word_lst = []                 # 提供单词列表
    file_data = open(file)        # 打开文件
    for line in file_data:        # 取出段落
        tmp_lst = line.split()  # ❶分割单词，制成列表（不包括换行）

        for word in tmp_lst:      # 从列表中取出单词
            word = word.rstrip('.,:!?)'”') # ❷去掉末尾的标点符号
            word = word.lstrip('(“') # ❸去掉开头的引号
            word_lst.append(word)   # ❹对单词列表进行追加

    return word_lst

#==================================================
# 程序的起点
#==================================================
if __name__ == '__main__':
    file_name = input('请输入文件名>>>')
    lst = show_wordlist(file_name) # 指定文件，获取单词列表
    for word in lst:              # 从单词列表中取出单词
        print(word)               # 输出
```

show_wordlist()函数能够读入利用参数file获取的文件，将出现的所有单词都制成列表。在外侧的for循环❶

```
tmp_lst = line.split()
```

中，对从File对象file_data中取出的段落（以换行终止的字符串）内的单词进行分割，并将其制成列表。不对split()方法指定参数时，则按照“换行、空格、制表符”的顺序将它们作为分隔符使用，因此可以利用空格将分隔开的英文全部分割为单词，同时去除末尾的换行。

只是，英文中含有句号、逗号和引号等标点符号，按照上述操作就会像

her.
‘without
conversations?

一样，混入很多单词以外的字符。因此，要使用嵌套的for循环将这些单词之外的字符去除。在❷

```
word = word.rstrip('.,:!?)'”')
```

中，将右端的句号、逗号、冒号、感叹号、问号、右括号、单引号和双引号去除。若省略rstrip()方法的参数，就

会去除换行、空格、制表符，但如果直接指定参数，就可以指定要去除的字符。

同样，在❸

```
word = word.lstrip('(“')
```

中去除左括号、单引号和双引号。

另外，若使用去除字符串两端符号的strip()方法，一次就可以解决两端的问题，但为了能区分是从左右两端的哪一端去除的，特意将其分为rstrip()和lstrip()两种方法。

最后在❹

```
word_lst.append(word)
```

中追加word_lst，返回外侧for循环的开头。

●运行程序，创建单词列表

接下来我们尝试读入alice.txt中《爱丽丝梦游仙境》(*Alice's Adventures in Wonderland*)的开头部分。

▼alice.txt的内容

```
Alice was beginning to get very tired of sitting by her sister on the bank, and of having nothing to do: once or twice she had peeped into the book her sister was reading, but it had no pictures or conversations in it, “and what is the use of a book,” thought Alice, “without pictures or conversations?”
……以下省略……
```

▼运行结果

```
请输入文件名>>>alice.txt ——— 输入文件名
Alice
was
beginning
to
get
very
tired
of
sitting
by
her
sister
……以下省略……
```

秘技243 读入英文，创建不重复的单词列表

扫码看视频

难易程度 ●●

这里是关键点！基于“if not 单词 in 单词列表:”的重复确认

在上一个秘技中创建的程序，可以将英文文本中出现的所有单词制成列表。因此，已经被记录到列表中的单词会反复被记录，出现频率较高的单词还会被多个列表记录在内。若要列表内单词不重复，需通过if代码块对单词进行反复确认后再将其记录到列表中。

▼使已被记录的单词不再被重复记录的程序(word_list2.py)

```
def show_wordlist(file):
    word_lst = []                    # 提供单词列表
    file_data = open(file)           # 打开文件
    for line in file_data:           # 取出段落
      tmp_lst = line.split()         # 分割单词，制成列表
                                       （不包括换行）

      for word in tmp_lst:           # 从列表中取出单词
        word = word.rstrip('.,:!?)'”') # 去掉末尾的
                                         句号
        word = word.lstrip('(“') # 去掉开头的引号
        if not word in word_lst:  # ❶确认单词是否已
                                    被记录
            word_lst.append(word)# 对单词列表进行追加

    return word_lst

#==================================================
# 程序的起点
#==================================================
if __name__ == '__main__':
    file_name = input('请输入文件名>>>')
    lst = show_wordlist(file_name)  # 指定读入的文件，
                                      获取单词列表
    for word in lst:                # 从单词列表中取出
                                      单词
      print(word)                   # 输出
```

在上一条秘技创建的程序中，只有❶的if代码块发生了变动。在

```
if not word in word_lst:
```

中，确认word_lst是否已被记录在列表内，若尚未记录，则通过

```
word_lst.append(word)
```

对列表进行追加。

秘技 244

计算单词出现的次数并创建频率表

扫码看视频

难易程度 ●●○

这里是关键点！ 每当单词出现，字典的值就加1

Python的字典中含有键-值对元素。因此我们可以令单词为键，单词的出现次数为值，创建以

```
（键）单词 ：（值）出现次数
```

为元素的字典，也就是频率表。

取出英文单词的操作和在上一条秘技中创建英文单词列表的操作相同。对从File对象中取出的段落（到换行为止的内容算作1个段落）执行

```
words = line.split()
```

以空格为间隔符切分单词并创建列表。之后要介绍的是本节的重点内容，首先，每当单词出现时，就使它的值加1。

```
if word in freq:  — 字典freq中是否存在和单词相同的键
    freq[word] += 1 —— 令单词为键，使它的值加1
```

但是，必须在word单词第1次出现时进行必要的操作。例如

```
else: ——— 没有对应的值
    freq[word] = 1 ——— 令单词为键，值为1
```

创建新的键-值对，并将其保存到字典中。

●创建英文单词的频率表

下面是用于创建频率表的程序。用于创建频率表，也就是创建字典的部分由get_frequency()函数负责。通过程序的执行部分获取函数的返回值（作为频率表的字典），并利用for循环将其输出。

▼创建英文单词频率表并输出结果的程序（frequency_table.py）

```
def get_frequency(file):
    freq = {}                              # 提供字典

    file_data = open(file)                 # 打开文件
    for line in file_data:                 # ❶取出段落
      words = line.split()                 # 分割单词并制成列表（不包括换行）

      for word in words:                   # ❷从列表中取出单词
        word = word.rstrip('.,:!?)’”')     # 去掉末尾的句号
        word = word.lstrip('(‘“')          # 去掉开头的引号

        if word in freq:                   # ❸字典中是否存在和单词相同的键
          freq[word] += 1                  # 键的值加1
        else:                              # 若没有对应的键
          freq[word] = 1                   # 令单词为键，值为1

    return freq                            # 返回频率表形式的字典

#==================================================
# 程序的起点
#==================================================
```

```
if __name__ == '__main__':
    file_name = input('请输入文件名>>>')
    freq = get_frequency(file_name)                  # 指定文件，获取频率表字典

    for word in freq:                                # 取出字典的键（单词）
      print(
          word + '(' + str(freq[word]) + ')'         # 输出键（单词）和值（出现频率）
          )
```

在get_frequency()函数中，用参数获取的文件名打开文件。在❶的

```
for line in file_data:
```

中，从File对象中取出以换行为间隔的段落，通过split()方法创建单词的列表words。这时，在段落最后的单词末尾去掉换行符。

通过嵌套的for循环

```
for word in words:
```

从单词列表中取出1个单词，并使用rstrip()和lstrip()去除前后多余的字符。通过接下来的❸

```
if word in freq:
```

确认频率表字典freq中是否含有与word对应的键，若存在这样的键，则通过

```
freq[word] += 1
```

使值加1。若是第1次出现的值，则通过“else:”下的

```
freq[word] = 1
```

创建word为键、值为1的键-值对，并将其代入到字典freq中。反复执行这些操作，即可制成频率表，该频率表用于计算从所有段落中抽取的单词的出现频率。最后，将freq作为返回值返回，函数操作结束。

本次我们仍然以alice.txt中《爱丽丝梦游仙境》（*Alice's Adventures in Wonderland*）的开头部分为例进行讲解。

▼alice.txt的内容

```
Alice was beginning to get very tired of sitting by her sister on the bank, and of having nothing to do: once or twice she had peeped into the book her sister was reading, but it had no pictures or conversations in it, “and what is the use of a book,” thought Alice, “without pictures or conversations?”
……以下省略……
```

▼运行结果

```
请输入文件名>>>alice.txt ——— 输入文件名
Alice(2)
was(3)
beginning(1)
to(2)
get(1)
very(2)
tired(1)
of(5)
sitting(1)
by(2)
……以下省略……
```

若显示上述形式的运行结果，则表示操作成功，也就可以确认各单词的出现次数是否显示在()中。

秘技 **245**

根据单词的出现次数对频率表进行排序

扫码看视频

难易程度 ●●○

这里是关键点！ 每当单词出现，字典的值就加1

Python的字典无法确保元素按顺序排列，所以输出元素的顺序也会有所不同。上一条秘技中用来创建频率表的程序只能原样输出频率表的内容，本次会在此基础上追加部分功能。如果能够按单词出现频率的高低进行

排序，就能一眼区分经常出现的单词和不常出现的单词，使用起来更方便。

●按频率高低对频率表进行分类整理

按照频率高低对频率表的单词进行排序，即根据频率表字典sorted值（频率）的大小对它的键（单词）进行降序排序。具体操作如下。

```
for word in sorted(
  freq,              ——— 指定对象字典
  key     = freq.get, — 通过get()获取值并使其为排序基准
  reverse = True     ——— 指定降序排序
):
```

即按照值的大小（频率高低）进行排序。

▼按照频率高低显示频率表（frequency_table_sort.py）

```
def get_frequency(file):
    freq = {}                              # 提供字典

    file_data = open(file)                 # 打开文件
    for line in file_data:                 # 取出段落
      words = line.split()                 # 分割单词、制成列表（不包含换行）

      for word in words:                   # 从列表中取出单词
        word = word.rstrip('.,:!?)’”')     # 去掉末尾的句号
        word = word.lstrip('(“')           # 去掉开头的引号

        if word in freq:                   # 字典中是否存在和单词相同的键
          freq[word] += 1                  # 键的值加1
        else:                              # 若没有对应的键
          freq[word] = 1                   # 令单词为键，值为1

    return freq                            # 返回频率表形式的字典

#==================================================
# 程序的起点
#==================================================
if __name__ == '__main__':
    file_name = input('请输入文件名>>>')
    freq = get_frequency(file_name)        # 指定文件，获取频率表字典

    for word in sorted(
        freq,                              # 对象字典
        key=freq.get,                      # 令排序基准（key）为字典的值
        reverse=True                       # 降序排序
        ):
      print(
          word + '(' + str(freq[word]) + ')' # 输出键（单词）和值（出现频率）
          )
```

使用alice.txt文件，执行程序，则按单词出现频率的高低，排序如下。

▼运行结果

```
the(7)
of(5)
her(5)
and(4)
was(3)
or(3)
she(3)
a(3)
Alice(2)
to(2)
very(2)
by(2)
sister(2)
had(2)
book(2)
it(2)
pictures(2)
conversations(2)
……以下省略……
```

秘技 246

将文件编码方式转换为UTF-8

扫码看视频

难易程度 ●●○

这里是关键点！ 令print()的输出位置为File对象

Python 3的标准编码方式是UTF-8，但是用print()输出时使用的是OS标准编码方式，因此即便是通过Windows的Shift-JIS（严格来说是CP932）保存的文件，也可以实现无障碍输出。

但是用程序进行操作时，使用UTF-8会更好一些。UTF-8被应用于Web等多种平台，使用它可以尽量避免发生混乱。

●使用print()输出文件

print()函数的默认输出位置即"标准输出"。标准输出是程序运行环境的输出位置，因此若在交互式运行环境或控制台执行Python，则控制台为标准输出。

而通过print()函数指定File对象，即可将输出位置转换为File对象。通过该方式，将保存在UTF-8之外的文件打开，重新以UTF-8形式保存到其他文件中。即"将文件的编码方式转换为UTF-8"。也可以采用其他方式并借用write()方法写入，本次我们要用到的是print()。

▼打开文件，以UTF-8形式保存的程序（convert_encode.py）

```
def convert_encode(file, encord):
    file_input = open(file + '.txt',          # 打开文件
                      'r',                    # 以读取方式打开
                      encoding = encord       # 通过参数获取的编码方式
                      )

    file_output = open(file + '_utf-8.txt', # 打开文件（新建文件）
                       'w',                   # 打开改写模式
                       encoding = 'utf-8'     # 以UTF-8形式保存
                       )

    for line in file_input:                   # 将到换行为止的内容作为1个段落取出
        print(line,                           # 写入段落
              file = file_output,             # 输出位置为file_output
              end  = ''                       # 不输出print()独有的换行
              )

    file_input.close()                        # 关闭File对象

#=================================================
# 程序的起点
#=================================================
if __name__ == '__main__':
    file_name = input('请输入文件名>>>')
    encoding  = input('请输入文件的编码方式>>>')
    # 将指定的文件转换为UTF-8形式并保存到其他文件中
    convert_encode(file_name, encoding)
```

▼运行结果

```
请输入文件名>>>alice
请输入文件的编码方式>>>cp932
```

Windows默认的编码方式是将Shift-JIS进行单独扩张的CP932，因此一般通过笔记本等应用程序保存的文本文件使用的是cp932这样的小写字母形式。程序执行的结果是，在当前目录中，生成UTF-8形式的alice_utf-8.txt，且该文件由alice.txt转换而来。

9-3 语素分析入门

秘技 247 ▸难易程度 ●●●

通过语素分析将文本分解为词

这里是关键点！ 从文本到语素的分解

语素是构成文本的要素，是具有意义的最小单位。语素可以从“单词”的角度来考虑，也可以将其分为名词、动词、形容词等“词性”。比如“我是Python的程序员”这个句子，可以分解为以下语素。

我	→名词
是	→动词
Python	→英文
的	→助词
程序员	→名词

将文本分解为语素并划分词性的过程称为语素分词。若能将一个句子进行语素的分解，将名词作为关键词取出，可以扩大分析范围。比如，在说到“我们可以乘坐宇宙飞船去大麦哲伦星云”时，若记住了“宇宙飞船”和“大麦哲伦星云”两个单词，就可以写出新的句子“虽然我不喜欢大麦哲伦星云，但是喜欢宇宙飞船！”在新的句子“虽然我不喜欢○○，但是喜欢××！”中，将记住的单词○○和××按顺序分割重组，就可以利用它们创作更多的句式。

●语素分析模块jieba的导入

按照下面的两个步骤进行简单的语素分析。

· 安装jieba模块。
· 导入jieba.posseg模块，进行词性标注。

将需要分词的文本对象传入jieba.posseg模块的cut()方法中作为参数，可以获取语素分析的结果。jieba支持三种不同的模式，在cut()方法中指定不同的参数，就可以得到不同的分析结果。

●通过语素分析抽取名词

通过程序处理各种信息意味着必须将信息单独取出。jieba是一个中文分词模块，其主要功能如下。

· 分词。
· 添加自定义词典。
· 关键词抽取。
· 词性标注。
· 并行分词。
· 返回词语在原文的起始位置。

秘技 248 ▸难易程度 ●●●

jieba模块的导入

这里是关键点！ pip install jieba

使用程序对不涉及分隔写法的文本进行语素分析是非常困难的。“分隔写法”指的是以单词为单位将文本断开书写。英语文本的单词间以空格进行切分，可以说在一开始就采取了“分隔写法”，已经是被分解为语素的状态了。

而中文等文本中所有单词都是连续的，无法直观地进行语素的区分。这也成了难以用程序进行语素分析的原因。为了解决这一问题，必须提供记录有大量单词的字典，参照该字典并基于语法对文本进行分析。而在这一过程中，一定会有大量复杂的操作需要我们完成。

然而万幸的是，我们可以找到很多已发布且免费的语素分析程序。其中比较适合中文文本分析的是jieba模块，它是一款优秀的Python第三方中文分词库。使用jieba，我们可以对中文文本进行语素分析。为了能顺利使用jieba，首先需要安装jieba，并导入到程序中。

●使用pip命令安装jieba

在Python中使用pip命令安装需要的模块是非常方便的。Python 3.4之后的版本中默认配置有pip命令，它能够在PyPI中搜索目的程序并进行安装，还可以进行一定的设置，使安装程序能够在Python中顺利使用，具备极高的性能。

在Windows系统中输入

```
pip install jieba
```

即可进行下载和安装。使用Mac则输入如下命令进行安装。

```
sudo pip3 install jieba
```

▼使用Windows PowerShell安装jieba

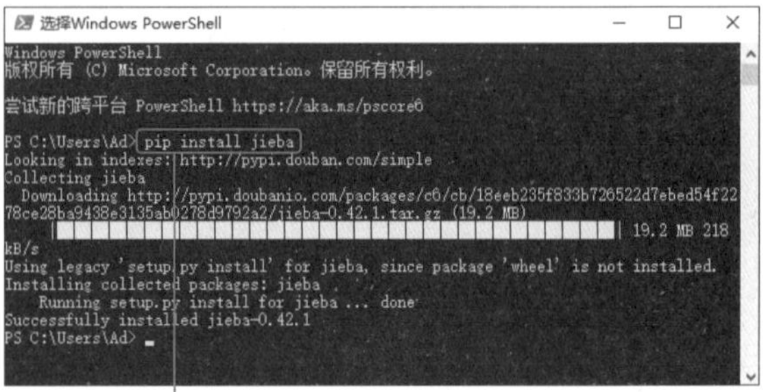

秘技 249　使用jieba进行语素分析

难易程度 ●●●

这里是关键点！ jieba.posseg.cut()

扫码看视频

使用jieba对“我是Python的程序员”这句话进行语素分析。具体操作是，我们需要先将这句话分解为单词，对单词进行词性分析并标注，然后输出。下面是使用jieba编写的实现程序。

▼使用jieba标注词性的程序（jieba_cut.py）

```
import jieba                # 导入分词模块
import jieba.posseg         # 导入词性获取模块
sentence = '我是Python的程序员'
word_cut = jieba.posseg.cut(sentence)
# 对句子进行分词和词性标注
for word,flag in word_cut:
    print(word + '\t',flag)     # 输出分词结果和词性
```

使用jieba进行分词并标注词性的结果如下。

```
我        r
是        v
Python    eng
的        uj
程序员    n
```

程序中通过jieba.posseg.cut(sentence)对句子进行分词并标注词性，之后使用for循环输出word（单词）和flag（词性标注）。句子“我是Python的程序员”被分成了5个部分，分别是“我”“是”“Python”“的”“程序员”。每一个部分都标注了词性，jieba自带的词性标注功能使用英文字母进行标注。如果想直接输出中文词性标注，可以通过修改程序实现，相关程序会在之后的秘技中介绍。

上面的运行结果中出现的英文词性标注含义如下。文本中出现的英文内容会自动被划分为eng（英文），其他中文文本会根据中文的语法进行语素分析并标注词性。

▼英文词性代表的中文词性含义

我	r	代词
是	v	动词
Python	eng	英文
的	uj	助词
程序员	n	名词

对中文文本进行语素分析的一个基础步骤就是分词，jieba分词支持以下3种分词模式。

- 精确模式：将句子最精确地切分，适合文本分析。
- 全模式：把句子中所有可以划分成词的部分都扫描出来，速度快，但是不能解决歧义。
- 搜索引擎模式：在精确模式的基础上，对长词再次切分，适用于搜索引擎分词的情况。

jieba实现分词功能主要使用的方法如下。在方法中指定不同的参数，可以实现不同模式的分词效果。

· jieba.cut()：可接收3个参数，分别是需要分词的字符串、用来控制是否采用全模式的cut_all参数和用于控制是否使用HMM模型的HMM参数。该方法默认采用精确模式实现分词效果。cut_all=True表示采用全模式分词，cut_all=False表示采用精确模式分词。
· jieba.cut_for_search()：可接收两个参数，分别是需要分词的字符串和是否使用HMM模型的HMM参数。该方法适用于搜索引擎构建倒排索引的分词，粒度较细。

待分词的字符串可以是Unicode、UTF-8和GBK字符串。上述两个方法返回的结构都是一个可迭代的generator，可以通过for循环获取分词后的词语。

jieba.cut()方法中如果只指定第一个参数，即需要分词的字符串，那么默认就是精确模式分词。

▼精确模式分词

```
>>> import jieba
>>> sentence = '我是Python的程序员'
>>> s_cut = jieba.cut(sentence)      # 精确模式
>>> print('/'.join(s_cut))
我/是/Python/的/程序员
```

句子“我是Python的程序员”默认采用精确模式分词，并使用“/”分隔。同样的句子，如果采用全模式，即指定cut_all=True，则结果如下。

▼全模式分词

```
>>> s_cut1 = jieba.cut(sentence, cut_all=True)
# 全模式
>>> print('/'.join(s_cut1))
我/是/Python/的/程序/程序员
```

从上面的分词结果中可以看出，全模式会将“程序员”划分为“程序”和“程序员”两个词语。从中我们可以体会到这两种模式的差别。

秘技 250

难易程度 ●●●

创建analyzer模型，进行语素分析

扫码看视频

这里是关键点！ 从语素分析结果中抽出“词语”和“词性信息”

创建定义analyze()函数的analyzer模型，将语素分析处理汇总到一起。

▼analyzer模型（analyzer.py）

```
import re, pprint                              # 导入re和pprint
import jieba
import jieba.posseg

''' 进行语素分析
    text   :分析对象文本
    返回值 :包含标题和词性组合的多重列表
'''
def analyze(text):                             # ❶
    t = jieba.posseg.cut(text)
    result = []                                # ❷包含语素和词性的列表
    for w,token in t:                          # 从列表中取出词语和词性
        result.append([w,token])               # ❸将词语和词性信息制成列表，追加到result中
return(result)                                 # 返回分析结果的多重列表
#==================================================
# 程序的起点
#==================================================
if __name__ == '__main__':
    print('输入文本')
    input = input()                            # 获取文本
    pprint.pprint(analyze(input))              # 分析输入的文本
```

下面分析一下创建analyzer模型的过程。

❶def analyze(text):函数用于从语素分析结果的字符串中获取词语和词性信息，构建易于使用的数据结构。通过jieba.posseg.cut()可以获取分词结果和词性信息，result是用于存放词语和词性的列表❷，通过for语句循环将词语和词性以列表的形式追加到result中❸。

当输入文本“我是Python的程序员”进行语素分析时，会产生5个生成器对象。

▼5个生成器对象

```
<generator object cut at 0x000001B9547B6938> ——— (语素)'我'
<generator object cut at 0x000001B9547B6938> ——— (语素)'是'
<generator object cut at 0x000001B9547B6938> ——— (语素)'Python'
<generator object cut at 0x000001B9547B6938> ——— (语素)'的'
<generator object cut at 0x000001B9547B6938> ——— (语素)'程序员'
```

为了获取语素的词语和词性信息，需要通过for循环从t中逐个获取t的对象，即w（词语）和token（词性）。

▼从t中逐个获到语素和词性信息

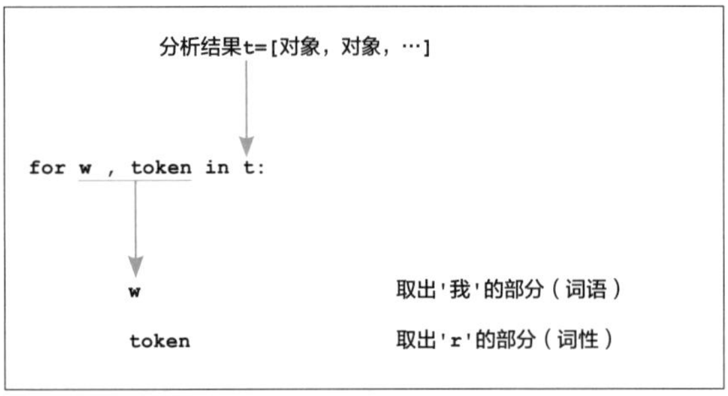

程序中使用for循环按步骤对 t 的对象进行处理，并将获取的信息追加到result列表中。

▼analyze()函数中for循环的部分

```
for w , token in t:
    result.append( [w , token] )
```

追加含有语素和词性信息元素的列表

将获取的语素和词性信息作为1个列表，追加到result列表中，最终会得到“内含列表的列表”，也就是多重列表。

▼or循环终止后result列表的内容

```
[
    ['我', 'r'],
    ['是', 'v'],
    ['Python', 'eng'],
    ['的', 'uj'],
    ['程序员', 'n']
]
```

将1个语素的语素条目（'我'）和词性信息（'r'）汇总为1个列表，该列表即为元素列表。将想要分析的文本作为参数“analyze(‘我是Python的程序员’)”调用，则以多重列表形式返回语素分析的结果。

●进行语素分析

为了能在其他程序中使用，analyze()函数包含在analyzer模块(analyzer.py)中。而为了该函数能被单独使用，在

```
if __name__  == '__main__':
```

之后书写执行代码。这一部分只被用于单独执行analyzer模块，从其他程序中读入时则不能执行。接下来，我们选取Run菜单的Run Module选项或者按<F5>快捷键执行程序。

▼运行结果

```
输入文本
Python被广泛用于统计分析和AI开发领域
[['Python', 'eng'],
 ['被', 'p'],
 ['广泛', 'a'],
 ['用于', 'v'],
 ['统计分析', 'l'],
 ['和', 'c'],
 ['AI', 'eng'],
 ['开发', 'v'],
 ['领域', 'n']]
```

jieba默认输出的是英文词性结果，不方便阅读和理解。如果想将其转换成中文的词性分析结果，需要在程序中定义英文和中文词性的对照字典。比如a表示形容词，c表示连词。需要处理的文本越长，在对照字典中添加的词性就越多。关于中英文词性的对照关系，可以自行在网络上查询。

▼自定义中英文对照字典

```
con_dic = {                    # 定义英文和中文词性的对照字典
    'a'    : '形容词',
    'c'    : '连词',
    'd'    : '副词',
……省略……
    'u'    : '助词',
    'uj'   : '助词',
    'v'    : '动词',
……省略……
}
```

如果运行程序后出现“ValueError: 'xx' is not in list”的错误提示信息，说明××词性没有添加到定义的列表中。这时只需要将提示的英文词性和对应的中文按照格式添加到自定义的字典中即可。

▼输出中文词性信息（jieba_EnToCn.py）

```
import jieba
import jieba.posseg
sentence='我是Python的程序员'
word_cut = jieba.cut(sentence, cut_all=False, HMM=True)  # 精确模式分词+HMM
word_list = []
for word in word_cut:          # 循环读出每个分词并追加到word_list列表中
    word_list.append(word)
con_dic = {                    # 定义英文词性和中文词性的对照字典
    'a'    : '形容词',
    'ad'   : '形容词',
    'c'    : '连词',
    'd'    : '副词',
    'eng'  : '英文',
……省略……
    'r'    : '代词',
    'rg'   : '代词',
    'u'    : '助词',
    'uj'   : '助词',
    'v'    : '动词',
'vd'   : '动词',
}
print ('词语\t 词性')
print ('————————————')
for words in word_list:       # 获取词语
    for p in jieba.posseg.cut(words):    # 获取词性
        a=list(con_dic.values())[list(con_dic.keys()).index(p.flag)]  # 英文词性转中文词性
    print(words+ '\t', a)      # 输出词语和中文词性
```

在程序的最后通过双重for循环分别获取词语和中文词性，然后依次输出。执行程序后，可以看到句子被分成了5个词语并标注了中文词性。根据运行结果，我们可以清楚地分析句子的成分，从而更方便进行语素分析。

▼运行结果

```
词语     词性
————————————
我       代词
是       动词
Python   英文
的       助词
程序员   名词
```

秘技 251 ▶难易程度 ●●●

自文本文件逐行读入数据

这里是关键点！ open()函数

将特定词性的集合保存到外部文件，在程序运行时读入并使用，若该外部文件为文本文件，则很容易对其进行编辑。首先需要打开文件，读入内容，将其作为Python的数据结构使用。而打开文件要用到的是open()函数。

• 打开文件

变量=open(‘文件名’，‘模式’，encoding=‘编码方式’)

open()函数通过“文件名”打开指定的函数，将File对象作为返回值返回。为了指定文件对象的种类，将接下来的值设为第2个参数。

▼指定文件对象的模式

字符	说明
'r'	读入时打开（默认）
'w'	在写入时打开文件并压缩其内容。若指定文件不存在，则创建新文件
'x'	创建并打开专属文件（创建新的指定文件）。若指定文件已存在，则创建失败
'a'	在写入时打开文件，若文件存在，则可对末尾进行追加操作
'b'	在二进制模式下打开
't'	文本模式（默认）

在上表中，经常用到的是“r”“w”“a”这3个字符。若只是读入文件，就相当于读入已创建的字典文件(.txt)，指定“r”即可。打开文件后，返回对应指定模式的File对象。之后调用File对象中的方法，读取并输入数据。

第3个参数encoding用于指定字符代码的编码方式。以utf-8形式保存文件时，输入encoding='utf_8'。另外，不指定该参数时，使用OS标准的编码方式。

●从File对象中读入文本数据

读入文件的方法有很多种，根据文件内容以及使用方法，可以分为以下几种。

▼读入文件的方法

方法	功能
read()	读入文件的全部数据
readline()	以字符串形式逐行读入文件各行数据
readlines()	将文件各行以列表元素形式逐行读入

下面从read()开始介绍。该方法将文件内容作为一个单独的整体读入。接下来的程序会打开保存有多行文本数据的文件并将其读入到列表。

▼汇总文本文件的数据并读入

```
file = open(
    'random.txt',           # 打开源文件和与源文件处于同一
                              位置的random.txt
    'r',                    # 读取模式
    encoding = 'utf_8'      # 指定文本文件的编码方式
)
data = file.read()          # 获取到文件终端为止的所有数据
file.close()                # 关闭文件对象
lines = data.split('\n')    # 获取以换行为间隔的字符串
for line in lines:          # 从列表中逐个取出元素
    print(line)
```

read()将文件的数据汇总后读入，所以使用split()方法在换行符“\n”处进行分割后再将其保存到列表中。这样一来，就可以将文件的1行数据作为列表元素保存到列表中。

接下来介绍readlines()。该方法将文本整体读入，并将各行数据作为元素保存到列表中，最后返回列表。另外，由于该方法直接将整行数据作为列表元素，因此行末的换行代码（\n）也会原样保留。

▼从文本文件中逐行读入到列表

```
file = open(
    'random.txt',              # 打开源文件和与源文件处于
                                 同一位置的random.txt
    'r',encoding = 'utf_8'     # 读取模式
)
lines = file.readlines()       # 逐行读入（在各元素末尾输
                                 入换行符）
file.close()
for line in lines:
    print (line)
```

因为该方法采取逐行分割读入的方式，所以操作比read()更烦琐。在使用open()打开的文件中，可迭代的文件对象由with返回，因此能够更快速地进行文件处理。另外，在代码块即将结束时，文件对象会自动结束。

使用该方法，便于我们对文件各行进行操作。

▼利用可以逐行读入的文件对象

```
with open('random.txt',         # 文件名
          'r',                  # 模式
          encoding = 'utf_8'    # 编码方式
          ) as file:            #将文件对象保存到变量file中
    for line in file:
        print(line)
```

秘技 252

不同OS的换行模式处理

难易程度 ●●●

这里是关键点！ 通用换行模式

在文本文件中使用的换行模式会根据OS的种类而有所不同。

▼不同OS的换行代码

OS	换行代码
Windows	CRLF(回车+换行)
Mac OS X、Linux	LF(换行)
旧Mac OS	CR(回车)

正因为有上表中的区别，Python中用于兼容换行代码差异的通用换行模式才能够发挥作用。在程序内部LF('\n')被作为换行代码处理，所以在读入文本文件时CR('\r')会自动变为LF('\n')。而写入到文件时，在程序中使用的LF('\n')会根据OS的种类自动转换为CRLF('\r\n')或者LF('\n')、CR('\r')。

```
CRLF('\r\n')
```

秘技 253

从文本中取出名词并保存到文件

扫码看视频

难易程度 ●●●

这里是关键点！ 语素分析结果的保存

类似新闻网页等Web会发布各类信息，以收集信息为目的的操作称为文本挖掘，而将名词都收集在一起也是一种文本挖掘，我们以此为例展开说明。锁定某个特定类别进行收集，将收集到的结果汇总保存后，理应生成类似字典的东西。但与其说是字典，倒不如说是一种名词的集合而已。而且对于多次出现的名词，也会记录下它的出现次数，形成一个核心单词排行榜。

●提供文本文件，用以保存名词

将特定词性的集合作为外部文件保存，在程序运行时将其读入并使用，不仅使文本文件操作简单，还便于编辑。在源文件所处位置提前创建名为dictionary.txt的文件，采用UTF-8形式进行编码，然后将其保存。包括记事本在内的多个文本编辑器，可以在保存时指定编码方式。因为要将该文件作为集合使用，因此不在文件中输入任何内容，且在文件内容为空的状态下进行保存。

●analyzer模块的准备

由于我们要用到在秘技250中创建的analyzer模块（analyzer.py），因此要提前将其复制到之后要创建的程序的源代码所在位置。复制完成后，追加1个函数。从参数中获取analyze()函数的分析结果（词性信息），若为名词，则返回True，否则返回False。

▼analyzer模块（analyzer.py）

```
import re, pprint              # 导入re和pprint
import jieba
import jieba.posseg
''' 进行语素分析
    text    :分析对象文本
    返回值  :包含标题和词性组合的多重列表
```

```
'''
def analyze(text):              # ❶
    t = jieba.posseg.cut(text)
    result = []                 # ❷包含语素和词性的列表
    for w,token in t:           # ❸从列表中取出词语和词性
        result.append([w,token])
                  # 将词语和词性信息制成列表，追加到result中
    return(result)              # 返回分析结果的多重列表

'''
判断词性是否为名词的函数
part   :语素分析的词性部分
返回值 :是名词则返回True，否则返回False
'''
def keyword_check(part):
    return re.match('n', part )
    # 若为名词，则返回True，否则返回False

#==================================================
# 程序的起点
#==================================================
if __name__  == '__main__':
    print('输入文本')
    input = input()                      # 获取文本
    pprint.pprint(analyze(input))        # 分析输入的文本
```

●从文本中取出名词并保存到文件的程序

准备好analyzer模块和dictionary.txt文本文件之后，开始创建程序，用来从文本中取出名词并保存到文件。文件格式为简单的1行1词。

▼从文本中抽出名词并保存到文件的程序

```
from analyzer import *                    # 导入analyzer模块

file_name = ''                            # ❶含有字典文件名的变量
'''
从字典文件中读入名词数据的函数
    file    : 字典文件名
    返回值 : 从字典文件中抽出的名词列表
'''
def read_dictionary(file):                # ❷
    global file_name                      # 全局变量file_name
    file_name = file                      # 将文件名赋值给file_name
    noun_lst = []                         # 创建名词列表
    pfile = open(                         # 打开文件
        file_name,                        # 指定文件名
        'r',                              # 通过读取方式打开
        encoding = 'utf_8'                # 指定编码方式
        )
    p_lines = pfile.readlines()           # 逐行读入并使其作为字典元素
    pfile.close()                         # 关闭文件

    for line in p_lines:                  # ❸从p_lines中取出1行数据
        str = line.rstrip('\n')           # 去掉1行数据末尾的换行符
        if (str!=''):                     # 该行数据不是空字符时
            noun_lst.append(str)          # 对noun_lst进行追加
    return noun_lst                       # 返回从文件中抽取的名词列表
'''
将noun_lst的元素整个写入到字典的函数
    noun_lst : 含有已记录和新记录名词的列表
'''
def save(noun_lst):                       # ❹
    nouns = []                            # 创建保存有字典文件内数据的列表
    for noun in noun_lst:                 # ❺从noun_lst中逐个取出名词数据
        nouns.append(noun + '\n')         # 在末尾添加换行，追加到nouns中
    with open(                            # ❻写入字典文件
        file_name,                        # 指定字典文件
         'w',                             # 在改写模式下打开
         encoding = 'utf_8'               # 指定编码方式
         ) as f:                          # 获取可迭代文件对象
        f.writelines(nouns)               # 将nouns的1行名词数据全部写入文件
'''
```

```
学习名词的函数
    parts    : 语素分析结果列表
    noun_lst : 已记录的名词列表
'''
def study_noun(parts, noun_lst):                # ⑦
    for word, part in parts:                    # ⑧从两个参数中取出多重列表的元素
        if (keyword_check(part)):               # ⑨当keyword_check()函数的返回值是True时
            isNew = True                        # 设置标记
            for element in noun_lst:            # ⑩对列表noun_lst进行反复操作
                if(element == word):            # ⑪将输入的名词与已有名词匹配
                    isNew = False               # 令isNew为False
                    break                       # 终止循环
            if isNew:                           # ⑫isNew为True
# 因为是不存在于列表noun_lst中的名词，因此进行追加
                noun_lst.append(word)
    save(noun_lst)                              # 通过save()将noun_lst写入字典文件
#==================================================
# 程序的起点
#==================================================
if __name__ == '__main__':
    # ⑬读入字典文件，获取已登录的名词列表
    n_lst = read_dictionary('dictionary.txt')
    print('输入文本')
    # 获取文章
    input = input()
    # ⑭分析输入的文本
    result = analyze(input)
    # ⑮将分析结果和已记录的名词列表作为参数，调用学习函数
    study_noun(result, n_lst)
```

●读入名词集合所用的文件

接下来我们逐行分析该程序。在导入analyzer模块后，通过❶创建空列表noun_lst，该列表用于保存从文本中抽取的名词。

❷的read_dictionary()函数用于打开文件，读入数据。我们可以将从文本中抽出的名词保存到字典文件中。但是，必须要确保已经记录在内的名词不被重复记录。因此，在进行一系列的操作之前，将记录在文件中的所有名词读入到noun_lst。确认新抽取的名词是否已经记录在内，若未被记录，则追加到noun_lst。即在所有名词的抽取和比较过程结束时，将列表内容写到文件中，且对已有数据追加新名词。

通过read_dictionary()函数打开文件后，去掉每行名词数据末尾的换行符，并且在删除空白行（\n）的同时对noun_lst进行追加。readlines()方法会在各行末尾附带有换行符(\n)时读入文本，因此要使用❸的for循环将其去除。

虽说不删除也没什么影响，但只有字符串的文本会更加简洁流畅，因此提前删除换行符会更易于操作。对于p_lines的元素line（1行字符串），执行rstrip()方法。通过

```
str = line.rstrip('\n')
```

从对象的字符串末尾取出指定到参数的字符串。这样一来，可以逐个追加元素至p_lines，但考虑到文件数据中包含空白行的情况，以

```
if (str!=''):
```

为条件，只在str内容不为空时对noun_lst进行追加操作。若含有空白行，则去掉\n。这样一来就形成了空的字符串，此时不将其添加到列表。操作结束后，将已登录的名词列表作为返回值返回。

●写入到集合用文件

❹是将名词列表p_lines的内容记录到文件的函数。学习名词的函数study_noun()能够对已有名词的列表追加新名词，因此我们可以从study_noun()中调用save()函数，保存到文件中。

作为列表元素，已有名词和新追加的名词都包含在参数noun_lst中。通过❺的for循环将元素从代码块参数noun中逐个取出，并通过

```
nouns.append(noun + '\n')
```

在末尾添加换行符，追加到nouns。这一系列操作完成后，通过❻with之后的操作将其写入到文件。由于该文件目前处于改写模式，因此使用writelines()方法将列表nouns中的所有元素写入到文件，则操作结束。

```
with open( file_name, 'w', encoding = 'utf_8') as f:
    f.writelines(nouns)
```

with操作结束后，File对象会自动关闭，因此无须执行close()方法。

●从输入的文本中抽取名词并确认这些名词是否已被记录

❼中study_noun()函数的定义就如其名一样，它是学习新名词的函数。在参数parts中，将调用一侧的analyze()函数的语素分析结果，即语素和词性信息列表汇总到1个列表中，形式如下。

```
[['对象', 'n'],
['类型', 'n']]
```

然后将这个多重列表传递到参数中。利用❽的for循环

```
for word, part in parts:
```

将语素和词性信息分别从word和part中取出。以刚才的列表为例，将“对象”代入word，将“n”代入part。❾if代码块

```
if (keyword_check(part)):
```

的说明为“keyword_check()函数的返回值为True的情况”。新添加到analyzer模块的keyword_check()函数与

```
re.match('n', part )
```

中的n（名词）一致则返回True。返回True则可知结果为名词。因此，在

```
isNew = True
```

之后，进入❿嵌套的for循环

```
for element in noun_lst:
```

中。参数noun_lst中包含了记录的名词，将这些名词逐个取出，通过⓫

```
if(element == word):
```

将代入到word中的名词和已登录的名词进行比较。通过for循环将已有的名词按顺序匹配，若一致，则表示已有记录，令

```
isNew = False
```

借助break跳出循环。在跳出❿的for循环时，

```
若该名词未被记录，则isNew为True
若该名词已被记录，则isNew为False
```

因此，我们可以通过⓬

```
if isNew:
```

确认是否为True（未记录）。通过

```
noun_lst.append(word)
```

对名词列表noun_lst进行追加。通过❽的for循环反复之前的操作，在处理好所有新抽出的名词后，使noun_lst为参数，调用save()函数。

●程序的运行

下面对程序的执行代码块进行说明。在⓭中指定文件名，调用read_dictionary()函数，将返回值的名词列表代入noun_lst中。

通过⓮的操作使输入的文本为参数并进行语素分析。在⓯中调用学习名词的函数study_noun()。使用study_noun()可以找出应记录的新名词，执行save()函数，将其与已有名词一起保存到文件中。

▼程序运行案例

> 输入文本
> 由于Python的源代码写法分别对应了对象指向型、命令型、过程型、函数型等各个类型，因此可以根据不同情况区分使用。使用对象指向型可进行更高级别的编程，命令型、过程型、函数型虽然名称不同，但都是编写程序的基础，一般而言，需要先掌握这几种类型的写法，再学习对象指向型。

如果输入的文本较长，可以对该文本进行复制、粘贴。程序运行后，我们可以在dictionary.txt文本文件中查看记录的名词。记录格式为1行1个名词。

▼记录的名词

```
源代码
对象
指向
命令
过程
函数
类型
情况
区分
编程
名称
编写程序
基础
```


秘技 254 难易程度 ●●●

将用于跳出多重for循环的代码函数化

扫码看视频

这里是关键点！ 辅助函数的定义

在前面的秘技创建的程序中有一个比较令人在意的点，那就是跳出多重for循环的方法。

▼study_noun()函数

```
def study_noun(parts, noun_lst):
    for word, part in parts:                # 从两个参数中取出多重列表的元素
        if (keyword_check(part)):           # 当keyword_check()函数的返回值为True时
            isNew = True                    # 设置标记
            for element in noun_lst:        # 对列表noun_lst进行反复操作
                if(element == word):        # 将输入的名词与已有名词进行匹配
                    isNew = False           # 令isNew为False
                    break                   # 终止循环
            if isNew:                       # isNew为True
                noun_lst.append(word)       # 因为列表noun_lst中不存在该名词，所以进行追加
    save(noun_lst)                          # 通过save()将noun_lst写入字典文件
```

在嵌套的for循环内，若已有名词中含有与输入名词一致的名词，则使用break跳出循环。若没有一致的名词，则使用

```
if isNew
```

这时如果变量isNew为True，则对列表noun_lst进行追加。但isNew被作为“标记”使用，并不是一种便利的方式。

●利用for…else进行改写

为了不使用标记，我们选择用for…else进行改写。

▼study_noun()函数（nouns_collection2.py）

```
def study_noun(parts, noun_lst):
    for word, part in parts:                # 从两个参数中取出多重列表的元素
        if (keyword_check(part)):           # 当keyword_check()函数的返回值为True时
            for element in noun_lst:        # 对列表noun_lst进行反复操作
                if(element == word):        # 将输入的名词与已有名词进行匹配
                    break                   # 终止循环
            else:                           # 执行break时跳过以下内容
                noun_lst.append(word)       # 因为列表noun_lst中不存在该名词，所以进行追加
    save(noun_lst)                          # 通过save()将noun_lst写入字典文件
```

if…else也是如此，else一般意味着“若循环未终止，就执行该操作”。然而在for…else中执行break，else之后的内容都会被跳过。从结果来看，它是一种正确的程序操作方式，但执行for…else的目的是什么，恐怕就只有写下它的程序员本人才清楚了。

●将用来判断名词是否已被记录的部分函数化

要想实现这种效果，最好的方法就是使用辅助函数。

▼study_noun()函数（nouns_collection3.py）

```
def study_noun(parts, noun_lst):
    for word, part in parts:                # 从两个参数中取出多重列表的元素
        if (keyword_check(part)):           # 当keyword_check()函数的返回值为True时
            if (isNotExist(word,            # 调用辅助函数isNotExist()
                           noun_lst)
                ):
                noun_lst.append(word)       # 因为列表noun_lst中不存在该名词，所以进行追加
    save(noun_lst)                          # 通过save()将noun_lst写入字典文件


'''
确认待记录名词是否已被记录的函数
    word     : 待记录名词
    noun_lst : 名词列表
'''
def isNotExist(word, noun_lst):
    for element in noun_lst:                # 对列表noun_lst进行反复操作
        if(element == word):
            return False                    # 若在noun_lst中存在同一名词，则返回False
    return True                             # 若不存在相同名词，则返回True
```

定义辅助函数isNotExist()。它可以将for循环移植到此函数内部，此处的for循环是指嵌套在study_none()中的for循环。确认含有已记录和待记录名词的列表中是否存在操作中的名词，若不存在，则返回True；若已存在，则返回False。最终，study_none()函数的for循环只会有1个，源代码也变得更清晰易懂。

9-4 根据马尔可夫模型创作文本

秘技 255 难易程度 ●●●

文本的连接

这里是关键点！ 词语的连接规则

阅读下面的句子，注意观察该语句中的词语是以怎样的方式连接起来的。

```
我->是->喜欢->聊天->的->女孩->。
```

从这个句子中可以看出，接在“我”后面的是“是”，“是”后面的是“喜欢”，“喜欢”后面是“聊天”。接下来，我们再看一个句子。

```
我->喜欢->的->是->聊天->和->布丁->。
```

将这两个句子的连接方式汇总成如下结果。将“我”“喜欢”等多次出现的词语汇总为一列，连接在该词后面的词语数量在一个以上的情况下，用逗号分隔，排列在另一列。

▼词语的连接

```
我……………………………->是，喜欢
是……………………………->喜欢，聊天
喜欢…………………………->聊天，的
聊天…………………………->的，和
的……………………………->女孩，是
女孩…………………………->。
```

```
和·····························->布丁
布丁··························->。
```

●词语连接规则

从上述语句的连接规则可以看出，“我”后的词语是“是”或者“喜欢”。无论是“是”或者“喜欢”，都符合中文规则的正确用法，这里我们选择“是”。

```
我->是
```

“是”后面有“喜欢”和“聊天”，这里选择“聊天”。

```
我->是->聊天
```

连接在“聊天”后面的是“的”和“和”，这里选择“和”。

```
我->是->聊天->和
```

接着连接在“和”后面的词语是“布丁”，按照这种连接方式，最后可以得到一个完整的句子，结果如下所示。

```
我->是->聊天->和->布丁
```

虽然从意义角度来看，该句的语意并不明确清晰，但是整体符合“我是XX和YY”的句子结构。这种方式的要点在于不必采用套用模板的方法来创作独立的语句，而且还存在一定的随机性。

文本中词语的顺序有一定的规律性，比如“聊天”后面不可以接“我”。因此，只要从样本文件中将词语以及与连接相关的信息一同抽取出来，即可根据该规律进行学习。在创作文本时，基于“连接信息”将词语和词语之间连接起来。如果存在多个词语可供选择的话，则随机选择一个词语进行连接。如此一来，既可保有词语之间的连接，也能够创作出混合了多个语句的文本。

秘技 256 难易程度 ●●●

马尔可夫连锁和马尔可夫模型

这里是关键点！ 三个词语前缀的马尔可夫字典

文章中出现了词语A，那么紧接着A出现的词语会是什么？根据词语A，可以对出现在A后的词语进行一定程度的预测。马尔可夫连锁是指某种状态的发生概率取决于其发生之前的状态。根据马尔可夫连锁，用于表示状态变化的概率模型即为马尔可夫模型。根据词语连接分析文章的方法，以及创作新文章的方法都是以马尔可夫模型为基础的方法。

那么，能否将马尔可夫模型应用到程序中来呢？将用于表示词语连接的“词语连接”表称为马尔可夫字典。在A···->B的词语连接中，将A称为前缀（出现在前面的词语），B则为后缀（出现在后面的词语）。

• 马尔可夫模型式的学习框架

马尔可夫字典的学习是指将语素分析后的语句以前缀和后缀相组合的形式记录下来。

另外，在之前的例子中，“词语连接”中的前缀只有1个词语，但是在程序中，作为前缀的可能有两个甚至3个词语。使用马尔可夫连锁算法的语句生成过程中，因为原始语句中的词语连接也会再次出现，所以前缀只有一个词语的情况下，再次出现最短的词语连接将会有两个词语，这样一来，很容易导致构成要素过少、语句不通顺的情况发生。相反，如果前缀词语数量过多的话，则容易导致直接输出原始语句的情况发生。

若前缀为两个词语（则最短连接为3个词语），则语句虽然是随即生成的，但语意通顺。若前缀为3个词语，则可以在一定程度上随机生成语句，语意依然通顺。若前缀为4个词语，则语句基本固定，最后输出的语句与原始语句基本一致。

因此，此次使用的是3个词语前缀的字典，如果对结果不满意的话，可以直接将3个词语减到两个词语。

●3个词语前缀的马尔可夫字典

将下面两个句子用3个词语前缀的马尔可夫字典表示出来。

```
我是喜欢编程的女孩的同学。
我喜欢编程的女孩的原因是因为它。
```

▼3个词语前缀的马尔可夫字典

前缀			后缀	
前缀1	前缀2	前缀3		
'我'	'是'	'喜欢'	···>'编程'	
'是'	'喜欢'	'编程'	···>'的'	
'喜欢'	'编程'	'的'	···>'女孩'	重复
'编程'	'的'	'女孩'	···>'的'	重复
'的'	'女孩'	'的'	···>'同学'	重复
'女孩'	'的'	'同学'	···>'。'	
'的'	'同学'	'。'	···>'我'	
'同学'	'。'	'我'	···>'喜欢'	
'。'	'我'	'喜欢'	···>'编程'	
'我'	'喜欢'	'编程'	···>'的'	
'喜欢'	'编程'	'的'	···>'女孩'	重复
'编程'	'的'	'女孩'	···>'的'	重复
'的'	'女孩'	'的'	···>'原因'	重复
'女孩'	'的'	'原因'	···>'是'	
'的'	'原因'	'是'	···>'因为'	
'原因'	'是'	'因为'	···>'它'	
'是'	'因为'	'它'	···>'。'	

写有“重复”字样的是指前缀重复，后缀不一定是重复的情况。将前缀重复的情况汇总为如下结果。

▼前缀重复的情况

'喜欢'	'编程'	'的'	···>'女孩'
'编程'	'的'	'女孩'	···>'的'
'的'	'女孩'	'的'	···>'同学','原因'

后缀记为两个

- **“我喜欢编程的女孩的同学。”**

在前一个秘技中，将“我”后面的“是”和“喜欢”汇总到了1行，而“3个词语前缀的马尔可夫字典”则对这种情况进行了区分，分成了两个不同的前缀。

在生成语句的时候，接在3个词语前缀后的后缀是随机选择的。在接下来的操作中，将前缀2、前缀3以及后缀作为新的前缀，并随机选择接在其后的后缀。

首先随便选择“我 喜欢 编程”后面的词语，接在其后的只能是“的”，结果如下。

▼第1次

```
我 喜欢 编程 的
```

接下来选择接在“喜欢 编程 的”后面的词语，由于后缀也重复，所以这里选择的词语只能是“女孩”。

▼第2次

```
我 喜欢 编程 的 女孩
```

接下来选择“编程 的 女孩”后面的词语，可以选择的只有“的”。

▼第3次

```
我 喜欢 编程 的 女孩 的
```

接下来选择“的 女孩 的”后面的词语，可以选择的有“同学”和“原因”，这里选择“同学”。

▼第4次

```
我 喜欢 编程 的 女孩 的 同学
```

在“女孩 的 同学”后面只有“。”。

▼第5次

```
女孩 的 同学 。
```

经过5次反复操作，我们得到了最后的“。”，只要在第一次“我 喜欢 编程 的”后面按顺序追加第二次以后选择的后缀，即可生成语句。

▼生成的语句

```
我喜欢编程的女孩的同学。
```

在接下来的秘技中，会对马尔可夫字典的实现过程进行讲解。

秘技 257

马尔可夫字典的实现过程

难易程度 ●●●

扫码看视频

这里是关键点！ 读入文本文件，重组文本

本节内容为马尔可夫字典的实现过程。为方便起见，将各个操作以函数的形式组成模块。

▼读入文本文件后进行文本重组的程序（markov_text.py）

```
import jieba
import re
import random

markov = {}                                  # 马尔可夫字典的变量
sentence = ''                                # 含有已创建文本的变量
def parse(text):                             # ❶
    """ 通过语素分析取出语素
        text   :以该文本作为马尔可夫字典的原始文本
        返回值 :语素列表
    """
    t = jieba.cut(text)
    result = []                              # 包含语素的列表
    for token in t:                          # 从列表中逐个取出Token对象
        result.append(token)                 # 向result追加语素
return(result)                               # 将语素列表作为返回值返回
def get_morpheme(filename):                  # ❷
    """ 读入文件创建语素列表

        filename :马尔可夫字典的原始文件
        返回值     :语素列表
   """
    with open(filename,                      # 文件名
              'r',                           # 通过读取方式打开
              encoding = 'gbk'               # 编码方式
              ) as f:
        text = f.read()                      # 将所有文本代入text
    text = re.sub('\n','', text)             # 删除句末的换行符
    wordlist = parse(text)                   # 将所有文本代入参数中，执行parse()
    return wordlist                          # 将语素列表作为返回值返回
def create_markov(wordlist):                 # ❸
    """ 创建马尔可夫字典
        wordlist :从所有文本中取出的语素的列表
    """
    p1 = ''                                  # 用于前缀的变量
    p2 = ''                                  # 用于前缀的变量
    p3 = ''                                  # 用于前缀的变量
    for word in wordlist:
        if p1 and p2 and p3:                 # p1、p2、p3中是否都有值
            if (p1, p2, p3) not in markov:   # 在markov中是否有键(p1, p2, p3)
                markov[(p1, p2, p3)] = []    # 若没有，则追加键-值对
            markov[(p1, p2, p3)].append(word) # 在键列表中追加后缀（有重复）
        p1, p2, p3 = p2, p3, word            # 替换3个前缀的值
def generate(wordlist):                      # ❹
    """ 在马尔可夫字典中创建文本并保存到sentence
        wordlist :从所有文本中取出的语素的列表
```

```
    """
    global sentence
    # 随机取出markov的键，代入前缀1～3
    p1, p2, p3  = random.choice(list(markov.keys()))
    count = 0                                     # 只对单词表中的单词数量进行反复操作
    while count < len(wordlist):
        if ((p1, p2, p3) in markov) == True:      # 检查是否存在键
            tmp = random.choice(
                markov[(p1, p2, p3)])             # 获取构成文本的单词
            sentence += tmp                       # 将获取的单词追加到sentence中
        p1, p2, p3 = p2, p3, tmp                  # 替换3个前缀的值
        count += 1
    sentence = re.sub('^.+?。', '', sentence)      # 删除至第一个句号(。)
    if re.search('.+。', sentence):                # 从最后的句号开始删除(。)
        sentence = re.search('.+。', sentence).group()
    sentence = re.sub('“', '', sentence)           # 删除左引号
    sentence = re.sub('”', '', sentence)           # 删除右引号
    sentence = re.sub('　', '', sentence)          # 删除全角空格
def overlap():
    """ 将有重复sentence的文本删除
    """
    global sentence                               # 使用全局变量
    sentence = sentence.split('。')               # 在(。)处分开，纳入列表
    if '' in sentence:                            # 若在元素分隔出空字符，则删除空字符
        sentence.remove('')
    new = []                                      # 暂时保存已处理文本的列表
    for str in sentence:                          # 取出sentence元素，在末尾处添加句号(。)
        str = str + '。'
        if str=='。':                             # 只在有(。)的情况下再次操作
            break
        new.append(str)                           # 将带有(。)的文本追加到new
    new = set(new)                                # 将new的内容更改为集合，删除重复元素
    sentence=''.join(new)                         # 连接new的元素并再次代入到sentence中
#=================================================
# 输出创建的文本
#=================================================
if __name__ == '__main__':
    word_list = get_morpheme('sample.txt')        # 指定文件名创建语素列表
    create_markov(word_list)                      # 创建马尔可夫字典
    while(not sentence):
        generate(word_list)                       # 创建文本
        overlap()                                 # 删除重复文本
    print(sentence)
```

●语素分析与文件的读入

程序开头的语素分析部分与文本文件的读入操作如下。

❶def parse(text):

这是进行语素分析的函数。这里使用jieba模块进行语素分析，然后取出语素部分，汇总成列表。

❷get_morpheme(filename)

这是读入文件并创建语素列表的函数。使用

```
with open(filename,'r',encoding = 'gbk') as f:
```

以读入模式打开文本文件，通过text=f.read()一次性读入数据。接下来，执行

```
text = re.sub('\n',' ', text)
```

将已读入文本中句末的换行符删掉，最后用

```
wordlist = parse(text)
```

调用❶中的parse()函数，获取已将text中的内容分解为语素的列表，并将该列表作为返回值返回。

●马尔可夫字典的创建

❸中的creative.markov()函数为创建马尔可夫字典的函数。

▼creative_markov()函数

```
def create_markov(wordlist):
    """ 创建马尔可夫字典
        wordlist :从所有文本中取出的语素的列表
    """
    p1 = ''                          # 用于前缀的变量
    p2 = ''                          # 用于前缀的变量
    p3 = ''                          # 用于前缀的变量
    for word in wordlist:
        if p1 and p2 and p3:
# p1、p2、p3中是否都有值
            if (p1, p2, p3) not in markov:
                    # 在markov中是否有键(p1, p2, p3)
                markov[(p1, p2, p3)] = []
                    # 若没有，则追加键-值对
            markov[(p1, p2, p3)].append(word)
                    # 在键列表中追加后缀（有重复）
        p1, p2, p3 = p2, p3, word
                    # 替换3个前缀的值
```

马尔可夫字典保存在markov中，将markov作为全局变量进行初始化，将存有3个前缀的变量p1、p2、p3初始化。

首先我们来看一下马尔可夫字典markov的结构。在“3个词语前缀的马尔可夫字典”中，针对前缀1、2、3的连接，都会附有一个经过汇总的后缀。基于这一点，“3个词语前缀的马尔可夫字典”的数据结构可以用“以3个元素为键的字典”表示，键的值则为后缀列表。

▼马尔可夫字典的数据结构

```
{(前缀1,前缀2,前缀3):[后缀列表]}
```

因为字典的键是不可变类，所以若键为多个前缀的话，则将键制成元组。

▼马尔可夫字典的原始语句

```
我是喜欢编程的女孩的同学。
我喜欢编程的女孩的原因是因为它。
```

▼马尔可夫字典的内容

```
markov = {
    ('我', '是', '喜欢'): ['编程']
    ('是', '喜欢', '编程'): ['的']
    ('喜欢', '编程', '的'): ['女孩']
    ('编程', '的', '女孩'): ['的']
    ('的', '女孩', '的'): ['同学', '原因']
    ('女孩', '的', '同学'): ['。']
    ('的', '同学', '。'): ['我']
    ('同学', '。', '我'): ['喜欢']
    ('。', '我', '喜欢'): ['编程']
    ('我', '喜欢', '编程'): ['的']
    ('女孩', '的', '原因'): ['是']
    ('的', '原因', '是'): ['因为']
    ('原因', '是', '因为'): ['它']
    ('是', '因为', '它'): ['。']
}
```

因为被分解为内含语素的词语列表也包含在参数的wordlist中，所以从for循环的

```
for word in wordlist:
```

中，逐个取出语素保存到代码块参数word中。确认后面的if代码块

```
if p1 and p2 and p3:
```

中markov的3个键都有值，即

```
('我', '是', '喜欢'): ['编程']
```

也就是说，所有键，即前缀1～3中都有值之后才可以将后缀的“编程”作为键的值代入。在for代码块的最后代入值。

▼for循环的第1次操作

```
{ ('我', (空), (空)): [ ] }
```

▼for循环的第2次操作

```
{ ('我', '是', (空)): [ ] }
```

▼for循环的第3次操作

```
{ ('我', '是', '喜欢'): [ ] }
```

下面我们来看一下嵌套在if代码块中的if代码块。

```
if (p1, p2, p3) not in markov:
```

重复3次for循环之后所有的前缀中都会存在一个值，所以在重复第4次for循环的时候，会跳过对外侧if的判断，直接对嵌套的if语句进行判断。在这里需要判断元组（p1，p2，p3），也就是前缀1～3是否以字典的键的形式存在。因为3个前缀中的词语记录结束后就跳过了对上述if语句的判断，所以并不存在这样的键。在执行

```
markov[(p1, p2, p3)] = []
```

后，创建键-值对，记录到markov中。

在跳出嵌套的if代码块时，markov的内容变化如下所示。

▼for循环中第4次markov的情况

```
{ ('我'', '是', '喜欢'): [] }
```

这时，继词语列表的“我”“是”“喜欢”之后，第4个元素“编程”也被纳入到for的代码块参数word中。即执行

```
markov[(p1, p2, p3)].append(word)
```

若使用append()方法对markov进行追加，则markov中将包含前缀1～3和后缀的组合。

▼通过第4次for代码块操作追加后缀

```
{('我', '是'', '喜欢'): ['编程']}
```

追加到后缀列表

for代码块的最后操作在

```
p1, p2, p3 = p2, p3, word
```

中，将前缀1～3改写成适合for循环操作的如下内容。

▼当前

前缀1	前缀2	前缀3	后缀
'我'	'是'	'喜欢'	'编程'

▼改写后

前缀1	前缀2	前缀3	后缀
'是'	'喜欢'	'编程'	'编程'

在下一次（第5次）的处理中，前缀1～3都已被嵌入，因此基于外侧if的检测得以完成，之后嵌套的if检测也能够顺利进行。

▼进入第5次for循环时markov的内容

```
{('我', '是', '喜欢'): ['编程']}
```

接下来记录下嵌套的if语句，并记录登记的键-值对即可。

```
markov[(p1, p2, p3)] = []
```

▼第2个键-值对的记录

```
{
    ('我', '是', '喜欢'): ['编程']
    ('是', '喜欢', '编程'): []
}
```

跳出已嵌套的if语句，则

```
markov[(p1, p2, p3)].append(word)
```

因此，词语表中的第5个单词将被追加到后缀列表中，并且第2个字典数据也将记录到markov中。

▼记录了第2个键-值对之后的markov内容

```
{
    ('我', '是', '喜欢'): ['编程'],
    ('是', '喜欢', '编程'): ['的']
}
```

用for代码块对词语表中的所有元素进行反复操作之后，马尔可夫字典就完成了。

在for的第1次操作到第3次操作中，是怎么将前缀（p1、p2、p3）输入的呢？这是用代码[p1.p2.p3=p2.p3.word]进行下述操作之后输入的。

▼第1次操作

```
p1=(空)  p2=(空)  p3='我' word='我'
```

▼第2次操作

```
p1=(空)  p2='我'  p3='是' word='是'
```

▼第3次操作

```
p1='我'  p2='是' p3='喜欢'  word='喜欢'
```

只在for循环开始的3次循环中按顺序输入3个前缀。从第4次开始，因为已经输入了3个前缀，所以在继外侧if语句之后嵌套的if语句完成之后，开始字典数据的创建。

●在马尔可夫字典中创建文本

接下来我们看一下用刚刚完成的马尔可夫字典创建文本❹中的generate()函数。

▼generate()函数

```
def generate(wordlist):              # ❹
    global sentence
    # 随机取出markov的键，代入前缀1~3中
    p1, p2, p3 = random.choice(list(markov.keys()))
    count = 0                                   # 只对单词表中的单词数量进行反复操作
    while count < len(wordlist):
        if ((p1, p2, p3) in markov) == True:    # 检查是否存在键
            tmp = random.choice(
                markov[(p1, p2, p3)])           # 获取构成文本的单词
            sentence += tmp                     # 将获取的单词追加到sentence中
        p1, p2, p3 = p2, p3, tmp                # 替换3个前缀的值
        count += 1
    sentence = re.sub('^.+?。', '', sentence)    # 删除至第一个句号(包括第一个句号)处
    if re.search('.+。', sentence):              # 从最后的句号开始删除(。)
        sentence = re.search('.+。', sentence).group()
    sentence = re.sub('“', '', sentence)        # 删除左引号
    sentence = re.sub('”', '', sentence)        # 删除右引号
    sentence = re.sub('　', '', sentence)       # 删除全角空格
```


最初的操作为

```
p1, p2, p3  = random.choice(list(markov.keys()))
```

从markov字典中随机取出键，并将记录为前缀的3个词语按p1、p2、p3的顺序保存。keys()方法在将字典的所有键保存到dict_keys对象中之后返回。因为字典元素的顺序并不固定，所以键在返回之后，其顺序也是被打乱的。为方便起见，将顺序被打乱的键重新排序，排序后的结果如下所示。

▼通过markov.keys()返回的dict.keys对象

```
dict_keys(
    [
        ('我', '是', '喜欢'),
        ('是', '喜欢', '编程'),
        ('喜欢', '编程', '的'),
        ('编程', '的', '女孩'),
        ('的', '女孩', '的'),
        ('女孩', '的', '同学'),
        ('的', '同学', '。'),
        ('同学', '。', '我'),
        ('。', '我', '喜欢'),
        ('我', '喜欢', '编程'),
        ('女孩', '的', '原因'),
        ('的', '原因', '是'),
        ('原因', '是', '因为'),
        ('是', '因为', '它'),
    ]
)
```

用list()方法将上述内容更改到列表中，之后再用random.choice()随机选择一个键。因为键是元组，所以其内容保存在p1、p2、p3中。

▼抽出('女孩', '的' , '同学')的情况

```
p1= '女孩'
p2= '的'
p3= '同学'
```

通过上述操作可使前缀1~3准备就绪。接下来通过

```
count = 0
```

作为计数变量，该计数变量将用于计算操作次数，在while循环

```
while count < len(wordlist):
```

中，开始进行用于创建文本的反复操作。

操作次数通过len(wordlist)，对单词表中单词的数量进行反复操作。反复操作的次数越多，可以创建的文本就越多，可随机选择的范围也会扩大。

但是，单词数量较多的情况下，反复操作的次数也会相当惊人，因此若马尔可夫字典源文本数量较多的话，则像

```
while count < 30 :
```

一样，将反复操作的次数控制在20~30次左右。另外，如果操作次数在10次以下的话，则会出现无法创建新文本的情况，所以最好将操作次数设定为10次以上。

While代码块最开始的操作为：通过

```
if ((p1, p2, p3) in markov) == True:
```

确认markov中是否存在前缀1~3的键（p1、p2、p3）。若确认结果为True，则执行

```
tmp = random.choice(markov[(p1, p2, p3)])
```

将其作为创建文本的词语，并将之前获得的前缀作为键，取出值（后缀）。因为后缀已经存在于列表中，所以可以用random.choice()方法随机取出一个值。若指定键为('女孩', '的', '同学')，则后缀只有'。'，所以随机取出的只能是'。'。

▼从markov的后缀列表随机取出一个后缀

```
('女孩'', '的', '同学'): ['。']
```

因为列表中只有一个'。'，所以取出的也是'。'

另外，若键为('的', '女孩', '的')，则存在两个后缀，所以在取出时会从这两个后缀中随机选择一个作为值。

▼从后缀列表中随机取出一个后缀

```
('的', '女孩', '的'): ['同学', '原因']
```

随机抽取一个后缀

接下来，执行

```
sentence += tmp
```

将已获得的后缀作为文本的构成要素，追加到sentence中。之后是

```
p1, p2, p3 = p2, p3, tmp
```

在这一步将前缀1~3替换为要进行下一步操作的内容。最后通过

```
count += 1
```

将count的数量增加1个，结束while代码块的第1次操作。

●创建文本的过程

接下来我们看一下用马尔可夫字典创建文本的过程。在generate函数开头部分

```
p1, p2, p3  = random.choice(list(markov.keys()))
```

中，将('女孩', '的', '同学')作为键，则前缀1~3如下所示。

▼选择了('女孩', '的', '同学')时的前缀

```
p1 = '女孩'   p2 = '的'    p3 = '同学'
```

确认while循环中是否存在markov的键，答案是肯定的，所以通过

```
tmp = random.choice(markov[(p1, p2, p3)])
```

操作取出键的值（后缀）。

▼tmp = random.choice(markov[(p1, p2, p3)])

```
markov[(p1, p2, p3) → ('女孩', '的', '同学'): ['。']
  ⬇
random.choice(['。'])→ 取出'。'
  ⬇
temp = '。'
```

接下来，通过

```
sentence += tmp
```

追加到sentence中。此时，sentence的值为

```
sentence = '。'
```

if代码块的操作到此结束。接下来，执行

```
p1, p2, p3 = p2, p3, tmp
```

则3个前缀如下所示。

▼执行p1,p2,p3=p2,p3,tmp 后得到的3个前缀

```
p1 = '的'
p2 = '同学'
p3 = '。'
```

最后在count中加1，回到while的开始部分。markov('的', '同学', '。')的键-值对则如下所示。

▼markov键-值对

```
('的', '同学', '。'): ['我']
```

通过第2次的重复操作，完成对if语句的确认，取出后缀。

▼第2次tmp=random.choice(markov[(p1,p2,p3)])的运行结果

```
markov[(p1, p2, p3) → ('的', '同学', '。'): ['我']
        ⬇
random.choice(['我']) → 取出'我'
        ⬇
temp = '我'
```

然后将结果追加到sentence中。

▼第2次的sentence+=tmp

```
sentence = 。我
```

第2次重复操作中的前缀如下所示。

▼执行p1,p2,p3=p2,p3,tmp后得到的3个前缀

```
p1 = '同学'
p2 = '。'
p3 = '我'
```

下一次，以('同学', '。', '我')为键。('同学', '。', '我')：['喜欢']将作为候选，while的sentence值则为“。我喜欢”。

从while第1次操作到最后，sentence值在此期间发生了怎样的变化？接下来我们就sentence值的变化来进行总结。

▼马尔可夫字典的源文本

```
我是喜欢编程的女孩的同学。
我喜欢编程的女孩的原因是因为它。
```

▼最开始取出的键（前缀）

```
('女孩', '的', '同学') → 将从值（后缀）的'。'开始的部分追加到sentence中
```

▼创建文本的过程

```
count= 0   sentence= 。
count= 1   sentence= 。我
count= 2   sentence= 。我喜欢
count= 3   sentence= 。我喜欢编程
count= 4   sentence= 。我喜欢编程的
count= 5   sentence= 。我喜欢编程的女孩
count= 6   sentence= 。我喜欢编程的女孩的
count= 7   sentence= 。我喜欢编程的女孩的同学
count= 8   sentence= 。我喜欢编程的女孩的同学。
count= 9   sentence= 。我喜欢编程的女孩的同学。我
count= 10  sentence= 。我喜欢编程的女孩的同学。我喜欢
count= 11  sentence= 。我喜欢编程的女孩的同学。我喜欢编程
count= 12  sentence= 。我喜欢编程的女孩的同学。我喜欢编程的
count= 13  sentence= 。我喜欢编程的女孩的同学。我喜欢编程的女孩
count= 14  sentence= 。我喜欢编程的女孩的同学。我喜欢编程的女孩的
count= 15  sentence= 。我喜欢编程的女孩的同学。我喜欢编程的女孩的同学。
count= 16  sentence= 。我喜欢编程的女孩的同学。我喜欢编程的女孩的同学。我
count= 17  sentence= 。我喜欢编程的女孩的同学。我喜欢编程的女孩的同学。我喜欢
count= 18  sentence= 。我喜欢编程的女孩的同学。我喜欢编程的女孩的同学。我喜欢编程
count= 19  sentence= 。我喜欢编程的女孩的同学。我喜欢编程的女孩的同学。我喜欢编程的
count= 20  sentence= 。我喜欢编程的女孩的同学。我喜欢编程的女孩的同学。我喜欢编程的女孩
count= 21  sentence= 。我喜欢编程的女孩的同学。我喜欢编程的女孩的同学。我喜欢编程的女孩的
```

语素数量为22个，所以共需要进行22次的反复操作。其中，在第8次操作中，后缀的值有两个，所以会选取其中一个进行操作。在上例中，若选择了“原因”，则源文本以及创建过程也会相应地发生变化。

▼在第8次操作中使用的前缀与后缀

```
('的', '女孩', '的'): ['同学', '原因']
                         |
                     抽出'同学'
```

最后完成的文本如下所示。

▼完成的文本

```
。我喜欢编程的女孩的同学。我喜欢编程的女孩的同学。我喜欢编程的女孩的
```

不需要　　　　不需要

●对创建完成的文本进行加工

创建完成的文本开头部分有“。”，结尾处的“我喜欢编程的女孩的”也并不是整句。在while循环结束时对需要删除的部分进行加工。

▼对创建完成的文本进行加工

```
sentence = re.sub('^.+?。', '', sentence)            # 删除至第一个句号(。)处
    if re.search('.+。', sentence):                  # 从最后的句号开始删除(。)
        sentence = re.search('.+。', sentence).group()
    sentence = re.sub('“', '', sentence)             # 删除左引号
    sentence = re.sub('”', '', sentence)             # 删除右引号
    sentence = re.sub('　', '', sentence)             # 删除全角空格
```

删除到第一个句号（包括第一个句号）处的操作使用了正则表达式 '^.+?。' 进行删除。

```
sentence = re.sub('^.+?。', '', sentence)
```

在if代码块

```
sentence = re.search('.+。', sentence).group()
```

中，用 '.+。' 取出第一个句号之前的文本。

“今天谢谢你。我很开心”像这样有引号的对话文本，既有可能以

```
我很开心”
```

开始的文本出现，也有可能以

```
“今天谢谢你。
```

为结尾的文本出现，所以要删除文本中所有的引号。

另外，在文本中为了空行输入的全角空格也可能会混入文本中，所以要将文本中所有的全角空格都删除。通过上述操作可以得到以下文本。

▼加工前的文本

```
。我喜欢编程的女孩的同学。我喜欢编程的女孩的同学。我喜欢编程
的女孩的
```

▼加工后的文本

```
我喜欢编程的女孩的同学。
```

●删除重复文本

最后还要进行一项操作。执行的时间节点不同，可能会有重复文本出现，使用overlap()函数可以删除重复文本。

▼overlap()函数

```
def overlap():
    """ 将有重复sentence的文本删除
    """
    global sentence                          # 使用全局变量
    sentence = sentence.split('。')          # 在(。)处分开，纳入列表
    if '' in sentence:                       # 若在元素分隔出空字符，则删除空字符
        sentence.remove('')
    new = []                                 # 暂时保存已处理文本的列表
    for str in sentence:                     # 取出sentence元素，在末尾处添加句号(。)
        str = str + '。'
        if str=='。':                        # 只在有(。)的情况下再次操作
            break
        new.append(str)                      # 将带有(。)的文本追加到new中
```

```
    new = set(new)                          # 将new的内容更改为集合，删除重复元素
    sentence=''.join(new)                   # 连接new的元素并再次代入到sentence中
```

在创建过程中，生成的文本会先在“。”切分，再生成列表。生成列表后，用set()函数将其更改为集合，即可自动删除重复元素。这是因为集合中的元素都是唯一的。

元素中若有空字符，则删除空字符，并用for循环在所有元素末尾都追加“。”。偶尔会有“。”混进元素中，此时不要急于进行下一步操作，而是先执行重复操作。

用append()函数将所有元素追加到列表new中后，for循环结束。将列表new更改为集合，删除重复元素。最后的操作是通过join()方法将new的所有元素连接成一个字符串，并追加到sentence中。

●运行程序，尝试创建文本

在while代码块中运行创建文本的generate()函数和overlap()函数。这是因为运行时间节点以及马尔可夫字典源文本数量可能会导致无法创建文本的情况发生。若sentence的内容为空，则一直运行generate()和overlap()，直到sentence不为空再创建文本。

▼程序的运行代码块

```
if__name__  == '__main__':
    word_list = get_morpheme('sample.txt')
# 指定文件名，创建语素列表
    create_markov(word_list)        # 创建马尔可夫字典
    while(not sentence):
        generate(word_list)         # 创建文本
        overlap()                   # 删除重复文本
    print(sentence)
```

因为有用于输出的代码print(sentence)，所以只要运行模块就可以将创建的文本输出到屏幕。本次用到的文章是太宰治所著《奔跑吧！梅洛斯》中的一小节，我们将它复制到sample.txt中使用。

▼《奔跑吧！梅洛斯》中的1小节

> “祝福你。我很累了，想先离开这里睡一会儿。醒了之后，我就立马赶赴城里，我还有重要的事情。即使我不在了，可你身边还有一个体贴你的丈夫，你绝对不会感到寂寞的。你哥哥最痛恶的就是怀疑他人和说谎，这一点你也是知道的。你和你丈夫之间不可藏有任何秘密。我想和你说的就是这个。你哥哥我也算是一个了不起的汉子，你也要以此为荣。”
> 新娘如在梦境般地点了点头。梅勒斯接着拍了拍新郎的肩膀说：
> “大家彼此都没有什么准备。我们家所谓的珍宝也就是我妹妹和羊群，除此之外一无所有。我把这些都给你，还有，你要为你成为梅勒斯的妹夫感到骄傲。”
> 新郎搓着双手害羞了起来。梅勒斯微笑着也和村里的人们打了声招呼，便离开了筵席，钻入羊圈里，像死猪一般倒地就睡着了。
> 睁开眼时已是第二天的黎明时分。梅勒斯一跃而起，天哪，我睡过了吗？不，没关系没关系，如果现在就马上出发的话，到约定的时限还绰绰有余。今天无论如何要让那个国王看到，人是诚实可信的。然后我要笑着走上十字架。梅勒斯从容不迫地开始整理行装。雨势也好像有所减弱了。一切都准备好了。接着，梅勒斯用力挥动着双臂，像箭一般地在雨中飞奔起来。

运行程序，输出下列文章。

▼运行结果示例

> 你哥哥最痛恶的就是怀疑他人和说谎，这一点你也是知道的。新娘如在梦境般地点了点头。梅勒斯微笑着也和村里的人们打了声招呼，便离开筵席，钻入羊圈里，像死猪一般倒地就睡着了。梅勒斯一跃而起，天哪，我睡过了吗？不，没关系没关系，如果现在就马上出发的话，到约定的时限还绰绰有余。今天无论如何要让那个国王看到，人是诚实可信的。然后我要笑着走上十字架。我把这些都给你，还有，你要为你成为梅勒斯的妹夫感到骄傲。睁开眼时已是第二天的黎明时分。一切都准备好了。接着，梅勒斯用力挥动着双臂，像箭一般地在雨中飞奔起来。我们家所谓的珍宝也就是我妹妹和羊群，除此之外一无所有。梅勒斯接着拍了拍新郎的肩膀说：大家彼此都没有什么准备。新郎搓着双手害羞了起来。雨势也好像有所减弱了。梅勒斯从容不迫地开始整理行装。你哥哥我也算是一个了不起的汉子，你也要以此为荣。

与之前的文章相比，字数有一定的减少。因为使用了3个单词的前缀，所以没有进行复杂的重组。根据情况，文章的字数会有所减少，在实际运行程序时会产生各种各样的版本，所以请大家一定要多试几次。

专栏　**若原文本篇幅短小，则有可能无法创建文本**

需要注意的是，若马尔可夫字典的原文本篇幅短小，则有可能无法创建完整的文本。

▼原文本

```
我是喜欢编程的女孩的同学。
我喜欢编程的女孩的原因是因为它。
```

▼最先抽出的键（前缀）

```
('同学', '。', '我') → 将从值（后缀）'喜欢'的部分追加到sentence中
```

▼创建文本的过程

```
count= 0   sentence= 喜欢
count= 1   sentence= 喜欢编程
count= 2   sentence= 喜欢编程的
count= 3   sentence= 喜欢编程的女孩
count= 4   sentence= 喜欢编程的女孩的
count= 5   sentence= 喜欢编程的女孩的同学
count= 6   sentence= 喜欢编程的女孩的同学。
```

count为6时，生成的前缀为('的','同学','。')。为了使这样的键不出现在markov中，操作到此终止。

▼生成的文本

```
喜欢编程的女孩的同学。
```

目前该句不是一个完整的句子，在之后还要将第1个句号之前的内容全部删除。不过，这样一来，句子本身也就不存在了。

9-5　聊天程序的创建

秘技 258

创建聊天程序

扫码看视频

▶难易程度 ●●●

这里是关键点！ **以马尔可夫连锁创建的小说题材的文章为回应**

在上一个秘技中，我们使用马尔可夫连锁对整篇小说进行了更换。这次尝试以小说为回应，创建聊天程序。在根据马尔可夫连锁创建的字典中，随机给出回应。

对于用户输入的信息，程序会返回基于马尔可夫连锁生成的文章。这样一来，或许就能根据原有文本形式创造出一种更有趣的互动方式。

●Markov类的创建

将马尔可夫连锁的相关操作都汇总到1个类中。同时将基于jieba的语素分析部分转移到analyzer模块中。

▼Markov类（markov_bot.py）

```
import re
import random
from analyzer import *            # analyzer模块的导入

class Markov:
    def make(self):    # ❶定义make()方法
        """ 使用马尔可夫连锁创作文章
        """
        print('文本读入中...')
        filename = "sample1.txt"     # ❷
        with open(filename, 'r', encoding =
'utf_8') as f:
            text = f.read()     # 保存所有数据到text中
```

```
        text = re.sub('\n', '', text)                        # 去掉末尾的换行符
        wordlist = parse(text)                               # 获取语素部分的列表
        markov = {}                                          # 创建马尔可夫字典
        p1 = ''                                              # 用于前缀的变量
        p2 = ''                                              # 用于前缀的变量
        p3 = ''                                              # 用于前缀的变量
        for word in wordlist:                                # 从语素列表中逐个取出
            if p1 and p2 and p3:                             # p1、p2、p3中是否含有值
                if (p1, p2, p3) not in markov:               # markov中不存在键(p1, p2, p3)
                    markov[(p1, p2, p3)] = []                # 若不存在，则追加键-值对
                markov[(p1, p2, p3)].append(word)            # 对键的列表追加后缀
            p1, p2, p3 = p2, p3, word                        # 替换3个前缀的值
        sentence = ''                                        # 含有创作的文章的变量
        # 随机抽出markov的键，代入到前缀1～3中
        p1, p2, p3  = random.choice(list(markov.keys()))
        count = 0                                            # 将计数变量初始化
        # 使用马尔可夫字典创作文章的部分
        while count < len(wordlist):                         # 仅对列表中的词语数量进行反复
            if ((p1, p2, p3) in markov) == True:             # 确认是否存在键
                tmp = random.choice(markov[(p1, p2, p3)])    # 获取构成文章的词语
                sentence += tmp                              # 将获取的词语追加到sentence中
            p1, p2, p3 = p2, p3, tmp                         # 替换前缀的值
            count += 1
# 将到第1次出现的（。）为止的内容全部删除
        sentence = re.sub("^.+?。", "", sentence)
        if re.search('.+。', sentence):                      # 将最后的句号（。）之后的内容删除
            sentence = re.search('.+。', sentence).group()
        sentence = re.sub("“", "", sentence)                 # 删除左引号
        sentence = re.sub("”", "", sentence)                 # 删除右引号
        sentence = re.sub("　", "", sentence)                # 删除全角空格
        return sentence                                      # 将生成的文章作为返回值返回
#===================================================
# 程序的起点
#===================================================
if __name__ == '__main__':
    markov = Markov()                                        # 将Markov类实例化
    text = markov.make()                                     # 获取使用make()方法创建的文章
    ans = text.split('。')                                   # ❸使用文末的“。”进行切分并生成列表
    if '' in ans:                                            # ❹去除空元素
        ans.remove('')
    print ('开始对话。')
    while True:                                              # ❺执行对话操作
        message = input('>')
        if ans:
            print(random.choice(ans))                        # 从ans中随机抽出1篇文章
```

❶ def make(self):

该方法用于创建马尔可夫字典，生成文章。

❷ filename = "sample1.txt"

sample1.txt中的文本数据是夏目漱石所著《少爷》中的部分内容。另外，文本中的字符编码统一为UTF-8格式。

上一个秘技操作相同，打开文件，读入内容，去掉文末的换行符后追加到wordlist中。

●程序的执行部分

接下来介绍程序的执行部分。将Markov类实例化，执行make()方法，获取生成的文章。获取的文章会以字符串的形式返回，所以根据❸的

```
ans = text.split('。')
```

在文末句号“。”处进行切分，生成列表。通过之后的❹

```
if '' in ans:
    ans.remove('')
```

解决切分的列表中空元素混杂的问题。在❺的

```
while True:
```

之后，对话操作开始。显示输入用程序，反复执行输入→回应的操作。通过

```
print(random.choice(ans))
```

给出回应，即从ans中随机抽出1篇文章后输出到屏幕。

●analyzer模块

在analyzer模块中利用jieba进行语素分析。

▼analyzer.py

```
import jieba    # 导入jieba

def parse(text):
        t = jieba.cut(text)
        result = []
        for token in t:
            result.append(token)
        return(result)
```

●执行程序查看回应

接下来对该对程序进行实际测试。只要读入的文件属于文本文件，什么内容都可以，但建议选取只含中文的文章。另外，选取的文章如果没有一定的篇幅，很难体现变化，因此我们使用夏目漱石的《少爷》作为本次的样本文章。该文章具有一定篇幅，并且以第一人称为主，因此能够感受到真实的对话氛围。

选择Run→Run Module选项，执行markov_bot.py。读入文件，在完成“语素分析”→“马尔可夫连锁操作”时会花费一定的时间，因此将这段时间表示为“文本读入中…”。短暂的等待之后，显示“开始对话。”和提示符“>”，这时就可以输入语句。

▼程序运行结果

```
文本读入中…
开始对话。
>你在做什么
当铺家有个十三四岁的儿子，名叫勘太郎
>他是什么人
二十五万石俸禄的诸侯王城，不过尔尔
>你要去哪里
我呢？有时甚至想，这有啥意思，不如不疼的好
>你怎么了
一举立了头功倒是本事，不过是个古儿基
>之后想干什么
我睡觉前先摔个屁股蹲儿是从小就养成的习惯
>你还养成了什么习惯
不懂规矩的东西！自己做事不敢承认，干脆别做的好
>为什么发脾气
没办法，街上的人都把我当成招惹是非的祸根，嫌弃我
>你可以做得更好
我们一同坐车来到火车站，她送我到月台上
>你想去很远的地方吗
看到了县衙门，这是一座上个世纪的古老建筑！看到了大街，道路只
有神乐坂圈一半宽，街面也不如那里齐整
>你喜欢这里吗
我当然不要了，可她一定要给，便借下了
```

从输出的结果可看出，虽然有《少爷》的风格出现了，但是生成的语句完全是随机抽取而成的，给出的回应也是支离破碎的。为了使最终的结果对话感更强，在后面的章节中，我们会对markov_bot模块进行进一步加工。

秘技 259

针对输入的字符串给出回应

扫码看视频

▶难易程度 ●●●

这里是关键点！ 对输入的字符串进行分析

在上一个秘技中，markov_bot模块会从生成的文本中随机返回结果，所以不到程序执行的一刻，无法获知应答内容。因此，我们可以对该模块进行一定的改造，通过对输入的字符串进行分析筛选出名词，将包含名词的文本取出，作为应答结果返回。

●markov_bot模块的改造

只对markov_bot模块的程序基础部分进行改造。具体来说，就是在while代码块中对输入的字符串进行操作。这里将上一个秘技中创建的markov_bot模块更改为markov_bot2。

▼markov_bot2.py

```
import re
import random
from analyzer import *
from itertools import chain

class Markov:
    def make(self):
        """ 使用马尔可夫连锁创作文章
        """
……省略……
#================================================
# 程序的起点
#================================================
if __name__ == '__main__':
    markov = Markov()                          # 创建Markov对象
    text = markov.make()                       # 取得马尔可夫连锁生成的句群
    sentences = text.split('。')                # 使用各语句末尾的换行进行分割并纳入列表
    if '' in sentences:                        # 删除列表中的空元素
        sentences.remove('')
print ("开始对话。")
    while True:
        line = input(' > ')
        parts = analyze(line)                  # ❶对输入的字符串进行语素分析
                                               # ❷含有与输入的字符串名词相匹配的马尔可夫连锁的列表
        m = []
        for word, part in parts:               # ❸对分析结果的语素和词性进行反复操作
                                               # ❹若输入的字符串中含名词，则检索含有该名词的马尔可夫连锁文
            if keyword_check(part):
                                               # ❺对使用马尔可夫连锁创建的文本逐个进行处理
                for element in sentences:
                                               # 检索马尔可夫连锁文中是否含语素的字符串
                                               # 若使文末为+ '.*?'，则只与检索字符串匹配
                                               # 使其为+ '.*'，只与检索字符串之外的内容匹配
                    find = '.*?' + word + '.*'
                                               # ❻与马尔可夫连锁文匹配
                    tmp = re.findall(find, element)
                    if tmp:
                                               # 若存在匹配的文本则对列表m进行追加
                        m.append(tmp)
                                               # ❼在findall()返回列表后，压平嵌套列表
        m = list(chain.from_iterable(m))
        if m:
                                               # ❽从与输入的字符串名词相匹配的马尔可夫连锁文中随机选择
            print(random.choice(m))
        else:
                                               # ❾若没有匹配的马尔可夫连锁文，则从sentences中随机选择
            print(random.choice(sentences))
```

通过❶对输入的字符串进行语素分析。❷的列表中含有与输入字符串匹配的文本。通过❸的for循环将分析结果分解为语素和词性信息。若通过keyword_check()函数成功匹配词性信息（❹），则进行下一步的for循环❺。

在for循环的代码块参数element中，从根据马尔可夫连锁生成的文本列表sentences中逐个取出文本，并确认其中是否含有输入的字符串的名词。

▼用于检索的正则表达式

```
find = '.*?' + word + '.*'
```

在Word中含有输入字符串的名词部分，将其放在正则表达式‘.*?’（任意数量、或者0字符以上的字符串）和‘.*’（1字符以上的字符串）之间，抽出包含word在内的所有文本。当然在说明中也会出现上述内容，但不写最后的‘.*?’，这是为了避免出现只匹配

word名词的情况。在生成文本时偶尔会混入只含名词的语句，这时要避免选择这类语句。

在❻中，若检索字符串find与代码块参数element相匹配，则通过❷将文本整体追加到初始化的列表m中。重复以上操作，将与输入字符串的名词相匹配的所有马尔可夫连锁文保存到m中。

如果输入的字符串中含有多个名词，则返回外侧for(❸)的开头，检索下面包含了名词的马尔可夫连锁文，并将其追加到列表m中。

使用findall()方法，可以用列表形式返回结果。将结果列表追加到列表m后就会生成列表的列表，即多重列表。

在之后进行随机抽取显然不合适，因此通过❼的操作，仅从内部列表中取出字符串作为外部列表的元素。这时要用到的是导入的itertools模块的chain.from_iterable()方法。

▼❼中多重列表的平面化

```
m = list(chain.from_iterable(m))
```

之后，通过❽将其从保存在列表m里的马尔可夫连锁文中取出，输出到屏幕后，回应结束。如果没有与输入的字符串名词匹配的文本，就通过❾从包含在sentences里的整篇马尔可夫连锁文中随机抽出文本，给出回应。

●analyzer模块的改写

analyzer模块也在之前的基础上进行了改造，模块中包含了语素分析和模式匹配等功能。实现代码如下所示。

▼analyzer.py

```
import jieba
import jieba.posseg
import re

def analyze(text):
    t = jieba.posseg.cut(text)
    result = []
    for w,token in t:
        result.append([w,token])
    return(result)
def keyword_check(part):
    return re.match('n', part)
def parse(text):
        t = jieba.cut(text)
        result = []
        for token in t:
            result.append(token)
        return(result)
```

●确认在输入的内容中马尔可夫字典是否生效

markov模块的改造到此结束。接下来进行实际测试，运行结果如下所示。

▼运行结果

```
文本读入中…
开始对话。
 > 蝗虫是害虫吗?
蝗虫也罢，蚂蚱也罢，为啥要放进我的床里？我什么时候叫你们把蚂蚱放进来啦？这件事被人当作笑料谈论了三天，弄得我哭笑不得
 > 你喜欢教师这个职业吗?
当然，除了教师，也不可能做一笔像样的买卖
 > 你在学校的生活怎么样?
过了一周光景，学校的情况大致了解一些，房东夫妇的为人也掌握了几分
 > 你喜欢钓鱼吗?
我问阿清: 海上钓鱼不用竿子，光用钓丝
 > 阿清是谁?
阿清虽然是个满脸皱纹的老婆婆，但是不论带她走，阿清也根本不愿跟在哥哥屁股后边，千里迢迢到遥远的地方去
 > 学校的值班制度是什么?
这样看来，古董贩子倒比学校的学生太不懂事啦！豪猪先是啊哈哈哈地笑上一阵，接着一本正经地忠告我：你可不能老是抱怨学校，要讲，就对我一个人讲，学校里有好多不三不四的人啊
> 校工是谁?
我又喊校工：把刚才的蚂蚱拿来
 > 蚂蚱是从哪里弄来的?
而被扔过去的蚂蚱则扒住蚊帐一动不动
 > 你叫什么名字?
古儿基这名称倒很像俄国文豪的名字啊
 > 从学校毕业后做什么?
高柏寺的五重塔直立在树林的上头，像针一样又尖又细
 > 他是谁?
浅井是庄户人家，我问阿清: 两盘团子七分钱
 > 你觉得红衬衫怎么样?
谈论一些别人听不懂的事，回到寓所准备了一下，到车站同红衬衫和小丑吃惊地望着
 > 小丑是谁?
喂，不是你值班吗？别的话我没有听清，小丑一提蚂蚱，我不由一怔，不知小丑为何将蚂蚱、要诚实之类的话倒引起我的注意
 > 你做梦吗?
他把学生全放走了
 > 房东对你怎么样?
房东嘻嘻地笑道: 不，我一点儿不费心，这种事儿即使每天晚上来一次，只要我活着，都不会费什么心
 > 你是坐火车到学校的吗?
当学生大声叫我老师的时候，楼下法律学校的学生太不懂事啦！豪猪听了，显出一副惊讶的神色
```

运行结果显示，最终生成的对话有时能够对应，有时不能对应，有时是强制对应，偶尔也会有令人惊诧的回复。但这次的程序能够识别输入的单词，所以比起上一次的程序，生成的对话更加准确自然。我们也可以试着将对话形式较多的小说、剧本、SNS上的日志等制成文件，进行上述操作。

9-6 利用语素分析进行文本挖掘

秘技 260

读入文本文件，创建名词频率表

扫码看视频

难易程度 ●●●

这里是关键点！ 基于语素分析的分隔写法

英文单词之间以空格分隔，因此我们可以轻易抽取单词。而就中文而言，如果不采用“分隔写法”，则很难区分语言单位，这时就需要进行语素分析。

之前我们已经创建了analyzer模块，用来进行语素分析。这次我们使用该模块，从保存在文本文件内的文章中抽出名词，并计算名词的出现次数，从而创建名词频率表。

●用于语素分析的analyzer模块

接下来介绍用于语素分析的analyzer模块。

▼analyzer模块

```
import re, pprint                                 # 导入re和pprint
import jieba
import jieba.posseg
''' 进行语素分析
    text    :分析对象文本
    返回值  :包含标题和词性组合的多重列表
'''
def analyze(text):
    t = jieba.posseg.cut(text)
    result = []                                   # 包含语素和词性的列表
    for w,token in t:                             # 从列表中取出词语和词性
        result.append([w,token])                  # 将词语和词性信息制成列表，追加到result中
    return(result)                                # 返回分析结果的多重列表
'''
判断词性是否为名词的函数
part    :语素分析的词性部分
返回值  :是名词则返回True，否则返回False
'''
def keyword_check(part):
return re.match('n', part )                       # 若为名词，则返回True，否则返回False
#==================================================
# 程序的起点
#==================================================
if __name__ == '__main__':
    print('输入文本')
    input = input()                               # 获取文本
    pprint.pprint(analyze(input))                 # 分析输入的文本
```

analyzer模块中虽然有执行程序的部分，但只要不直接执行该模块，这部分就不会被执行，因此在这里我们不做任何处理。

●创建名词频率表

使用下面的程序创建名词频率表并将其输出到屏幕。

▼创建名词频率表并将其输出到屏幕的程序（frequency_table.py）

```
from analyzer import *                              # 导入analyzer模块
def make_freq(file):
    """读入文本文件，返回语素分析结果
       返回值 : 包含分析结果的多重列表
    """
    print('文本读入中...')
    with open(file,                                 # 指定文件名
              'r',                                  # 通过读取方式打开
              encoding = 'utf-8'                    # 指定编码方式
              ) as f:
        text = f.read()                             # 将所有数据保存至text
    text = re.sub('\n', '', text)                   # 去除文末换行符
    word_dic = {}                                   # 包含词语的列表
    analyze_list = analyze(text)                    # ❶以列表形式获取语素分析的结果
    for word, part in analyze_list:                 # ❷从两个参数中抽取多重列表的元素
        if (keyword_check(part)):                   # 当keyword_check()函数的返回值为True时
            if word in word_dic:                    # 字典中是否含与词语相同的键
                word_dic[word] += 1                 # 对键的值加1
            else:                                   # 若无对应值
                word_dic[word] = 1                  # 以词语为键，值为1
    return(word_dic)                                # 返回频率表字典
def show(word_dic):
    """输出频率表
    """
    for word in sorted(                             # ❸
        word_dic,                                   # 对象的字典
        key = word_dic.get,                         # 将排序标准（key）作为字典的值
        reverse = True                              # 降序排序
        ):
      print(                                        # 输出键（词语）和值（频率）
        word + '(' + str(word_dic[word]) + ')'
        )
#=================================================
# 程序的起点
#=================================================
if __name__ == '__main__':
    file_name = input('请输入文件名>>>')
    freq = make_freq(file_name)    # 获取频率表
    show(freq)                     # 屏幕显示
```

通过❶的

```
analyze_list = analyze(text)
```

执行analyzer模块的analyze()函数，获取语素分析结果。由于返回的是多重列表，所以通过❷的for循环

```
for word, part in analyze_list:
```

从word和part中分别取出语素及词性信息。之后，若含有频率表的字典word_dic中包含对应的键，则将值加1；若不存在对应的键，则通过

```
word_dic[word] = 1
```

记录一组新的键-值对到字典中。该操作与之前创建英文单词频率表时一样。

在输出频率表的show()函数中，通过❸的

```
for word in sorted(word_dic, key = word_dic.get,
reverse = True ):
```

按照word_dic的值（频率）进行排序，然后使用代码块内的print()进行输出。

●执行程序，输出频率表

下面以sample1.txt作为样本文件读入，该文本内容为夏目漱石所著《少爷》的部分内容。

▼运行结果

```
东京(19)
豪猪(19)
父亲(18)
教员(16)
钓丝(16)
房子(15)
面(14)
哥儿(14)
钓鱼(14)
江户(13)
连(13)
鱼(13)
校工(12)
母亲(12)
教务主任(12)
房间(11)
老师(11)
温泉(11)
问(10)
太郎(10)
女佣(10)
办法(10)
铺席(10)
狐狸(10)
房东(10)
炸虾(10)
无法(9)
毕业(9)
外甥(9)
竹叶(9)
旅馆(9)
……以下省略……
```

第10章
261~272

GUI

10-1　tkinter模块

秘技 **261**

创建程序界面（tkinter模块）

扫码看视频

难易程度 ●●○

这里是关键点！ Tk()方法

tkinter是Python中用于创建GUI（Graphical User Interface）应用的标准程序库。tkinter是Tool Kit Inter-face的简称，只要将其导入就可立即使用。

●导入tkinter，显示GUI的基础界面

首先导入tkinter，试着显示GUI的基础界面。我们可以在导入tkinter之后，通过输入缩略语tk来使用import tkinter as tk。为了输入方便，可以使用关键字as加tk的方式来表示。

▼显示GUI的基础界面（gui_base.py）

```
import tkinter as tk          # 导入tkinter模块并命名为tk

base = tk.Tk()                # 将Tk类实例化
base.mainloop()               # 保持窗口状态
```

▼运行结果

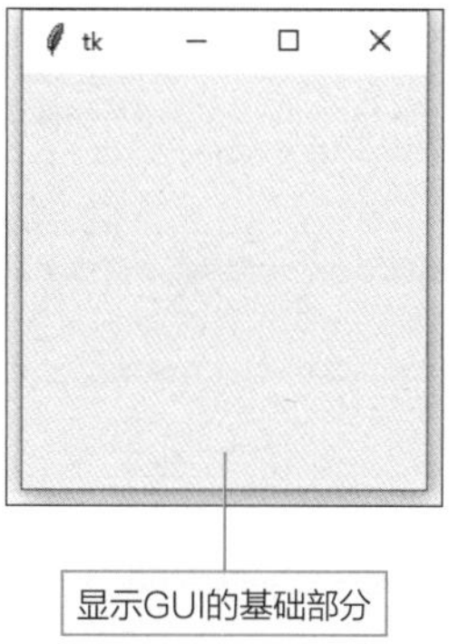

使用tkinter的Tk类创建GUI的基础界面，该界面一般被称为窗口。该界面上配置有按钮和菜单等“GUI控件”，因此可以利用tkinter创建应用的操作界面（GUI）。

秘技 **262**

指定窗口大小

扫码看视频

难易程度 ●●○

这里是关键点！ geometry()方法

只要将Tk类实例化，就可以像前文那样显示小窗口。指定界面大小要用到的是geometry()方法。

• geometry()

设置窗口的长和宽，例如200×100，在数字与数字之间输入英文字母x。将指定的数字换算为像素（px）单位，从而设置窗口大小。

形式	Tk对象.geometry(‘宽x高’)

使用title()方法设置窗口标题。

• title()

形式	Tk对象.title(‘作为标题使用的字符串’)

▼创建主窗口（window_size.py）

```
import tkinter as tk

root = tk.Tk()                          # 创建主窗口
root.geometry('500x400')                # 设置窗口大小
root.title('Python--tkinter : ')        # 设置窗口标题
root.mainloop()                         # 保持窗口状态
```

运行该程序后，可能会显示横向较长的界面。程序最后的root.mainloop()用于保持界面。在交互式运行环境中执行程序不会有什么问题，但如果双击模块，直接启动该程序，程序就会一直执行至源代码的末尾，而且在程序终止的同时窗口也会消失。为避免发生这种情况，就要用到mainloop()方法，这样一来，即便程序终止，窗口也依然存在。

▼运行结果

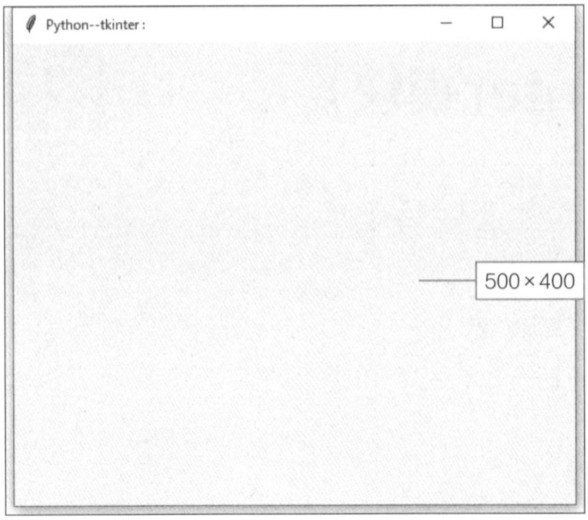

秘技
263 指定按钮位置

难易程度 ●●○

扫码看视频

这里是关键点！ pack()方法

pack()方法中含有side选项，用于指定“位置”。在该方法的参数中输入“side = 常量”，指定位置。

常量即“固定值的变量”。在tkinter中使用4个常量指定位置，具体表示如下。

▼可用于指定到pack()方法的side选项的常量

tkinter.TOP	从上至下排列（默认）
tkinter.LEFT	从左至右排列
tkinter.RIGHT	从右至左排列
tkinter.BOTTOM	从下至上排列

▼指定按钮位置（button_pack_side.py）

```
import tkinter as tk

root = tk.Tk()                              # 创建主窗口
root.geometry('100x100')                    # 设置窗口大小

button1 = tk.Button(
    root, text='按钮1').pack()              # 设置按钮

button2 = tk.Button(
    root, text='按钮2').pack(side=tk.LEFT) # 将按钮置于左侧

button3 = tk.Button(
    root, text='按钮1').pack(side=tk.RIGHT)# 将按钮置于右侧

root.mainloop()
```

▼运行结果

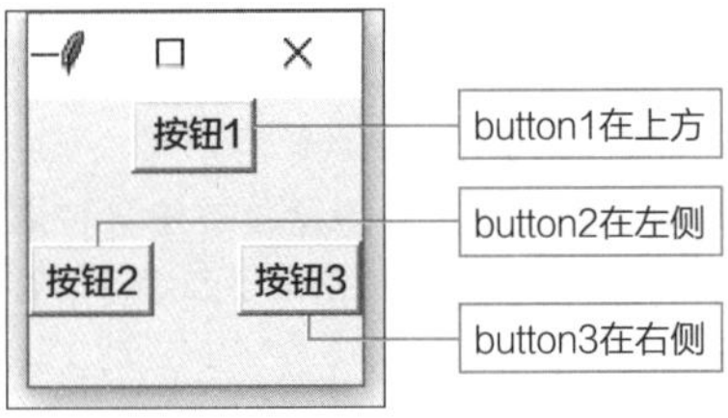

秘技 264

在窗口中设置按钮

扫码看视频

难易程度 ●●

这里是关键点！ pack()、grid()、place()

一般而言，我们需要一个“契机”来证明某种操作的开始。而创造契机，最简便的方法就是设置按钮。

• 在窗口中放置控件

在tkinter中，设置按钮、复选框以及用于表示字符的标签等GUI应用程序的常用控件被称为微件(Widgets)。使用以下3个方法中的任意1个配置窗口可以管理这些微件。

• grid()

设定1个网格（格子），并通过指定row（行）和column（列）的位置来进行窗口的布局管理。

形式	微件.grid(row=表示行号的数值，column=表示列号的数值)

• pack()

从窗口上部按顺序管理微件。

形式	微件.pack()

• place()

使用xy坐标管理微件。单位是像素。

形式	微件.place(x=从窗口左侧开始的位置，y=从窗口上部开始的位置)

●制作按钮，使用pack()方法进行布局管理

tkinter中的Button类用于制作按钮，将其实例化即可进行操作。

▼按钮的制作

```
变量 = Button(父元素, text='按钮表示的字符串')
```

制作3个按钮，并使用pack()方法进行布局管理。

▼按从上到下的顺序设置3个按钮（button_pack.py）

```
import tkinter as tk

root = tk.Tk()                          # 创建主窗口
root.geometry('100x100')                # 设置窗口大小

button1 = tk.Button(
            root,           ———— 父元素为root
            text='按钮1'     ———— 按钮表示的文本
        ).pack()            ———— 对按钮进行布局管理

button2 = tk.Button(
    root, text='按钮1').pack()   # 对第2个按钮进行设置

button3 = tk.Button(
    root, text='按钮1').pack()   # 对第3个按钮进行设置
root.mainloop()
```

▼运行结果

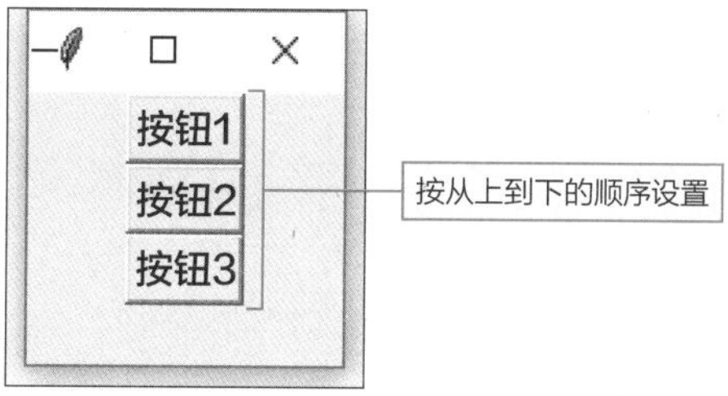

按钮制作完成后，将其代入变量，我们可以以button.pack()的形式进行设置，也可以写作

```
tkinter.Button(root, text='按钮1').pack()
```

用1行代码完成按钮的制作与设置。另外，虽然在上述案例中，将按钮的参照信息代入了button1等变量，但如果无须参照按钮，则只写上述代码进行设置即可。

秘技 265

制作按钮并使用grid()方法进行布局管理

扫码看视频

难易程度 ●●

这里是关键点！ 基于grid()方法的布局管理

grid()方法可以将微件按网格状布局管理。

▼在格子上设置按钮（button_pack_grid.py）

```
import tkinter as tk

root = tk.Tk()                                    # 创建主窗口
root.geometry('100x100')                          # 设置窗口大小

button1 = tk.Button(
    root, text='按钮1').grid(row=0, column=0)     # 在第1行第1列设置按钮

button2 = tk.Button(
    root, text='按钮2').grid(row=0, column=1)     # 在第1行第2列左侧设置按钮

button3 = tk.Button(
    root, text='按钮3').grid(row=1, column=1)     # 在第2行第2列右侧设置按钮

root.mainloop()
```

▼运行结果

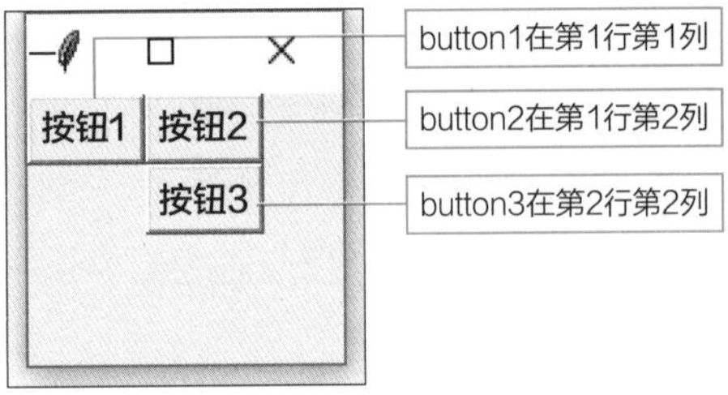

秘技 266

制作按钮并使用place()方法将其放置在指定的位置

扫码看视频

难易程度 ●●

这里是关键点！ place()方法中指定坐标

通过place()方法指定xy坐标，设置按钮。

▼通过像素单位指定位置（button_pack_place.py）

```
import tkinter as tk

root = tk.Tk()                          # 创建主窗口
```

```
root.geometry('200x200')                # 设置窗口大小

button1 = tk.Button(
```

```
    root, text='按钮1').place(x=0, y=0)       # 设置在窗口的左上角

button2 = tk.Button(                        # 距离左侧50px
    root, text='按钮2').place(x=50, y=50)     # 设置在距离上部50px的位置

button3 = tk.Button(                        # 距离左侧100px
    root, text='按钮3').place(x=100, y=100)   # 设置在距离上部100px的位置

root.mainloop()
```

▼运行结果

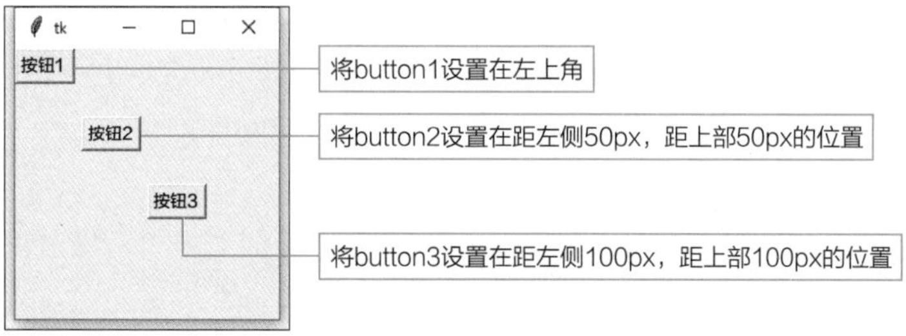

秘技 **267** 难易程度 ●●○

单击按钮时进行操作

扫码看视频

这里是关键点！ command选项

按钮是一种微件，其作用是单击按钮实现某种操作。在前一秘技中，我们设置了按钮，但即使单击该按钮，也不会发生任何变化。下面我们将介绍设置单击按钮时进行操作的方法。

●设置按钮功能

在tkinter中生成按钮（Button对象）时，指定command选项，就可以调用某函数。

• 单击按钮时调用函数

```
tkinter.Button(父元素, text='表示的字符串', command=函数名)
```

通常我们在调用函数时会在函数名之后添加()，但用command选项进行指定函数时无须添加()。

●通过单击按钮调用push()函数

push()函数用于将字符输出到屏幕。对该函数进行定义，并在单击按钮时调用该函数。

▼通过单击按钮调用push()函数（button.py）

```
import tkinter as tk

def push():                       # 通过单击按键调用的函数
    print('已按')

root = tk.Tk()                    # 创建主窗口
root.geometry('100x50')           # 设置窗口大小
button = tk.Button(root,
                   text='请按',
                   command=push   # 调用push()函数
                   ).pack()

root.mainloop()
```

▼运行结果

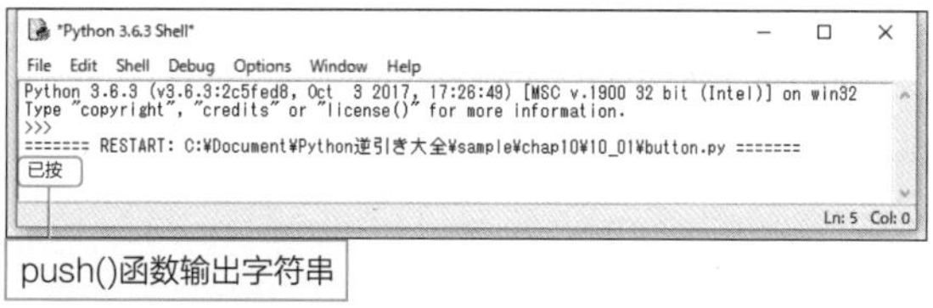

秘技 268 ▸难易程度 ●●

通过多选按钮进行选择

扫码看视频

这里是关键点！ Checkbutton()构造器

tkinter的微件中包含多选按钮，用于从多个选项中选定选项。我们一般称其为复选框。

●设置多选按钮，对选择结果进行处理

将tkinter的Checkbutton类实例化，创建多选按钮。

• 多选按钮的创建

```
tkinter.Checkbutton(父元素,
            text='表示的字符串',
            variable=BooleanVar对象)
```

• BooleanVar

创建只含True和False值的对象。通过get()方法获取对象的值。

使用BooleanVar类的对象检测是否选中多选按钮。若在variable选项中设置BooleanVar对象，则选中多选按钮时BooleanVar对象中含有True。之后使用get()方法确认多选按钮BooleanVar对象的值，就能获知对象是否被选中。

●显示选择结果

设置4个多选按钮并进行选择，然后创建程序以显示选择结果。

▼显示选择结果的程序（check_button.py）

```
import tkinter as tk

# 提供显示在多选按钮上的字符串
item  = ['手表','记事本', '存折', '伞']
# 包含BooleanVar对象的字典
check = {}

root = tk.Tk()                    # 创建主窗口
root.geometry('200x150')          # 设置窗口大小

# 多选按钮的创建与设置
# 只对item列表的元素数目进行反复操作
for i in range(len(item)):
    # 创建BooleanVar对象，并令其为列表check的元素
    check[i] = tk.BooleanVar()
    # 多选按钮的创建与设置
    tk.Checkbutton(root,                # 指定父元素
                   variable = check[i], # 指定variable中字典check的第i个元素
                   text = item[i]       # 指定text中列表item的第i个元素
                   ).pack(anchor=tk.W)  # 靠左设置

# 显示多选按钮状态的函数
def choice():
    # 只对字典check的元素数目进行反复操作
    for i in check:
        # 确认check的键i的BooleanVar对象是True还是False
        if check[i].get() == True:
            print(item[i] + '别忘记')

# 按钮的创建与设置
button = tk.Button(root,
                   text = '明天要带的东西',
                   command = choice      # 单击按钮时调用choice()函数
                   ).pack()

root.mainloop()
```

●多选按钮的创建与设置

提供字典，即显示在多选按钮上的字符串。

▼显示在多选按钮上的字符串列表

```
item  = ['手表','记事本', '存折', '伞']
```

将以上字符串制成列表，是为了能通过之后的for操作一次性创建多选按钮。在for语句中，使用len()函数确认列表item的元素数量，并将其作为range()函数的参数进行迭代。

在for内部，首先创建BooleanVar对象，令键为i的值并追加到字典check中。

▼BooleanVar对象的创建

```
check[i] = tk.BooleanVar() →{0 : 变为（0:BooleanVar）
```

接下来创建多选按钮，在variable中指定check[i]，在text中指定item[i]。虽然最后可以使用pack()方法进行设置，但此处选用anchor选项来进行设置。

▼anchor选项的指定方法（NW等字符表示常量）

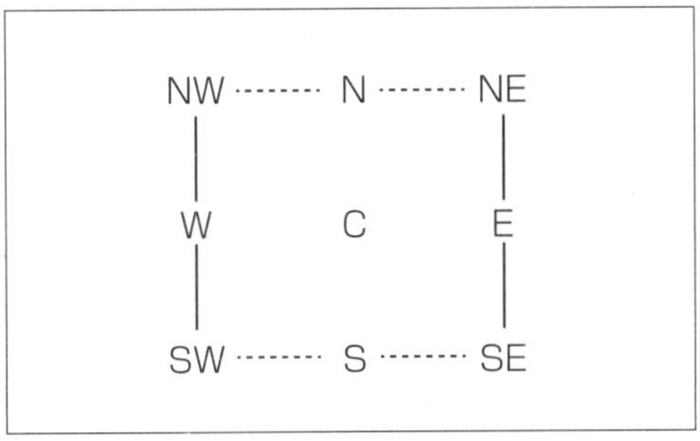

以矩形结构表示父元素，指定左上角为anchor=tkinter.NW，中间为anchor=tkinter.C。在该例中，指定anchor=tk.W，并将所有的多选按钮靠左设置。

●显示多选按钮状态的函数

创建函数choice()，确认多选按钮的状态并显示选择结果。单击之后创建按钮，即可调用该函数。

▼choice()函数

```
def choice():
    for i in check:
        # 确认check的键i的BooleanVar对象是True还是False
        if check[i].get() == True:
            print(item[i] + '别忘记')
```

使用for语句对函数内部的字典check中的元素数目进行反复操作。在嵌套的if语句中，通过check[i].get()==True指定键为i，并通过get()方法获取它的值，也就是BooleanVar对象的值。若选中第1个多选按钮，则check[0]的BooleanVar对象应该为True，这时我们可以使用print()函数输出item[0]的值。

▼运行结果

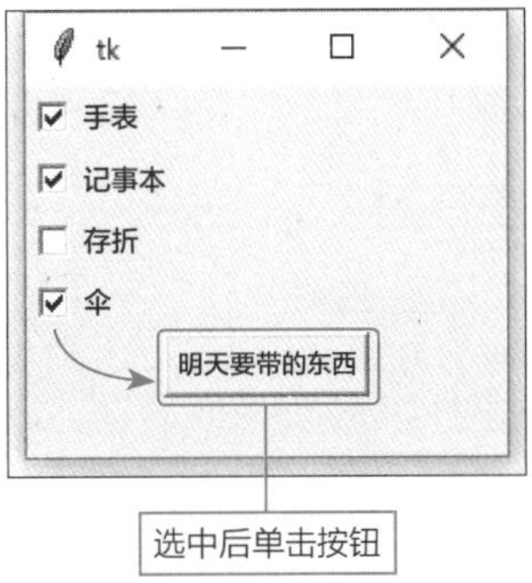

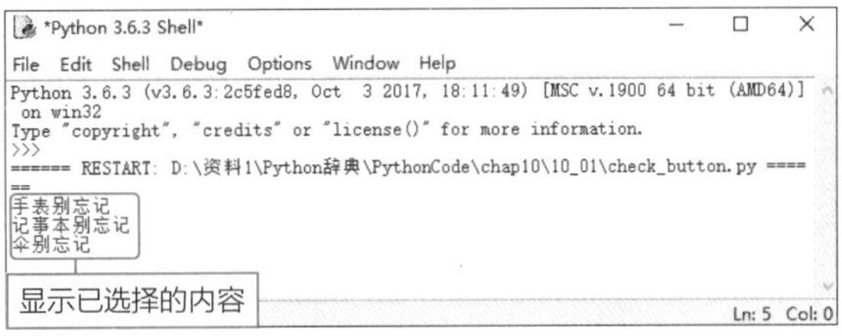

秘技 269

使用单选按钮，多选项中选其一

▶难易程度 ●●○

扫码看视频

这里是关键点！ value选项、variable选项

多选按钮可以选择多个选项，而单选按钮则只能从多个选项中选择其中的1个。

●单选按钮只能选1个

单选按钮不能选择两个以上的选项，因此只适用于“只选1个”的情况。

▼单选按钮的创建

```
tkinter.Radiobutton(父元素,
        text='表示的字符串',
        value=用于识别单选按钮的int型的值
        variable=IntVar对象)
```

• IntVar

用于创建含int型值的对象，使用get()方法来获取对象的值。

单选按钮下设有value和variable两个选项，用于显示已选项目。在value选项中，分配各单选按钮中的int型连续序号。即第1个单选按钮为0，第2个单选按钮则为1。

在variable中设置InVar类的对象，并对所有单选按钮分配同一对象。这样一来，选择单选按钮时，InVar对象中就包含了该按钮下value的值。若value的值为单选按钮1，则InVar对象中就包含1，针对该对象执行get()方法，就可以获知哪个单选按钮为on。

●确认哪个单选按钮为on

作为示例，将4个单选按钮中的某一个设为on，单击按钮后，显示选择的内容。

▼从4个单选按钮中选择1个（radio_button.py）

```
import tkinter as tk

# 提供显示在单选按钮上的字符串
item = ['打扫院子', '擦窗户', '洗车', '给地板打蜡']

root = tk.Tk()                              # 创建主窗口
root.geometry('200x150')                    # 设置窗口大小
val = tk.IntVar()                           # 创建InVar对象并将其代入变量中

# 单选按钮的创建与设置
# 只对item列表的元素数目进行反复操作
for i in range(len(item)):
    tk.Radiobutton(root,# 指定父元素
                   value = i,               # 令value的值为i
                   variable =val,           # 指定InVar对象到variable
                   text = item[i]           # 指定列表item的第i个元素到text
                   ).pack(anchor=tk.W)      # 靠左设置

# 显示单选按钮状态的函数
def choice():
    ch = val.get()                          # 获取InVar对象的值
    # 将列表item的索引指定到ch并输出元素
    print('明天' + item[ch] + '吧')

# 按钮的创建与设置
button = tk.Button(root,
                   text = '明天要做的事',
                   command = choice         # 单击时调用choice()函数
                   ).pack()

root.mainloop()
```

▼运行结果

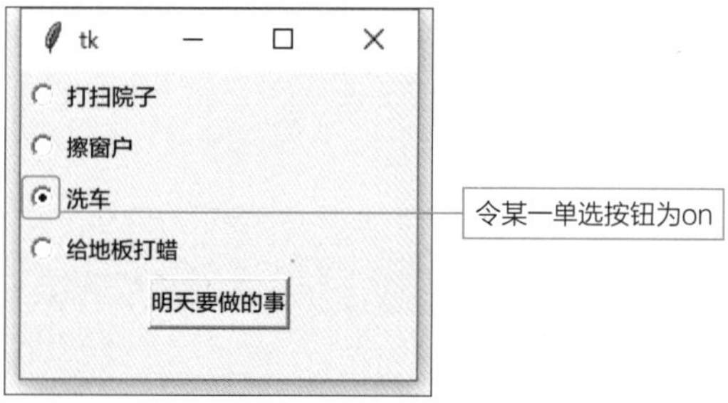

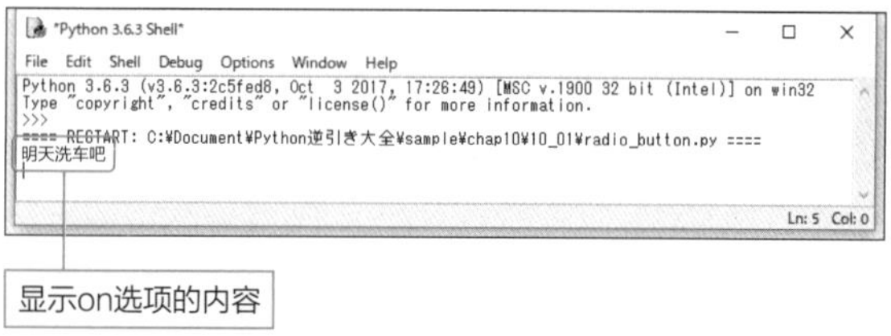

秘技 270

设置菜单

难易程度 ●●

这里是关键点！ Menu()、configure()

对GUI应用程序来说，菜单是不可或缺的。tkinter的Menu类在窗口上部设置菜单，并创建能追加任意数量项目（菜单项目）的对象。

●创建[文件]菜单并在窗口中进行设置

在窗口上设置菜单，首先要使用Menu()创建菜单的基础——菜单栏。在参数中指定窗口（Tk对象），基于该操作，菜单栏的父元素会变为窗口。

• 菜单栏的创建

tkinter.Menu(父元素)

▼菜单栏的创建

```
menubar = tk.Menu(root)  ——— 创建Menu对象
```

接下来使用configure()方法，设置窗口的菜单栏menubar。

• configure()

设置窗口属性的值。

形式	窗口.configure(选项=值)

▼在窗口中设置菜单栏

```
root.config(menu=menubar) —— 设置menu选项，将Menu对象
                             设置为菜单栏（root是包含
                             Tk对象的变量）
```

接着对菜单和菜单项进行设置。

• add_cascade()

对菜单栏（Menu对象）中的菜单（其他Menu对象）进行设置。

形式	Menu对象. add_cascade()

菜单本身也是Menu对象。将Menu()的参数设为菜单栏，创建新的Menu对象。然后使用add_cascade()方法将该对象列入菜单栏中。

▼创建“文件”菜单并将其列入菜单栏

```
filemenu = tk.Menu(menubar) — 将菜单作为参数，创建
                              Menu对象
menubar.add_cascade(label='文件', menu=filemenu)
                    ——————— 将[文件]菜单设置在菜单栏中
```

到这一步操作为止，[文件]菜单显示如下。然后在单击[文件]菜单时追加项目。

▼[文件]菜单的设置

▼追加菜单项目的方法

add_checkbutton()	表示多选按钮。用于设置二选一信息
add_command()	执行由commmand选项指定的函数和方法
add_radiobutton()	表示单选按钮附带的菜单项
add_separator()	表示分隔线

▼追加可执行函数和方法的项目

```
filemenu.add_command(label='关闭', command=callback)
                                  ——————— 追加[关闭]项
```

在command选项中指定之后要创建的callback()函数。这样就能在单击菜单时显示[关闭]项，选择该项目，则callback()函数被执行。

▼追加[关闭]项

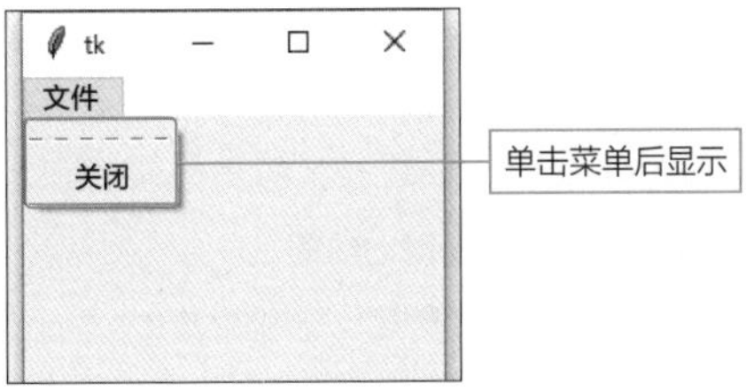

秘技 271 难易程度 ●●

创建模态对话框

扫码看视频

这里是关键点！ askyesno()方法

tkinter中包含了用于创建模态对话框（弹出式窗口）的函数。本秘技我们就使用该函数进行操作。

• askyesno()

使用tkinter中messagebox模块的函数，表示设置有[是]/[否]按钮的模态对话框。

形式	tkinter.messagebox.askyesno()

使用tkinter.messagebox.askyesno()函数创建模态对话框。在该对话框中，单击[是]按钮，返回True；单击[否]按钮，返回False。

▼选择[关闭]项时用到的函数

```
def callback():
    if tk.messagebox.askyesno(      ——— 表示模态对话框，确认返回值
            'Quit?',                ——— 标题
            '是否结束? '             ——— 显示的信息
        ):
        root.destroy()              ——— 销毁窗口，程序终止
    # 单击[否]按钮则不会产生任何变化
```

if条件表达式为tk.messagebox.askyesno(...)，使用该条件表达式，直接创建模态对话框并令其显示到屏幕。这样一来，单击模态对话框上的按钮时就能返回True或False。若返回的是True，则进行if代码块的操作。另外，单击[否]按钮时，并不会发生变化，因此无须写else代码块。如果要使用[否]按钮进行某种操作，则在“else:”后写下操作。

• destroy()

销毁窗口。

形式	销毁的窗口.destroy()

●检测获知[×]([关闭]按钮)已被单击

在单击[关闭]按钮时表示模态对话框。该操作可通过以下代码实现。

▼单击[关闭]按钮，则调出callback()函数

```
root.protocol('WM_DELETE_WINDOW', callback)
```

tkinter支持被称为协议处理器的机制。该术语听起来可能比较难理解，协议指的是应用程序与窗口间的数据交换规则。WM_DELETE_WINDOW协议则用于在窗口关闭前，通知窗口即将关闭的消息。指定WM_DELETE_WINDOW 到protocol()方法的第1个参数，指定函数和方法到第2个参数，这样一来，就能在窗口关闭前调用函数或方法。

●程序的创建

选择菜单项，创建用于关闭页面的程序。

▼在页面设置菜单（menu.py）

```
import tkinter as tk

# 选择[关闭]项时调出的函数
def callback():
    # 单击模态对话框中[是]按钮时的操作
    if tk.messagebox.askyesno(
        'Quit?', '是否结束? '):
        root.destroy()
    # 单击[否]按钮，则不会产生任何变化

# 单击[关闭]按钮，则调出callback()函数
root.protocol('WM_DELETE_WINDOW', callback)

# 创建主窗口
root = tk.Tk()

# 创建用于菜单栏的Menu对象
menubar = tk.Menu(root)
# 记录窗口的菜单栏
root.config(menu=menubar)
# 创建用于菜单的Menu对象
# 参数为菜单栏
filemenu = tk.Menu(menubar)
# 在菜单栏中设置[文件]菜单
menubar.add_cascade(label='文件', menu=filemenu)
# 设置[关闭]项
filemenu.add_command(label='关闭', command=callback)

root.mainloop()
```

▼运行结果

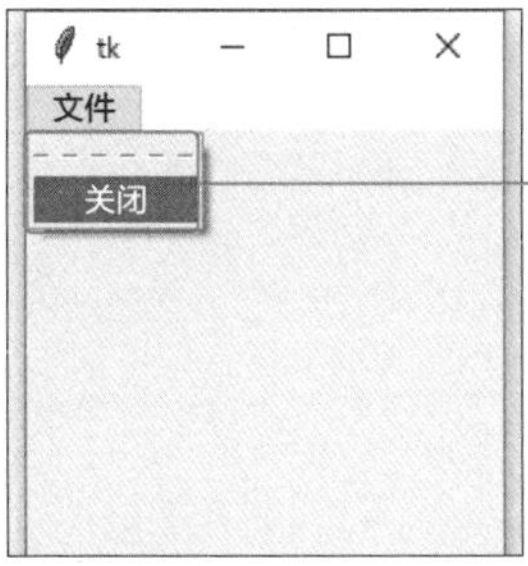

秘技 272

创建程序以制定明天的计划

扫码看视频

难易程度 ●●

这里是关键点！ 全局变量的应用

最后，再来创建一个简单的程序，让它来帮助我们制定明天的计划。

●准备好制定计划用的函数

首先准备1个函数，从嵌在列表中的7个事项中随机抽取1个。创建模块tomorrows_action，编写以下代码。

▼wakuwaku()函数的定义（tomorrows_action.py）

```
import tkinter as tk                    # tkinter的导入
import random                           # random的导入

#全局变量的定义
response_area = None                    # 保存响应区域的对象

# 制定明天计划的函数
def wakuwaku():
    play =  ['寻找小电影院，去看电影',
             '在时尚的咖啡店休闲度过',
             '在游乐场体验刺激的娱乐项目',
             '感受神社、寺庙的宁静氛围',
             '体验自由的巴士之旅',
             '在烟雨蒙蒙的街道散步',
             '在嘈杂街道旁的小酒馆间穿梭']
    # 从play列表中随机抽出
    tomorrow = random.choice(play)
    # 在标签中显示明天的计划
    response_area.configure(text=tomorrow)
```

全局变量是在模块下，也就是在函数外部定义的变量，适用于模块内的所有函数。

而wakuwaku()函数则是从列表play中随机抽出1个事项，并将其表示在“标签”微件中。

▼用于将抽出的元素表示在标签中的代码

```
response_area.configure(text=tomorrow)
```

configure()方法可用于设置微件属性。将抽出的元素代入tomorrow，使其作为标签中text选项的值。接着执行wakuwaku()函数，就可以将从列表play中随机抽出的元素（字符串）显示到标签，从而获知结果。

●创建程序界面

接下来创建程序GUI界面。

如果界面空无一物，会显得比较简陋，因此为了让界面丰富起来，就需要在页面上显示图像。下面是用于表示明天计划的标签，还有用来执行wakuwaku()函数的按钮。虽然有点长，但在之前编写的程序的下一行，一次性输入了所有操作。

▼定义描绘图像的run()函数（tomorrows_action.py）

```
import tkinter as tk                    # tkinter的导入
import random                           # random的导入

#全局变量的定义
response_area = None # 保存响应区域的对象

# 制定明天计划的函数
def wakuwaku():
    play =  ['寻找小电影院，去看电影',
             '在时尚的咖啡店休闲度过',
             '在游乐场体验刺激的娱乐项目',
             '感受神社、寺庙的宁静氛围',
             '体验自由的巴士之旅',
             '在烟雨蒙蒙的街道散步',
             '在嘈杂街道旁的小酒馆间穿梭']
```

```
    # 从play列表中随机抽出
    tomorrow = random.choice(play)
    # 在标签中显示明天的计划
    response_area.configure(text=tomorrow)


#=================================================
# 描绘图像的函数
#=================================================
def run():
    # 为使用全局变量而进行的表述
    global response_area ——— ❶

    # 创建主窗口
    root = tk.Tk()
    # 设置窗口标题
    root.title('明天的日程 : ')
    # 提供元组，用以指定字体和字体大小
    font = ('Helevetica', 14)

    # 创建画布(canvas)
    canvas = tk.Canvas( ——— ❷
                root,                       # 将父元素设置为主窗口
                width = 550,                # 设置宽度
                height = 200,               # 设置高度
                relief=tk.RIDGE,            # 显示边框
                bd=2                        # 设置边框宽度
            )
    canvas.pack()                           # 在窗口配置

    img = tk.PhotoImage(file = 'img1.gif')  # 准备要表示的图像 ——— ❸
    canvas.create_image(                    # 在画布上设置该图像
        0,                                  # x坐标
        0,                                  # y坐标
        image = img,                        # 指定设置的图像
        anchor = tk.NW                      # 指定左上角为设置的起点位置
    )

    # 创建响应区域
    response_area = tk.Label( ——— ❹
                        root,               # 将父元素设置为主窗口
                        width=50,           # 设置宽度
                        height=10,          # 设置高度
                        bg='pink',          # 设置背景色
                        font=font,          # 设置字体
                        relief=tk.RIDGE,    # 设置边框类型
                        bd=2                # 设置边框宽度
                        )
    response_area.pack()                    # 在主窗口配置

    # 按钮的创建
    button = tk.Button( ——— ❺
        root,                               # 将父元素设置为主窗口
        font=font,                          # 设置字体
        text='明天什么安排? ',               # 显示在按钮上的文本
        command=wakuwaku                    # 单击时调出wakuwaku()函数
        )
    button.pack()                           # 在主窗口设置
```

```
    # 主循环
    root.mainloop()


#==================================================
# 程序的起点
#==================================================
if __name__ == '__main__':
    run()
```

●为使用全局变量而进行的表述(❶的代码)

在模块的开头提供response_area这一全局变量，以将Lable微件代入。若只参照全局变量的值，则不需要格外提供任何东西；但要代入值，则必须使用global这一关键字，写成如下形式。

▼为使用全局变量而进行的表述

```
global response_area
```

●Canvas微件的创建与设置

为表示图像，就要创建微件(GUI控件)Canvas，以其作为图像的基础平台，然后在画布上展示图像。Canvas微件除了能表示矩形、直线和椭圆等图形之外，还可以表示图像、字符串以及任意的微件，使用起来极为便利。另外，微件通过Canvas生成。

▼画布的创建（❷之后的代码）

```
canvas = tk.Canvas(
    root,              —— 将父元素设置为主窗口
    width = 550,       —— 以像素为单位设置宽度
    height = 200,      —— 以像素为单位设置高度
    relief=tk.RIDGE,   —— 将边框类型设置为RAISED（凸起的）
    bd=2               —— 以像素为单位设置边框宽度
)
canvas.pack()          —— 在窗口设置Canvas
```

▼Canvas微件的选项

选项	说明
bg或background	指定背景颜色
bd或bordewidth	以像素为单位指定边框宽度。默认为0，指定relief时，必须指定该值
relief	指定边框形状。含有tkinter.FLAT(default)、tkinter.RAISED、tkinter.SUNKEN、tkinter.GROOVE、tkinter.RIDGE
width	以像素为单位指定宽度
height	以像素为单位指定高度

▼可对relief选项设定的常量

（续表）

常数	说明
FLAT	平的
RAISED	凸起的
SUNKEN	凹陷的
GROOVE	沟槽状边缘
RIDGE	脊状边缘

●准备图像并在画布上进行设置

要表示tkinter默认的GIF形式和PPM形式的图像文件，首先要通过tkinter.PhotoImage()将其读入，然后创建用来显示该图像的对象。之后使用Canvas的create_image()方法在画布上进行设置。

▼在Canvas中设置图像（❸之后的代码）

```
img = tk.PhotoImage(file = 'img1.gif')  —— 与模块包含在同一文件夹中，读入img1.gif
# 在画布上设置该图像
canvas.create_image(
    0,               —— x坐标
    0,               —— y坐标
    image = img,     —— 指定设置的图像对象
    anchor = tk.NW   —— 将设置的起点指定在左上角
)
```

若只指定image对象，则图像的右下角对应的是画布中间。当图像左上角与画布左上角刚好吻合时，在anchor选项中设置tkinter.NW。

●创建响应区域（❹之后的代码）

创建新的部分以显示wakuwaku()函数的结果。由于Label微件能够表示字符串，此次就选用它来进行操作。

▼创建响应区域

```
response_area = tk.Label(
    root,              —— 将父元素设置为主窗口
    width=50,          —— 设置宽度
    height=10,         —— 设置高度
    bg='pink',         —— 设置背景色
    font=font,         —— 使用元组font的值设置字体
    relief=tk.RIDGE,   —— 设置边框类型
    bd=2               —— 设置边框的宽度为2px
)
response_area.pack()   —— 设置在窗口上的图像下方
```

Label的创建方法与之前的Canvas等几乎相同。bg是Label独有的带有名称的参数，用于设置背景色。在bg中设置pink。在bg中，指定背景色要用到red等表示颜色的常量（字符串）。

而在font中可以指定显示字符的字体。在开头的部分字体信息被以元组形式代入到了变量font中，因此我

们将其设置为font选项的值。

▼按钮的创建

```
button = tk.Button(
    root,                       将父元素设置为主窗口
    font=font,                  使用元组font的值设置字体
    text='明天什么安排？',       显示在按钮上的文本
    command=wakuwaku            单击按钮时调出wakuwaku()函数
    )
button.pack()                   在主窗口设置
```

●运行程序

虽然看起来很复杂，但实际操作非常简单。只要单击按钮，就能将从列表中随机抽出的元素显示在屏幕上。让我们赶紧执行程序，见证结果吧。

▼运行结果

第11章

273~313

基于Jupyter Notebook的统计分析

11-1 使用Jupyter Notebook进行分析前的准备

秘技 273

搭建环境以利用Python进行统计分析

扫码看视频

难易程度 ●○○

这里是关键点！ Anaconda的下载与安装

Jupyter Notebook是以统计分析为主要目的的Python集成开发环境。由笔记本文件管理所有的程序，且输入到笔记本中的Python源代码会被立即执行。能够立即执行程序这一点与Python的IDLE相同，但更值得关注的是Jupyter Notebook还能够记录执行结果。这对需要反复试验的统计分析活动而言，是非常难得的功能。

Jupyter Notebook还可以将分析结果制成图表并显示在专门的窗口中。单是这一点也足以使我们毫不犹豫地选择Jupyter Notebook进行数据统计分析。

Jupyter Notebook此前被称为IPython Notebook，近几年它不仅被用在Python开发，更是被各编程语言采用，因此更名为Jupyter Notebook活跃在计算机世界。IPython自身的开发还在继续，它被作为Jupyter中Python的核心部分。

●通过Anaconda安装Jupyter Notebook

Jupyter Notebook可以被作为一个单独的个体安装，但使用集成包Anaconda安装会更方便。也就是说，Anaconda不仅包含了Jupyter Notebook，也包含了Python自身，同时包含了用于统计分析和科学计算的模块。进行分析需要NumPy和Pandas等外部模块，而只要安装Anaconda，就会自带这部分外部模块。

安装了Anaconda，就能够通过Windows的开始菜单启动Jupyter Notebook，非常方便（若单独安装了Jupyter Notebook，则必须在控制器中输入指令才可启动）。

●安装Anaconda

可以在Anaconda网站（https://www.anaconda.com/）的下载页面（https://www.anaconda.com/download/）下载Anaconda。

❶启动安装程序，单击Next按钮。

❷确认使用许可，单击I Agree按钮→选择用户Just Me或All Users，单击Next按钮→确认安装位置，然后继续单击Next按钮。按照该步骤操作后会显示选项的选择画面，此时只在Register Anaconda as my default Python 3.x前勾选复选框并单击Install按钮。

▼Anaconda的下载页面

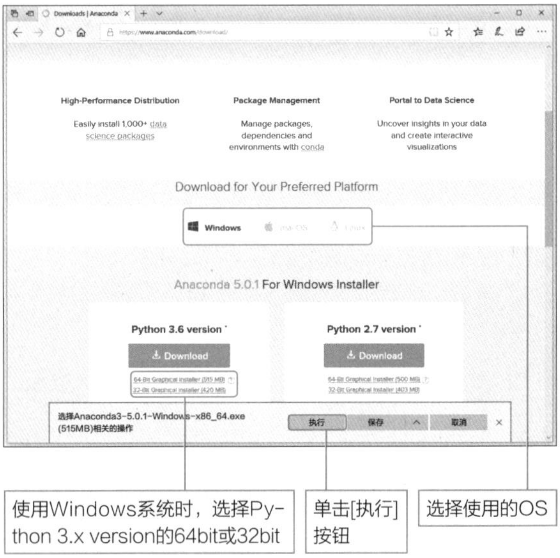

▼Anaconda的安装程序

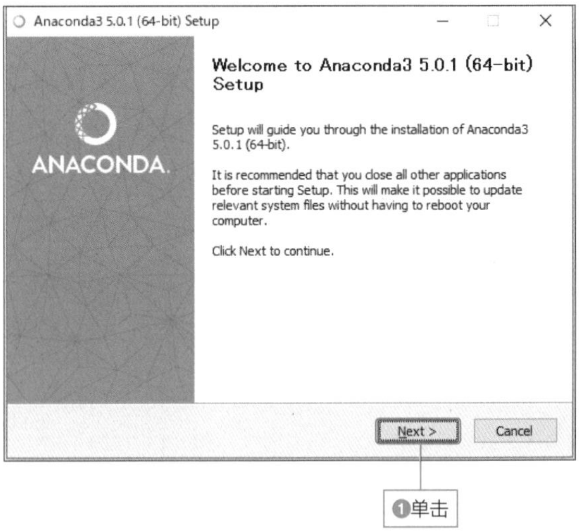

▼安装开始

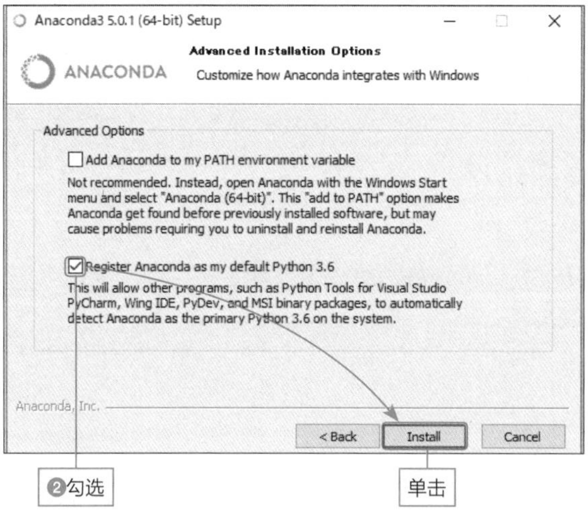

❸安装结束后，屏幕显示Completed，之后单击Next按钮，再单击Finish按钮，则安装程序结束。

●使用MacOS系统时

使用MacOS系统时，首先在Anaconda的下载页面（https://www.anaconda.com/download/）选择MacOS，单击“64-Bit Graphical Installer…”链接，开始下载。双击下载的pkg文件就会启动安装程序，然后安照屏幕提示完成安装即可。

补充知识点 屏幕显示“Thank You for Downloading Anaconda!”出现Anaconda Cheat Sheet的页面。

秘技 274

启动Jupyter Notebook

扫码看视频

难易程度 ●

这里是关键点！ 使用浏览器启动Jupyter Notebook

Jupyter Notebook的操作平台是浏览器。若启动Jupyter Notebook，则利用规定的浏览器将其打开并显示操作页面。之后在浏览器的操作页面中进行程序的开发和运行。

●Jupyter Notebook的启动

在Windows版本中，选择开始菜单的Anaconda→Jupyter Notebook选项，启动Jupyter Notebook。待其显示在控制台界面后，打开规定的浏览器，则显示操作页面。

▼启动后的Jupyter Notebook

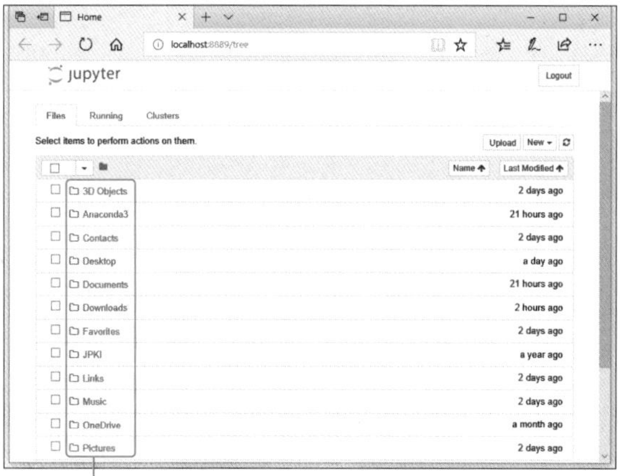

显示设置在主目录的所有文件夹

使用MacOS系统时，首先启动终端，输入Jupyter Notebook后，按<return>键，打开规定的浏览器，显示如下。

```
Jupyter Notebook
```

无论使用Windows还是MacOS，启动时显示的控制台界面都是运行中的Jupyter Notebook。结束时关闭浏览器页面后再关闭控制台。

●未启动浏览器时

即使控制台正在运行Jupyter Notebook，浏览器未启动时需手动启动，之后在地址栏中输入

```
http://localhost:8888/
```

该地址用于连接使用中的计算机的8888端口。它是浏览器与外部进行通信时的内部地址，也就是端口号。Jupyter Notebook对应端口8888，之后在启动Jupyter Notebook时再配置8888之后的端口号。

秘技 275 难易程度 ●

创建 Notebook

扫码看视频

这里是关键点！ 创建Notebook，管理程序

在Jupyter Notebook中，源代码、程序运行结果等程序相关的所有信息都由Notebook管理。因此，要创建程序，首先要创建Notebook。

●保存Notebook的文件夹操作

在保存于Jupyter Notebook初始界面的所有主目录中，任意单击一文件夹，就会移动到该文件夹的内部，保存Notebook的位置也会随之改变。

单击页面右上角的New按钮，选择Folder选项，就可以在显示的文件夹内部新建文件夹。创建后的文件夹名为Untitled Folder，勾选复选框，然后单击Rename按钮并命名。

▼文件夹的创建和名称的设置

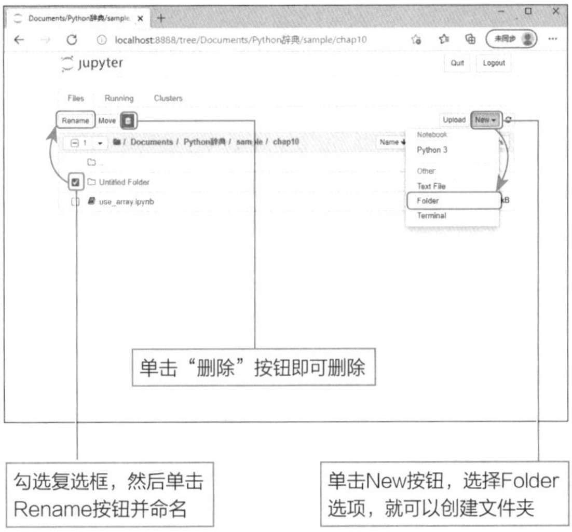
单击“删除”按钮即可删除
勾选复选框，然后单击Rename按钮并命名
单击New按钮，选择Folder选项，就可以创建文件夹

如果创建有误，只需在创建好的文件夹上打勾，然后单击屏幕上方的“删除”按钮，即可将其删除。

●Notebook的创建

打开保存有Notebook的文件夹，单击New按钮，选择Python 3选项。新的文件夹创建完成后，勾选复选框后单击Rename按钮并添加任意名称。

▼Notebook的创建和名称的设置

勾选复选框后单击Rename按钮并添加任意名称
单击New按钮，选择Python 3选项

上述操作完成之后，单击创建的Notebook的名称。用其他标签表示Notebook。

▼创建完成的Notebook

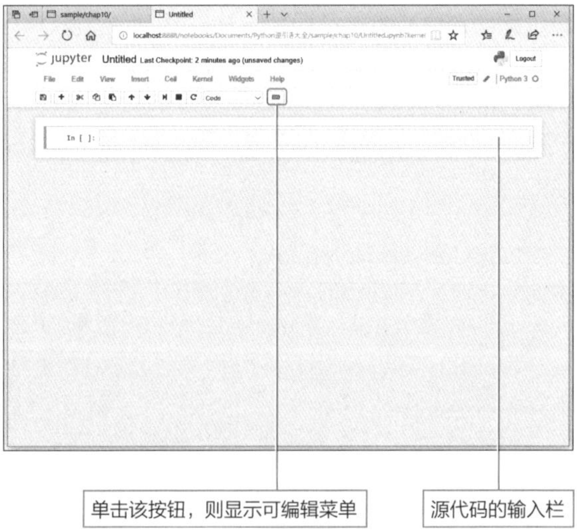
单击该按钮，则显示可编辑菜单
源代码的输入栏

11-2 使用NumPy的数组（矢量）

秘技 **276** ▶难易程度 ●●

使用NumPy创建数组（矢量）

扫码看视频

这里是关键点！ **NumPy的导入与ndarray对象（数组）的生成**

依托数值计算程序库NumPy，Python在数据科学领域备受关注。它沿袭Python的机制，用于快速的高性能数据运算，其核心部分由C语言进行编写。

NumPy以ndarray多维数组为基本数据构造，所以在矢量和矩阵运算方面比较容易。Anaconda中含有NumPy，因此只需导入即可使用。

●导入NumPy

利用Notebook，创建NumPy的数组。在创建完成的Notebook中的“In:”旁边会显示源代码的输入栏。

▼创建完成的Notebook

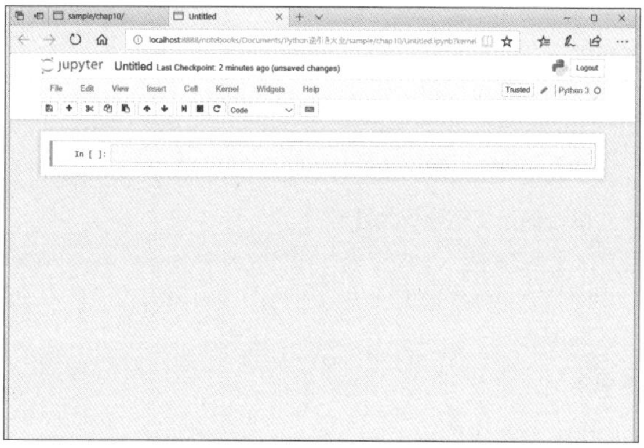

该输入栏被称为单元。1单元中可以写入多行代码。写完代码后进行下面的某一操作时，程序开始运行。

· 同时按<Shift>键和<Enter>键，则输出程序运行结果且创建下一单元。
· 同时按<Ctrl>键和<Enter>键，则只输出程序运行结果，不创建下一单元。

当然，逐行写入代码时，也可以通过<Shift>键+<Enter>键执行。

首先试着导入NumPy。

输入

```
import numpy as np
```

按<Shift>键+<Enter>键。

▼输入代码并执行

由于只进行了导入操作，因此不会输出任何内容并创建下一单元。

●创建NumPy的数组

在线性代数中，“元素横向或纵向排为一列”被称为矢量。在编程中即指一元数组。

NumPy的数组（矢量）即ndarray类的对象，它由array()构造函数生成。在执行导入代码之后的单元中，按要求输入代码并在最后按<Shift>键+<Enter>键即可生成矢量。

▼创建矢量（一元数组），输出元素（use_array）

```
In [ ]: x = np.array([1, 2, 3, 4, 5], # 数组元素
                     dtype = np.float # 实数型（float）
                     )
print(x)
```

在array()构造函数的第1个参数中，以逗号间隔写入元素。第2个参数为数组的类型。包含小数的实数型将在dtype=之后指定NumPy模块的float。

▼运行结果

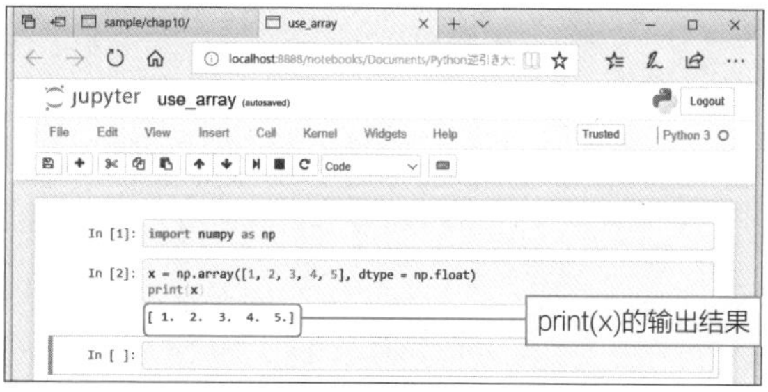

秘技 277 难易程度 ●●

矢量的标量运算

扫码看视频

这里是关键点！ 根据四则运算符进行矢量的标量运算

在线性代数中，"只表示大小，不表示方向的量"被称为标量。也就是说，像0、1、2这种独立的单个数值即为标量。

矢量是一元数组，所以针对矢量进行标量运算时，在像Python的列表一样包含多个值的序列中，若要将所有的元素变成原来的2倍，必须要使用for语句进行反复操作。而作为ndarray对象生成的矢量列则无须循环即可进行汇总处理。这有赖于NumPy的广播机制。

●NumPy广播

在NumPy中，使用广播机制即可根据数组成分进行运算。只要对应矢量和矩阵的维度（行和行、列和列）满足下面的某一条件，即可根据这两个矢量或是矩阵之间的成分进行运算。

· 维度相同。
· 一方的矢量或矩阵是标量（标量运算）。

●针对矢量的标量运算

运用四则运算符对矢量进行标量运算，则对所有的成分（元素）进行运算。

▼创建矢量（use_array）

```
In [ ]: import numpy as np
        x = np.array([1, 2, 3, 4, 5], type = np.float)
        print(x)                    输入后按<Shift>键
[ 1.  2.  3.  4.  5.]               输出
```

▼加法

```
In [ ]: x + 10
Out[ ]: array([ 11.,  12.,  13.,  14.,  15.])
```

▼减法

```
In [ ]: x - 1
Out[ ]: array([ 0.,  1.,  2.,  3.,  4.])
```

▼乘法

```
In [ ]: x * 10
Out[ ]: array([ 10.,  20.,  30.,  40.,  50.])
```

▼除法

```
In [ ]: x / 2
Out[ ]: array([ 0.5,  1. ,  1.5,  2. ,  2.5])
```

▼令除法的运算结果仅为整数

```
In [ ]: x // 2
Out[ ]: array([ 0.,  1.,  1.,  2.,  2.])
```

▼剩余

```
In [ ]: x % 2
Out[ ]: array([ 1.,  0.,  1.,  0.,  1.])
```

秘技 278 难易程度 ●●

求矢量的乘方和平方根

扫码看视频

这里是关键点！ power()、sqrt()

除了使用power(数组,指数)求乘方外，也可以使用运算符**求乘方。而求平方根要用到的是sqrt(x)。

▼求矢量成分的乘方（use_array2）

```
In [ ]: import numpy as np
        x = np.array([1, 2, 3, 4, 5], dtype = np.float)
In [ ]: np.power(x, 2)
Out[ ]: array([ 1., 4., 9., 16., 25.])
```

```
In [ ]: x ** 2
Out[ ]: array([ 1., 4., 9., 16., 25.])
```

▼求矢量成分的平方根

```
In [ ]: np.sqrt(x)
Out[ ]: array([ 1.        , 1.41421356, 1.73205081, 2.        , 2.23606798])
```

秘技 **279**

求矢量的正弦、余弦、正切的函数

扫码看视频

难易程度 ●●

这里是关键点！ sin()、cos()、tan()

NumPy中含有计算正弦、余弦和正切的函数，分别为sin()、cos()和tan()。对参数指定radian（弧度）而非degree（度）。另外还有表示圆周率的ndarray.pi。

▼sin、cos、tan的计算（use_array3）

```
In [ ]: import numpy as np
        x = np.array([0, 1], dtype = np.float)

In [ ]: np.sin(x)
Out[ ]: array([ 0. , 0.84147098])

In [ ]: np.sin(np.pi * 0.5)    # π/2时sin的值为1
Out[ ]: 1.0

In [ ]: np.cos(x)
Out[ ]: array([ 1.        , 0.54030231])

In [ ]: np.cos(np.pi * 0.5)    # 变为0
Out[ ]: 6.123233995736766e-17

In [ ]: np.tan(x)
Out[ ]: array([ 0.        , 1.55740772])

In [ ]: np.tan(np.pi * 0.5)    # 无限发散
Out[ ]: 16331239353195370.0

In [ ]: np.pi  # 圆周率
Out[ ]: 3.141592653589793
```

秘技 **280**

求正弦、余弦、正切的反函数

扫码看视频

难易程度 ●●

这里是关键点！ arcsin()、arccos()、arctan()

三角函数的反函数即在函数名的开头添加arc。由于是反函数，所以就arcsin而言，当

$y = \sin(x)$

时，可以求出x的值为

$x = \arcsin(y)$

输出的值是radian（弧度）而非degree（度）。

▼sin、cos、tan的反函数计算（use_array4）

```
In [ ]: import numpy as np
        x = np.array([0.5, 1], dtype = np.float)

In [ ]: np.arcsin(np.sin(x)) # sin的反函数
Out[ ]: array([ 0.5, 1. ])

In [ ]: np.arccos(np.cos(x)) # cos的反函数
Out[ ]: array([ 0.5,  1. ])

In [ ]: np.arctan(np.tan(x)) # tan的反函数
Out[ ]: array([ 0.5,  1. ])
```

秘技 281

弧度和度的相互转换

难易程度 ●●

这里是关键点！ radians()、deg2rad()、rad2deg()

NumPy中的三角函数系函数一般都使用弧度进行操作。

度乘以π/180即可转换为弧度，弧度乘以180/π即可转换为度。而NumPy中含有相关函数，可以进行上述转换。

- **radians()、deg2rad()**

  将度转换为弧度。

- **rad2deg()**

  将弧度转换为度。

▼将弧度和度互相转换（use_array5）

```
import numpy as np
x = np.array([90, 180, 270], dtype = np.float)
In [ ]: np.radians(x)                # 转换为弧度
Out[ ]: array([ 1.57079633, 3.14159265, 4.71238898])

In [ ]: np.deg2rad(x)                # 转换为弧度
Out[ ]: array([ 1.57079633, 3.14159265, 4.71238898])

In [ ]: np.rad2deg(np.deg2rad(x))   # 将弧度转换为度
Out[ ]: array([ 90., 180., 270.])
```

秘技 282

去尾、进一、四舍五入

难易程度 ●●

这里是关键点！ floor()、trunc()、ceil()、round()、around()、rint()、fix ()

NumPy中包含以下方法可以进行去尾、进一、四舍五入操作。

- **floor()**

  舍弃小数，取小于等于输入数值的最大整数。

- **trunc()**

  仅舍弃小数。

- **ceil()**

  将小数进位，取大于等于输入数值的最小整数。

- **round()**

  对小数部分进行四舍五入。

- **around()**

  对小数部分进行四舍五入。

- **rint()**

  对小数部分进行四舍五入。

- **fix ()**

  取接近于0的整数。

▼去尾、进一、四舍五入（use_array6）

```
In [ ]: import numpy as np
        x = np.array([-1.8, -1.4, -1.0, -0.6, -0.2, 0., 0.2, 0.6, 1.0, 1.4, 1.8])

In [ ]: np.floor(x)   # 去尾（取小于等于输入数值的最大整数）
Out[ ]: array([-2., -2., -1., -1., -1.,  0.,  0.,  0.,  1.,  1.,  1.])

In [ ]: np.trunc(x)   # 去尾（舍弃小数）
```

```
Out[ ]: array([-1., -1., -1., -0., -0.,  0.,  0.,  0.,  1.,  1.,  1.])

In [ ]: np.ceil(x)    # 进位(取大于等于输入数值的最小整数)
Out[ ]: array([-1., -1., -1., -0., -0.,  0.,  1.,  1.,  1.,  2.,  2.])

In [ ]: np.round(x)  # 四舍五入
Out[ ]: array([-2., -1., -1., -1., -0.,  0.,  0.,  1.,  1.,  1.,  2.])

In [ ]: np.around(x)  # 四舍五入
Out[ ]: array([-2., -1., -1., -1., -0.,  0.,  0.,  1.,  1.,  1.,  2.])

In [ ]: np.rint(x)     # 四舍五入
Out[ ]: array([-2., -1., -1., -1., -0.,  0.,  0.,  1.,  1.,  1.,  2.])

In [ ]: np.fix(x)      # 取接近于0的整数
Out[ ]: array([-1., -1., -1., -0., -0.,  0.,  0.,  0.,  1.,  1.,  1.])
```

秘技 283

求平均值、方差、最大值、最小值

扫码看视频

难易程度 ●●

这里是关键点! max ()、min()、mean()、var()、std()

求平均值、方差、最大值、最小值等基本统计量时可以使用以下函数。

- **max ()**
  求数组元素的最大值。
- **min ()**
  求数组元素的最小值。
- **mean ()**
  求数组元素的平均值。
- **var ()**
  求数组元素的方差。
- **std ()**
  求数组元素的标准差。
- **argmax ()**
  返回最大值的索引。
- **argmin ()**
  返回最小值元素的索引。

▼求最大值、最小值、方差、标准差(use_array7)

```
In [ ]: import numpy as np
        x = np.array([35, 40, 45, 50, 55, 60], dtype
= np.float)

In [ ]: print('最大值: ', np.max(x))
        print('最小值: ', np.min(x))
        print('平均值: ', np.mean(x))
        print('方差  : ', np.var(x))
        print('标准差: ', np.std(x))

        最大值:  60.0
        最小值:  35.0
        平均值:  47.5
        方差  :  72.9166666667
        标准差:  8.5391256383
```

●求无偏方差、无偏标准差

进行统计推论和测试时，我们使用无偏方差和从无偏方差中获取的无偏标准差作为推测总体的方式。求取方差即将数据与平均值的差的平方(偏差平方)相加，然后将相加得到的值(偏差平方和)除以数据个数；而无偏方差则是用“数据个数减1”除偏差平方和。这时，指定

ddof=1

为var ()和std ()的参数。

ddof选项用于指定从分母（数据个数）中减掉的值，该分母即除以偏差平方和时的分母。

▼求无偏方差、无偏标准差

```
In [ ]: print('无偏方差  : ', np.var(x, ddof=1))
        print('无偏标准差: ', np.std(x, ddof=1))

        无偏方差  :  87.5
        无偏标准差:  9.35414346693
```

秘技 284

矢量间的四则运算

难易程度 ●●○

扫码看视频

这里是关键点！ 矢量成分间的运算

使用四则运算符进行矢量之间的运算，需在相同维度的成分间进行。ndarray对象显示的矢量是一元数组，因此若用矢量标记法来表示

array([1. , 3. , 5.])

就会变成

（1　3　5）

像这种横向排列的矢量被称为行矢量。上述案例中含有3种成分，因此它是“3维行矢量”。1是“第1种成分”，3是“第2种成分”，5是“第3种成分”。

而矢量间的运算条件是“维度相同”。若在维度不同的矢量间进行运算，那一定会剩下某种成分，从而报错。

矢量间的运算如下。

$$(\boldsymbol{a}_1\ \ \boldsymbol{a}_2\ \ \boldsymbol{a}_3)+(\boldsymbol{b}_1\ \ \boldsymbol{b}_2\ \ \boldsymbol{b}_3)=(\boldsymbol{a}_1+\boldsymbol{b}_1\ \ \boldsymbol{a}_2+\boldsymbol{b}_2\ \ \boldsymbol{a}_3+\boldsymbol{b}_3)$$

根据广播机制，进行同维度成分间的计算。

●矢量间的加法和减法

无论是列矢量还是行矢量，矢量间的计算方式都是相同的。在此我们以列矢量为例。当

$$\boldsymbol{u}=\begin{pmatrix}\boldsymbol{u}_1\\\boldsymbol{u}_2\\\boldsymbol{u}_3\end{pmatrix}=\begin{pmatrix}1\\5\\9\end{pmatrix},\boldsymbol{v}=\begin{pmatrix}\boldsymbol{v}_1\\\boldsymbol{v}_2\\\boldsymbol{v}_3\end{pmatrix}=\begin{pmatrix}1\\0\\3\end{pmatrix}$$

时，下面的“矢量的加法”和“矢量的减法”成立。

$$\boldsymbol{u}+\boldsymbol{v}=\begin{pmatrix}\boldsymbol{u}_1+\boldsymbol{v}_1\\\boldsymbol{u}_2+\boldsymbol{v}_2\\\boldsymbol{u}_3+\boldsymbol{v}_3\end{pmatrix}=\begin{pmatrix}1+1\\5+0\\9+3\end{pmatrix}=\begin{pmatrix}1\\5\\12\end{pmatrix}\quad \boldsymbol{u}-\boldsymbol{v}=\begin{pmatrix}\boldsymbol{u}_1-\boldsymbol{v}_1\\\boldsymbol{u}_2-\boldsymbol{v}_2\\\boldsymbol{u}_3-\boldsymbol{v}_3\end{pmatrix}=\begin{pmatrix}1-1\\5-0\\9-3\end{pmatrix}=\begin{pmatrix}0\\5\\6\end{pmatrix}$$

▼进行矢量间的运算（vector_calc）

```
In [ ]: import numpy as np
        vec1 = np.array([10, 20, 30])
        vec2 = np.array([40, 50, 60])

In [ ]: vec1 + vec2                          # 矢量间的加法运算
Out[ ]: array([50, 70, 90])

In [ ]: vec1 - vec2                          # 矢量间的减法运算
Out[ ]: array([-30, -30, -30])

In [ ]: vec1 / vec2                          # 矢量间的除法运算
Out[ ]: array([ 0.25, 0.4 , 0.5 ])
```

本来矢量间是无法进行除法运算的，但若由ndarray显示的矢量维度相同，在广播机制的作用下即可进行相同维度下成分间的除法运算。

秘技 285

求矢量元素间的积

难易程度 ●●

这里是关键点！ 矢量的阿达玛乘积

扫码看视频

关于矢量的乘法运算，我们目前已知的是行矢量与列矢量，列矢量与行矢量间的运算都是可行的，但行与行之间，还有列与列之间无法相乘。

列矢量与行矢量间的乘法运算如下。

$$\boldsymbol{u}=\begin{pmatrix}\boldsymbol{u}_1\\\boldsymbol{u}_2\\\boldsymbol{u}_3\end{pmatrix}=\begin{pmatrix}1\\5\\9\end{pmatrix},\boldsymbol{v}'=(\boldsymbol{v}_1\ \ \boldsymbol{v}_2\ \ \boldsymbol{v}_3)=(0\ \ 1\ \ 3)$$

$$\boldsymbol{u}\cdot\boldsymbol{v}'=\begin{pmatrix}\boldsymbol{u}_1\\\boldsymbol{u}_2\\\boldsymbol{u}_3\end{pmatrix}(\boldsymbol{v}_1\ \ \boldsymbol{v}_2\ \ \boldsymbol{v}_3)=\begin{pmatrix}\boldsymbol{u}_1\times\boldsymbol{v}_1 & \boldsymbol{u}_1\times\boldsymbol{v}_1 & \boldsymbol{u}_1\times\boldsymbol{v}_1\\\boldsymbol{u}_2\times\boldsymbol{v}_2 & \boldsymbol{u}_2\times\boldsymbol{v}_2 & \boldsymbol{u}_2\times\boldsymbol{v}_2\\\boldsymbol{u}_3\times\boldsymbol{v}_3 & \boldsymbol{u}_3\times\boldsymbol{v}_3 & \boldsymbol{u}_3\times\boldsymbol{v}_3\end{pmatrix}=\begin{pmatrix}1 & 0 & 3\\5 & 0 & 15\\9 & 0 & 27\end{pmatrix}$$

行矢量与列矢量间的乘法运算如下。

$$\boldsymbol{v}'\cdot\boldsymbol{u}=(\boldsymbol{v}_1\ \ \boldsymbol{v}_2\ \ \boldsymbol{v}_3)\begin{pmatrix}\boldsymbol{u}_1\\\boldsymbol{u}_2\\\boldsymbol{u}_3\end{pmatrix}=\boldsymbol{v}_1\times\boldsymbol{u}_1+\boldsymbol{v}_2\times\boldsymbol{u}_2+\boldsymbol{v}_3\times\boldsymbol{u}_3=1\times1+0\times5+3\times9=28$$

而由ndarray对象显示的矢量是一维数组，所以没有行和列的概念。若像加法与减法运算一样进行相同维度下矢量间的乘法运算，则进行了相同维度下成分间的乘法运算，这被称为矢量的阿达玛乘积。阿达玛乘积同样依托广播机制。

▼矢量间的阿达玛乘积

$$(\boldsymbol{a}_1\ \ \boldsymbol{a}_2\ \ \boldsymbol{a}_3)\cdot(\boldsymbol{b}_1\ \ \boldsymbol{b}_2\ \ \boldsymbol{b}_3)=(\boldsymbol{a}_1\cdot\boldsymbol{b}_1\ \ \boldsymbol{a}_2\cdot\boldsymbol{b}_2\ \ \boldsymbol{a}_3\cdot\boldsymbol{b}_3)$$

▼求矢量间的阿达玛乘积（vector_calc2）

```
In [ ]: import numpy as np
        vec1 = np.array([10, 20, 30])
        vec2 = np.array([40, 50, 60])

In [ ]: vec1 * vec2        # 求阿达玛乘积
Out[ ]: array([ 400, 1000, 1800])
```

秘技 286

求矢量的内积

难易程度 ●●

这里是关键点！ dot(矢量1，矢量2)

扫码看视频

矢量间成分的积的和被称为内积。

$\boldsymbol{a}=\begin{pmatrix}2\\3\end{pmatrix}$ 和 $\boldsymbol{b}=\begin{pmatrix}4\\5\end{pmatrix}$ 的内积如

$$\boldsymbol{a}\cdot\boldsymbol{b}=\begin{pmatrix}2\\3\end{pmatrix}\cdot\begin{pmatrix}4\\5\end{pmatrix}=2\times4+3\times5=23$$

所示，成分1和成分2之间相乘后求和。

三维矢量

$$a=\begin{pmatrix}4\\5\\-6\end{pmatrix} \text{ 和 } b=\begin{pmatrix}-2\\3\\-1\end{pmatrix} \text{ 的内积就如}$$

$$a\cdot b=\begin{pmatrix}4\\5\\-6\end{pmatrix}\cdot\begin{pmatrix}-2\\3\\-1\end{pmatrix}=4\times(-2)+5\times3+(-6)\times(-1)=13$$

一样，相同成分之间相乘后再求和。

●求矢量的内积

ndarray对象中含有求矢量内积的dot()方法。

▼求矢量的内积（vector_inner_prod.ipynb）

```
In [ ]: import numpy as np
In [ ]: vec1 = np.array([2, 3])
        vec2 = np.array([4, 5])
        np.dot(vec1, vec2)       # 求vec1和vec2的内积
Out[ ]: 23
In [ ]: vec3 = np.array([4, 5, -6])
        vec4 = np.array([-2, 3, -1])
        np.dot(vec3, vec4)       # 求vec2和vec3的内积
Out[ ]: 13
```

11-3　使用NumPy的矩阵

秘技 287

通过多维数组表示矩阵

扫码看视频

难易程度 ●●○

这里是关键点！ array(双重结构列表)

NumPy的数组对应多维数组。一维数组是“矢量(vector)”，二维数组是“矩阵(matrix)”。

●创建矩阵

对array()构建函数的参数指定列表，就会生成一维列表，也就是矢量。而指定双重结构的列表就可以创建矩阵。接下来我们创建一个3行×3列的矩阵，作为示例。

▼创建矩阵（matrix）

```
In [ ]: import numpy as np
        mtx = np.array([[1, 2, 3],    # 创建3×3的矩阵
                        [4, 5, 6],
                        [7, 8, 9]],
                       dtype = np.float)

In [ ]: mtx
Out[ ]: array([[ 1.,  2.,  3.],  ——— 3行×3列的矩阵
               [ 4.,  5.,  6.],
               [ 7.,  8.,  9.]])
```

秘技 288

矩阵的基础知识

难易程度 ●●○

这里是关键点！ 矩阵的结构，使用矩阵的目的

现在我们一起来认识线性代数的基本概念——矩阵。矩阵即数值的排列，其具体显示为横、纵两种排列方式，如下所示。

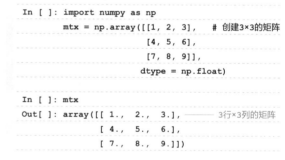

$$\begin{pmatrix}1&5\\10&15\end{pmatrix}\quad\begin{pmatrix}1&5&7\\8&3&9\end{pmatrix}\quad\begin{pmatrix}6&8\\4&2\\7&3\end{pmatrix}\quad\begin{pmatrix}8&1&6\\9&7&5\\4&2&3\end{pmatrix}$$

❶　❷　❸　❹

像这样，在括号中排列数字即构成矩阵。横向排列的为行，纵向排列的为列，行和列都可以排列任意数量的数字。

❶是2行2列的矩阵，❷是2行3列的矩阵，❸是3行2列的矩阵，❹是3行3列的矩阵。

●矩阵的结构

下面我们来观察矩阵的结构。

• 正方形矩阵

横纵排列的数字数量相等时即为“正方形矩阵”。❶的2行2列和❹的3行3列都是正方形矩阵。

• 行矢量和列矢量形的矩阵

数学领域有表示数字组合的矢量。数列的行和列可以排列任意数量的数字，但矢量只能将数字排列成1行或1列，如下所示。

$$\begin{pmatrix}5 & 8 & 2 & 6\end{pmatrix} \quad ❺ \qquad \begin{pmatrix}3\\5\\4\end{pmatrix} \quad ❻$$

❺是行矢量，可视为1行4列的矩阵。而❻是列矢量，可视为3行1列的矩阵。

• 矩阵的行和列

下面我们一起来了解矩阵的内容。

❼
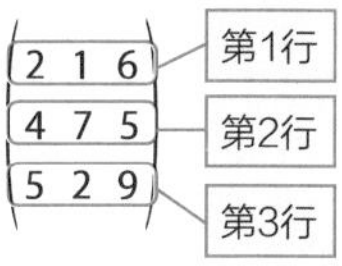

❽
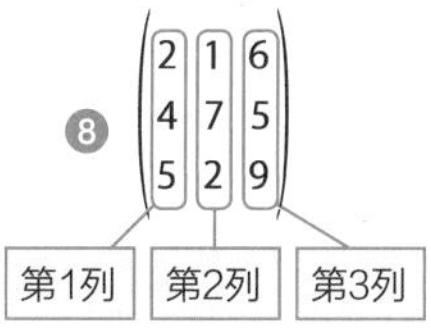

同一数列排列为左右两种形式：像❼那样数行的情况，即从上至下为第1行、第2行、第3行；而像❽那样数列的情况，从左至右为第1列、第2列、第3列。

• 矩阵的内容是成分

写在矩阵中的数字被叫作成分。❼中第1行、第3列的6即为第1行、第3列的成分。将其以

6是(1,3)的成分

的形式表示出来。

• 排列在对角线上的成分叫“对角成分”，对角成分之外是0的矩阵，即“对角矩阵”

数列也包括对角线连接的成分，它被叫作对角成分。对角成分是像(1,1)、(2,2)、(3,3)一样，行列数目相等的成分。❼的数列中(1,1)成分的2、(2,2)成分的7、(3,3)成分的9都是对角成分。

正方形矩阵中有着“对角成分之外皆为0”的说法。下面的两个数列

$$\begin{pmatrix}3 & 0\\0 & 5\end{pmatrix} \qquad \begin{pmatrix}3 & 0 & 0\\0 & 1 & 0\\0 & 0 & 7\end{pmatrix}$$

都是对角成分之外皆为0，这样的数列被称为“对角矩阵”。

●使用矩阵的目的

矩阵本是像

$$\begin{cases}x_1+2x_2=-1\\3x_1+4x_2=5\end{cases}$$

一样用以计算的算式。使用数列将该算式表示出来，则为

$$\begin{pmatrix}1 & 2\\3 & 4\end{pmatrix}\begin{pmatrix}x_1\\x_2\end{pmatrix}=\begin{pmatrix}-1\\5\end{pmatrix}$$

将

$$\begin{cases}x_1+2x_2\\3x_1+4x_2\end{cases}$$

表示为

$$\begin{pmatrix}1 & 2\\3 & 4\end{pmatrix}\begin{pmatrix}x_1\\x_2\end{pmatrix}$$

遵循数列的计算规则，即可进行方程式的计算。

秘技 289

矩阵的标量运算

扫码看视频

难易程度 ●●○

这里是关键点！ 根据广播进行标量运算

与矢量（数组）相同，对矩阵进行标量运算，即对矩阵的所有成分进行运算。该操作也是凭借广播机制才能实现。

▼矩阵的标量运算（matrix）

```
In [ ]: import numpy as np
        mtx = np.array([[1, 2, 3],    # 创建3×3的矩阵
                        [4, 5, 6],
                        [7, 8, 9]],
                       dtype = np.float)

In [ ]: mtx + 10            # 加法
Out[ ]: array([[ 11., 12., 13.],
               [ 14., 15., 16.],
               [ 17., 18., 19.]])

In [ ]: mtx - 10            # 减法
Out[ ]: array([[-9., -8., -7.],
               [-6., -5., -4.],
               [-3., -2., -1.]])

In [ ]: mtx * 2             # 乘法
Out[ ]: array([[ 2.,  4.,  6.],
              [ 8., 10., 12.],
              [14., 16., 18.]])
In [ ]: mtx / 2             # 除法
Out[ ]: array([[ 0.5, 1. , 1.5],
               [ 2. , 2.5, 3. ],
               [ 3.5, 4. , 4.5]])

In [ ]: mtx % 2             # 取余
Out[ ]: array([[ 1., 0., 1.],
               [ 0., 1., 0.],
               [ 1., 0., 1.]])
```

●矩阵的常数倍

在标量运算的过程中，将矩阵中的数进行乘法运算即被称为“矩阵的常数倍”。乘以某个数，使整个矩阵的成分都变为x倍。将矩阵

$$\boldsymbol{A}=\begin{pmatrix}1 & 2\\3 & 4\end{pmatrix}$$

的常数倍设为3，则变为

$$3\boldsymbol{A}=3\begin{pmatrix}1 & 2\\3 & 4\end{pmatrix}=3\begin{pmatrix}3\times1 & 3\times2\\3\times3 & 3\times4\end{pmatrix}=\begin{pmatrix}3 & 6\\9 & 12\end{pmatrix}$$

另外，当所有的成分都是含有同一分母的分数，则像下面案例所示。将分母作为常数提出矩阵，将内容清晰表现出来。

$$\begin{pmatrix}\frac{1}{2} & \frac{2}{2}\\\frac{3}{2} & \frac{4}{2}\end{pmatrix}=\frac{1}{2}\begin{pmatrix}1 & 2\\3 & 4\end{pmatrix}$$

秘技 290

连接矩阵成分

扫码看视频

难易程度 ●●○

这里是关键点！ [行起始索引：行终止索引，列起始索引：列终止索引]

矩阵元素的连接与列表相同，需使用[]运算符并按如下形式进行。

```
[行起始索引 : 行终止索引, 列起始索引 : 列终止索引]
```

需注意，起始索引从0开始；终止索引是指所述范围到指定索引之前。

▼矩阵成分的连接（matrix2）

```
In [ ]: import numpy as np
        mtx = np.array([[1, 2, 3],  # 创建3×3的矩阵
                        [4, 5, 6],  # 不指定dtype时
                        [7, 8, 9]]  # 变为与成分的值
                                      对应的类型
                       )
In [ ]: mtx.dtype     # 确认数据的类型
Out[ ]: dtype('int32')
In [ ]: mtx[0]        # 第1行的所有成分
Out[ ]: array([1, 2, 3])
```

```
In [ ]: mtx[0,]       # 第1行的所有成分
Out[ ]: array([1, 2, 3])
In [ ]: mtx[0, :]     # 第1行的所有成分
Out[ ]: array([1, 2, 3])
In [ ]: mtx[:, 0]     # 第1行的所有成分
Out[ ]: array([1, 4, 7])
In [ ]: mtx[1, 1]     # 2行、2列的成分
Out[ ]: 5
In [ ]: mtx[0:2, 0:2]# 抽出1行～2行、1列～2列的部分矩阵
Out[ ]: array([[1, 2],
               [4, 5]])
```

秘技

291 分别根据行和列统计矩阵成分

扫码看视频

难易程度 ●●

这里是关键点！ 通过axis=0进行列的统计，通过axis=1进行行的统计

使用sum()和mean()等统计函数时，若不进行任何指定，则对矩阵中的所有成分进行统计。

▼矩阵成分的统计（matrix_aggregate）

```
In [ ]: import numpy as np
        mtx = np.array([[10, 20, 30],# 创建3×3的矩阵
                        [40, 50, 60],
                        [70, 80, 90]]
                       )

In [ ]: np.max(mtx)            # 所有成分中的最大值
Out[ ]: 90
In [ ]: np.min(mtx)            # 所有成分中的最小值
Out[ ]: 10
In [ ]: np.sum(mtx)            # 所有成分的和
Out[ ]: 450
In [ ]: np.mean(mtx)           # 所有成分的平均值
Out[ ]: 50.0
```

若不想对所有成分进行统计，而想针对所有的列或者所有的行进行统计，则需使用参数的axis选项。这时axis=0则对所有列进行统计，axis=1则对所有行进行统计。

▼对矩阵的所有列、所有行进行的统计

```
In [ ]: np.sum(mtx, axis=0)   # 所有列的和
Out[ ]: array([120, 150, 180])

In [ ]: np.mean(mtx, axis=0)  # 所有列的平均值
Out[ ]: array([ 40., 50., 60.])

In [ ]: np.sum(mtx, axis=1)   # 所有行的和
Out[ ]: array([ 60, 150, 240])

In [ ]: np.mean(mtx, axis=1)  # 所有行的平均值
Out[ ]: array([ 20., 50., 80.])
```

秘技

292 在矩阵元素间进行加法和减法运算

扫码看视频

难易程度 ●●

这里是关键点！ 基于广播的加法与减法

对矩阵的所有成分进行运算的机制叫广播。对矩阵进行标量运算即根据广播机制，使所有成分都适用相同的运算。使用广播机制，对矩阵进行运算。

●矩阵的加法和减法运算

为了能区分矩阵，一般表示为

$$\boldsymbol{A}=\begin{pmatrix}1 & 2\\3 & 4\end{pmatrix} \qquad \boldsymbol{B}=\begin{pmatrix}4 & 3\\2 & 1\end{pmatrix}$$

这样一来，$\boldsymbol{A}$和$\boldsymbol{B}$的相加即可表示为$\boldsymbol{A}+\boldsymbol{B}$，$\boldsymbol{A}$和$\boldsymbol{B}$的相减即可表示为$\boldsymbol{A}-\boldsymbol{B}$。数列的加法和减法即“在相同行和列的成分间进行加法运算和减法运算”。将刚才的$\boldsymbol{A}$和$\boldsymbol{B}$进行加法运算，则

$$\boldsymbol{A}+\boldsymbol{B}=\begin{pmatrix}1 & 2\\3 & 4\end{pmatrix}+\begin{pmatrix}4 & 3\\2 & 1\end{pmatrix}=\begin{pmatrix}1+4 & 2+3\\3+2 & 4+1\end{pmatrix}=\begin{pmatrix}5 & 5\\5 & 5\end{pmatrix}$$

而$\boldsymbol{A}-\boldsymbol{B}$则为

$$\boldsymbol{A}-\boldsymbol{B}=\begin{pmatrix}1 & 2\\3 & 4\end{pmatrix}-\begin{pmatrix}4 & 3\\2 & 1\end{pmatrix}=\begin{pmatrix}1-4 & 2-3\\3-2 & 4-1\end{pmatrix}=\begin{pmatrix}-3 & -1\\1 & 3\end{pmatrix}$$

▼矩阵成分间的加法和减法（matrix_add_sub.ipynb）

```
In [ ]: import numpy as np
        a = np.array([[1, 2],    # 创建2×2的矩阵
                      [3, 4]]
        )
        b = np.array([[4, 3],    # 创建2×2的矩阵
                      [2, 1]]
        )
In [ ]: a + b                    #  成分间的加法运算
Out[ ]: array([[5, 5],
               [5, 5]])

In [ ]: a - b                    # 成分间的减法运算
Out[ ]: array([[-3, -1],
               [ 1, 3]])
```

秘技 293

求矩阵元素间的积

扫码看视频

难易程度 ●●

这里是关键点！ 矩阵的阿达玛乘积

当满足广播的条件时，就可以求出矩阵元素间的积（阿达玛乘积）。

▼矩阵间的阿达玛乘积

$$\begin{pmatrix}a_1 & a_2\\a_3 & a_4\end{pmatrix}\cdot\begin{pmatrix}b_1 & b_2\\b_3 & b_4\end{pmatrix}=\begin{pmatrix}a_1\cdot b_1 & a_2\cdot b_2\\a_3\cdot b_3 & a_4\cdot b_4\end{pmatrix}$$

▼求矩阵间的阿达玛乘积（matrix_multipl.ipynb）

```
In [ ]: import numpy as np
        a = np.array([[2, 3],   # 创建2×2的矩阵
                      [2, 3]]
        )
        b = np.array([[3, 4],   # 创建2×2的矩阵
                      [5, 6]]
        )

In [ ]: a * b                   # 求阿达玛乘积
Out[ ]: array([[ 6, 12],
               [10, 18]])
```

秘技 294

求矩阵的积

扫码看视频

难易程度 ●●

这里是关键点！ dot(矩阵，矩阵)

矩阵的常数倍是将某一数字与矩阵的所有成分相乘，十分简单，但矩阵间的乘法（积）需要将所有成分相乘，操作起来比较复杂。

●基本的积的计算

积的计算的基本是“按照行和列中的数字顺序，将二者相同的成分相乘后算出总和”。也就是将第1行和第1列的成分，第2行和第2列的成分相乘，之后求出它们的和。下面的（1,2）矩阵和（2,1）矩阵就变成了

$$\begin{pmatrix}2 & 3\end{pmatrix}\begin{pmatrix}4\\5\end{pmatrix}=2\times4+3\times5=23$$

而（1,3）矩阵和（3,1）矩阵就变成了

$$\begin{pmatrix}1 & 2 & 3\end{pmatrix}\begin{pmatrix}4\\5\\6\end{pmatrix}=1\times4+2\times5+3\times6=32$$

接下来计算（1,2）矩阵和（2,2）矩阵的积。这时，就像

$$\begin{pmatrix}1 & 2\end{pmatrix}\begin{pmatrix}3 & 4\\5 & 6\end{pmatrix}=\begin{pmatrix}1\times3+2\times5 & 1\times4+2\times6\end{pmatrix}=\begin{pmatrix}13 & 16\end{pmatrix}$$

一样，将右侧的矩阵分解为列来计算。即计算

$$\begin{pmatrix}1 & 2\end{pmatrix}\begin{pmatrix}3\\5\end{pmatrix}\text{ 和 }\begin{pmatrix}1 & 2\end{pmatrix}\begin{pmatrix}4\\6\end{pmatrix}\text{，结果为 }\begin{pmatrix}13 & 16\end{pmatrix}$$

接下来计算（2,2）矩阵和（2,2）矩阵的积，具体如下。重点是利用彩色框中围起的部分进行乘法运算。

$$\begin{pmatrix}1 & 2\\3 & 4\end{pmatrix}\begin{pmatrix}5 & 6\\7 & 8\end{pmatrix}=\begin{pmatrix}1\times5+2\times7 & 1\times6+2\times8\\3\times5+4\times7 & 3\times6+4\times8\end{pmatrix}=\begin{pmatrix}19 & 22\\43 & 50\end{pmatrix}$$

在该计算中，左侧的矩阵分为行，右侧的矩阵分为列，将行与列组合后进行乘法运算。分解后即计算

$$\begin{pmatrix}1 & 2\end{pmatrix}\begin{pmatrix}5\\7\end{pmatrix}\text{ 和 }\begin{pmatrix}1 & 2\end{pmatrix}\begin{pmatrix}6\\8\end{pmatrix}\text{，将结果横向排列后，}$$

$$\begin{pmatrix}3 & 4\end{pmatrix}\begin{pmatrix}5\\7\end{pmatrix}\text{ 和 }\begin{pmatrix}3 & 4\end{pmatrix}\begin{pmatrix}6\\8\end{pmatrix}\text{，结果排列在下方}$$

进行该操作后，（2,2）矩阵的形状形成。

接下来，让我们一起来计算（2,3）矩阵和(3,2)矩阵的积。这次右侧的（3,2）矩阵的成分变为字符串形式。与刚才一样，利用红色框围起来的部分进行乘法运算，但结果的成分变成了字符串。

$$\begin{pmatrix}2 & 3 & 4\\5 & 6 & 7\end{pmatrix}\begin{pmatrix}a & b\\b & e\\c & f\end{pmatrix}=\begin{pmatrix}2a+3b+4c & 2d+3e+4f\\5a+6b+7c & 5d+6e+7f\end{pmatrix}$$

也尝试进行（3,3）矩阵和（3,3）矩阵的乘积计算。

$$\begin{pmatrix}2 & 3 & 4\\5 & 6 & 7\\8 & 9 & 10\end{pmatrix}\begin{pmatrix}a & d & g\\b & e & h\\c & f & i\end{pmatrix}=\begin{pmatrix}2a+3b+4c & 2d+3e+4f & 2g+3h+4i\\5a+6b+7c & 5d+6e+7f & 5g+6h+7i\\8a+9b+10c & 8d+9e+10f & 8g+9h+10i\end{pmatrix}$$

像这样，矩阵的积***AB***是（n,m）矩阵和（m,l）矩阵的积。左侧矩阵***A***的列的数m和右侧矩阵***B***的行的数m相等，且m是关键。另外，（n,m）矩阵和（m,l）矩阵的积是（n,l）。

就像彩色框显示的，求矩阵的积***AB***时，将***A***的i行和***B***的j行组合进行计算。

比较容易迷惑的地方是（n,1）矩阵和(1,m)矩阵的积。例如，（3,1）矩阵和（1,3）矩阵的积为

$$\begin{pmatrix}2\\3\\4\end{pmatrix}\begin{pmatrix}a & b & c\end{pmatrix}\begin{pmatrix}2a & 2b & 2c\\3a & 3b & 3c\\4a & 4b & 4c\end{pmatrix}$$

在矩阵的积中，左侧的矩阵以行划分，右侧的矩阵以列划分，行成分、列成分各自构成了一个一个的成分，而作为积的各成分也就构成各自的积。

另外需要注意，当左侧矩阵***A***中列的数目与右侧矩阵***B***中行的数目不同时，无法求积***AB***，也就无法计算（3,2）矩阵和（3,3）矩阵的积。

●求矩阵间的积

使用NumPy的dot()方法求指定到参数矩阵间的积。

▼求矩阵间的积（matrix_multipl2.ipynb）

```
In [ ]: import numpy as np
        a = np.array([[1, 2],   # 创建2×2的矩阵
                      [3, 4]]
                    )
        b = np.array([[5, 6],   # 创建2×2的矩阵
                      [7, 8]]
                    )

In [ ]: np.dot(a, b)            # 求矩阵的积
Out[ ]: array([[19, 22],
               [43, 50]])
```

秘技 295

零矩阵和单位矩阵的积的法则

扫码看视频

难易程度 ●●

这里是关键点！ 零矩阵、对角矩阵、单位矩阵

进行矩阵计算的重要法则中有一条“零矩阵和单位矩阵的积的法则”。

- **零矩阵**

所有成分都为0的矩阵即为零矩阵，我们使用记号$\boldsymbol{O}$来表示零矩阵。例如，（2,3）型的零矩阵表示如下。

$$\boldsymbol{O}=\begin{pmatrix}0&0&0\\0&0&0\end{pmatrix}$$

- **对角矩阵**

数列也包括对角线连接的成分，它被叫作“对角成分”。对角成分表示（行,列）时，只表示（1,1）、（2,2）、（3,3）这样行和列相等的矩阵。下面的矩阵中，

$$\begin{pmatrix}2&1&6\\4&7&5\\5&2&9\end{pmatrix}$$

（1,1）成分的2、（2,2）成分的7、（3,3）成分的9属于对角成分。

行数和列数相同的正方形矩阵中，“对角成分之外都是0”。下面两个数列

$$\begin{pmatrix}3&0\\0&5\end{pmatrix}\quad\begin{pmatrix}3&0&0\\0&1&0\\0&0&7\end{pmatrix}$$

都是对角成分之外为0，这样的数列叫对角矩阵。

- **单位矩阵**

所有对角成分皆为1的正方形矩阵即单位矩阵，我们使用记号$\boldsymbol{E}$来表示它。（3,3）型即

$$\boldsymbol{E}=\begin{pmatrix}1&0&0\\0&1&0\\0&0&1\end{pmatrix}$$

●零矩阵与单位矩阵的积的法则

对于零矩阵$\boldsymbol{O}$与单位矩阵$\boldsymbol{E}$的积，有如下法则。

$$\boldsymbol{AO}=\boldsymbol{O}$$
$$\boldsymbol{OA}=\boldsymbol{O}$$
$$\boldsymbol{AE}=\boldsymbol{EA}=\boldsymbol{A}$$

$\boldsymbol{A}$为任意矩阵。我们可以非常直观地看到并理解零矩阵$\boldsymbol{O}$的法则，但单位矩阵$\boldsymbol{E}$的法则真的是$\boldsymbol{AE}=\boldsymbol{EA}=\boldsymbol{A}$吗？接下来就让我们一起来确认一下。取任意矩阵$\boldsymbol{A}$

$$\boldsymbol{A}=\begin{pmatrix}2&3&4\\5&6&7\\8&9&1\end{pmatrix}$$

则

$$\boldsymbol{AE}=\begin{pmatrix}2&3&4\\5&6&7\\8&9&1\end{pmatrix}\begin{pmatrix}1&0&0\\0&1&0\\0&0&1\end{pmatrix}$$

$$=\begin{pmatrix}2\times1+3\times0+4\times0&2\times0+3\times1+4\times0&2\times0+3\times0+4\times1\\5\times1+6\times0+7\times0&5\times0+6\times1+7\times0&5\times0+6\times0+7\times1\\8\times1+9\times0+1\times0&8\times0+9\times1+1\times0&8\times0+9\times0+1\times1\end{pmatrix}=\begin{pmatrix}2&3&4\\5&6&7\\8&9&1\end{pmatrix}=A$$

得到$\boldsymbol{AE}=\boldsymbol{A}$，同样的$\boldsymbol{EA}=\boldsymbol{A}$也成立。

a是实数时，计算0和1的值，法则如下。

$$a\cdot0=0\cdot a=0\qquad a\cdot1=1\cdot a=a$$

该法则与之前零矩阵$\boldsymbol{O}$和单位矩阵$\boldsymbol{E}$的法则相比，零矩阵$\boldsymbol{O}$代表着实数积时的$\boldsymbol{O}$，而单位矩阵$\boldsymbol{E}$代表着实数积时的1。

●通过程序进行测试

NumPy中含有创建零矩阵的zeros()方法和创建单位矩阵的identity()方法。接下来我们将使用上述方法确认矩阵的积的法则。

▼零矩阵和单位矩阵的积的法则（matrix_law.ipynb）

```
In [ ]: import numpy as np
        a = np.array([[2, 3, 4],# 创建3×3的正方形矩阵
                      [5, 6, 7],
                      [8, 9, 1]]
                      )
zero = np.zeros((3, 3))           # 3×3的零矩阵
unit = np.identity(3)             # 3×3的单位矩阵

In [ ]: zero
Out[ ]: array([[ 0., 0., 0.],
               [ 0., 0., 0.],
               [ 0., 0., 0.]])
In [ ]: unit
array([[ 1., 0., 0.],
       [ 0., 1., 0.],
       [ 0., 0., 1.]])

In [ ]: a * zero                  # AO = O 的法则
Out[ ]: array([[ 0., 0., 0.],
               [ 0., 0., 0.],
               [ 0., 0., 0.]])

In [ ]: np.dot(a, unit)           # AE = EA = A 的法则
Out[ ]: array([[ 2.,  3.,  4.],
               [ 5.,  6.,  7.],
               [ 8.,  9.,  1.]])
```

秘技 296

行列互换以创建转置矩阵

扫码看视频

难易程度 ●●○

这里是关键点！ transpose（矩阵）

将矩阵的行列互换得到的新矩阵称为转置矩阵。

$$\boldsymbol{A}=\begin{pmatrix}1&2&3\\4&5&6\end{pmatrix}$$

时，转置矩阵${}^t\boldsymbol{A}$为

$${}^t\boldsymbol{A}=\begin{pmatrix}1&4\\2&5\\3&6\end{pmatrix}$$

使用记号t来表示转置矩阵${}^t\boldsymbol{A}$。

●转置矩阵的运算法则

转置矩阵包含以下法则。在进行重回归分析的计算时也会用到，所以先来检查一下吧。

▼转置矩阵的运算法则

$${}^t({}^t\boldsymbol{A})=\boldsymbol{A}$$
$${}^t(\boldsymbol{A}+\boldsymbol{B})={}^t\boldsymbol{A}+{}^t\boldsymbol{B}$$
$${}^t(\boldsymbol{AB})={}^t\boldsymbol{B}{}^t\boldsymbol{A}$$

第3个法则表示矩阵的积的转置即转置矩阵的积，但需要注意按积的顺序进行替换。另外，即便$\boldsymbol{A}$、$\boldsymbol{B}$不是正方形矩阵，只要和与积可以被计算，则上述法则成立。

●使用transpose()求转置矩阵

可以使用NumPy的transpose()方法求转置矩阵。

▼求转置矩阵（transverse.ipynb）

```
In [ ]: import numpy as np
        a = np.array([[1, 2, 3],   # 创建2×3的矩阵
                      [4, 5, 6]]
                      )
In [ ]: np.transpose(a)            # 求转置矩阵
Out[ ]: array([[1, 4],
               [2, 5],
               [3, 6]])
```

秘技 297

求逆矩阵

扫码看视频

难易程度 ●●

这里是关键点！ linalg.inv（矩阵）

我们可以对矩阵进行加法、减法及乘法运算，却没有对矩阵的除法运算做出定义。但是，对矩阵进行除法运算实际上是可行的。以自然数为例，1乘3等于3。那么若想变回原来的数字1，只需“除以3”即可，也就是乘1/3。所以这种情况下，我们来换个思考方式，将“除以3”变为“乘1/3”。

不用除法，而改用乘倒数的方式即可得到与除法相同的计算结果。倒数即与原数相乘等于1的数，3的倒数是1/3，a/b的倒数是b/a。

单位矩阵相当于自然数的1。2行2列的二维矩阵就相当于

$$\begin{pmatrix}1 & 0\\ 0 & 1\end{pmatrix}$$

所以，若想将某二维矩阵还原为该形态，就需要我们采用与自然数“乘倒数”相似的思考方式。而令矩阵乘以它的倒数即为逆矩阵。

●创建逆矩阵

逆矩阵定义如下。

- **逆矩阵的定义**

对于正方形矩阵$\boldsymbol{A}$，存在满足

$$\boldsymbol{AB}=\boldsymbol{E}\quad \boldsymbol{BA}=\boldsymbol{E}$$

的矩阵$\boldsymbol{B}$时，就称$\boldsymbol{B}$为$\boldsymbol{A}$的“逆矩阵”，表示为

$$\boldsymbol{A}^{-1}$$

定义的$\boldsymbol{E}$是对角成分皆为1、其他都为0的正方形矩阵（列和行的数目相同）——单位矩阵。二维矩阵（行和列的数目为2）的逆矩阵可以通过下面的算式求出。

- **求二维矩阵的逆矩阵**

二维矩阵$\boldsymbol{A}=\begin{pmatrix}a & b\\ c & d\end{pmatrix}$的逆矩阵$\boldsymbol{A}^{-1}$表示为

$$\boldsymbol{A}^{-1}=\frac{1}{ab-bc}\begin{pmatrix}d & -b\\ -c & a\end{pmatrix}$$

下面来看一组逆矩阵的示例。例如：

$$\boldsymbol{A}=\begin{pmatrix}1 & 2\\ 3 & 4\end{pmatrix}\text{的逆矩阵即对}\begin{pmatrix}1 & 2\\ 3 & 4\end{pmatrix}\text{进行乘法运算后所得的二维矩阵}\boldsymbol{A}^{-1}\begin{pmatrix}1 & 0\\ 0 & 1\end{pmatrix}$$

则$\boldsymbol{A}$的逆矩阵为

$$\boldsymbol{A}^{-1}=\frac{1}{ab-bc}\begin{pmatrix}d & -b\\ -c & a\end{pmatrix}=\frac{1}{1\times4-2\times3}\begin{pmatrix}4 & -2\\ -3 & 1\end{pmatrix}=-\frac{1}{2}\begin{pmatrix}4 & -2\\ -3 & 1\end{pmatrix}=\begin{pmatrix}-2 & -1\\ 1.5 & -0.5\end{pmatrix}$$

让我们来实际确认一下逆矩阵的定义式$\boldsymbol{AB}=\boldsymbol{E}$、$\boldsymbol{BA}=\boldsymbol{E}$。$\boldsymbol{B}$是逆矩阵，所以将$\boldsymbol{A}^{-1}$代入，即得到

$$\boldsymbol{AA}^{-1}=\begin{pmatrix}1 & 2\\ 3 & 4\end{pmatrix}\begin{pmatrix}-2 & -1\\ 1.5 & -0.5\end{pmatrix}=\begin{pmatrix}1\times(-2)+2\times1.5 & 1\times1+2\times(-0.5)\\ 3\times(-2)+4\times1.5 & 3\times1+4\times(-0.5)\end{pmatrix}=\begin{pmatrix}1 & 0\\ 0 & 1\end{pmatrix}=\boldsymbol{E}$$

$\boldsymbol{A}^{-1}$确实是逆矩阵。在乘法运算中，交换法则成立，因此即便将左右替换，变为$\boldsymbol{A}^{-1}\boldsymbol{A}$，还是会得到单位矩阵$\boldsymbol{E}$。

像这样，“乘逆矩阵”就相当于“将自然数乘以它的倒数，从而变回1”。也就是说，为将“1×3=3”变回

原来的1，可以根据逆矩阵，进行与“除以原来乘的3”这样同等性质的操作。

●逆矩阵的行列式和它的运算法则

逆矩阵$\boldsymbol{A}^{-1}$的成分中分母的算式，即

$$\boldsymbol{A}^{-1}=\frac{1}{ab-bc}\begin{pmatrix} d & -b \\ -c & a \end{pmatrix} \text{ 的 } ad-bc$$

被称为二维矩阵$\boldsymbol{A}$的“行列式”，用$|\boldsymbol{A}|$或$\det\boldsymbol{A}$来表示。

$$\boldsymbol{A}=\begin{pmatrix} a & b \\ c & d \end{pmatrix}$$

时，行列式为

$$|\boldsymbol{A}|=\begin{vmatrix} a & b \\ c & d \end{vmatrix}=ad-bc$$

关于行列式的法则如下。

▼有关行列式的法则

$|\boldsymbol{A}|\neq 0$时，存在$\boldsymbol{A}$的逆矩阵$\boldsymbol{A}^{-1}$。

$|\boldsymbol{A}|=0$时，不存在$\boldsymbol{A}$的逆矩阵$\boldsymbol{A}^{-1}$。

$|\boldsymbol{AB}|=|\boldsymbol{A}||\boldsymbol{B}|$ —— 积的行列式是行列式的积

$|{}^{t}\boldsymbol{A}|=|\boldsymbol{A}|$ —— 转置矩阵和原矩阵的行列式相等

$|\boldsymbol{E}|=1$，$|\boldsymbol{O}|=0$

●通过程序求逆矩阵

可以通过NumPy的linalg.inv()方法求逆矩阵。

▼求逆矩阵（inverse.ipynb）

```
In [ ]: import numpy as np
        a = np.array([[1, 2],   # 创建2×2的矩阵
                      [3, 4]]
                    )

In [ ]: inv = np.linalg.inv(a) # 求逆矩阵
        print(inv)

        [[-2. ,  1. ]
         [ 1.5, -0.5]]

In [ ]: np.dot(a, inv)          # 确认是否是AB=E、BA=E
Out[ ]: array([[ 1.00000000e+00,  1.11022302e-16],
               [ 0.00000000e+00,  1.00000000e+00]])
```

11-4 数据框

秘技 298 难易程度 ●●

创建数据框

扫码看视频

这里是关键点！ Pandas的DataFrame()方法

Pandas是基于NumPy的一种程序库（外部模块），我们可以借用Pandas进行简单的操作，完成对数据的处理。Pandas随Anaconda一并安装，只需导入就能立刻使用。

●Pandas的数据框

Pandas具备数据框功能，用以管理数据。数据框同矩阵一样，可以将数据按纵、横结构排列，但它不仅可以处理数值，还能够处理字符串等任意数据。另外，它不仅可以像矩阵一样表示“数值的排列”，还可以表示由行和列构成的数据结构，这是类似于Excel的统计表和数据库表格的结构。

●创建数据框

使用DataFrame()方法创建数据框。

●DataFrame()方法

通过字典设置列数据，创建包含复数列的数据框。

形式	
形式	pandas.DataFrame({'列名1'：[值1, 值2, …], '列名2'：[值1, 值2, …], '列名3'：[值1, 值2, …]}, index = ['行名1', '行名2', '行名3', …])

使用Python的字典对数据框的数据进行设置，字典数据即为各列数据。接下来，我们以3列×5行的数据框为例讲解。

▼创建3列×5行的数据框（data_frame.ipynb）

```
In [ ]: import pandas as pd
        df = pd.DataFrame(
                  {'A': [10, 20, 30, 40, 50],              # 列A和它的值
                   'B': [0.8, 1.6, 2.4, 4.3, 7.6],         # 列B和它的值
                   'C': [-1, -2.6, -3.5, -4.3, -5.1] },    # 列C和它的值
                   index = ['row1', 'row2', 'row3', 'row4', 'row5'] # 设置行名
        )

In [ ]: df
Out[ ]:
              A    B     C
        row1  10  0.8  -1.0
        row2  20  1.6  -2.6
        row3  30  2.4  -3.5
        row4  40  4.3  -4.3
        row5  50  7.6  -5.1
```

秘技 299　难易程度 ●●○

获取数据框的列

扫码看视频

这里是关键点！　数据框[‘列名’]

通过数据框['列名']获取数据框的列。若要同时取出复数列，则在中括号内输入由列名构成的列表。形式如：数据框['列名', '列名', '列名',…]。

▼获取数据框的列（data_frame.ipynb）

```
In [ ]: df
Out[ ]:
              A    B     C
        row1  10  0.8  -1.0
        row2  20  1.6  -2.6
        row3  30  2.4  -3.5
        row4  40  4.3  -4.3
        row5  50  7.6  -5.1

In [ ]: df['A']                        # 获取列A
Out[ ]: row1    10
        row2    20
        row3    30
        row4    40
        row5    50
        Name: A, dtype: int64

In [ ]: df['B']                        # 获取列B
Out[ ]: row1 0.8
        row2 1.6
        row3 2.4
        row4 4.3
        row5 7.6
        Name: B, dtype: float64
In [ ]: df['C']                        # 获取列C
Out[ ]: row1 -1.0
        row2 -2.6
        row3 -3.5
        row4 -4.3
        row5 -5.1
        Name: C, dtype: float64

In [ ]: df[['A', 'C']]                 # 获取A列、B列
Out[ ]: row1    10    -1.0
        row2    20    -2.6
        row3    30    -3.5
        row4    40    -4.3
        row5    50    -5.1
```

秘技 300

从数据框中抽出行

扫码看视频

难易程度 ●●○

这里是关键点！ 数据框[起始索引:终止索引]

从数据框中抽出特定区间的行，需要指定表示起始位置和终止位置的索引。即：

```
数据框[起始行索引：终止行之后的1个索引]
```

索引从0开始计算。需要注意的是在表示终止位置的索引处，抽出到指定索引前1行为止的所有行。

• **指定索引，切分数据框的行**

▼获取数据框的行（data_frame.ipynb）

```
In [ ]: df
Out[ ]:
             A    B     C
        row1 10  0.8  -1.0
        row2 20  1.6  -2.6
        row3 30  2.4  -3.5
        row4 40  4.3  -4.3
        row5 50  7.6  -5.1

In [ ]: df[1 : 4]                # 抽出第2行到第4行间的行
Out[ ]:
             A    B     C
        row2 20  1.6  -2.6
        row3 30  2.4  -3.5
        row4 40  4.3  -4.3
In [ ]: df[: 2]                  # 抽出起始行到第2行间的行
Out[ ]:
             A    B     C
        row1 10  0.8  -1.0
        row2 20  1.6  -2.6
```

●利用行索引抽取行

对行指定索引时，可以直接指定索引并抽出行。

▼利用行索引抽取行

```
df['row1' : 'row3']              # 抽出row1至row3之间的行
Out[ ]:
             A    B     C
        row1 10  0.8  -1.0
        row2 20  1.6  -2.6
        row3 30  2.4  -3.5
```

秘技 301

对数据框追加行

扫码看视频

难易程度 ●●○

这里是关键点！ 数据框.append(数据框)

对数据框追加行数据时，将追加的行制成数据框，然后使用append()方法进行追加。具体表示如下。

```
被追加的数据框.append(追加的数据框)
```

因为是行数据的追加，所以必须确保要追加的数据框列名一致。若列名不同，则需追加新的列。这一点请务必注意。

●行数据的追加

本例省略了基于index选项的行名设置操作，而将从0开始的索引设为行名。

▼对数据框追加行数据

```
In [ ]: import pandas as pd
        df1 = pd.DataFrame(
             {'A': [10, 20, 30, 40, 50],              # 列A与其值
              'B': [0.8, 1.6, 2.4, 4.3, 7.6],         # 列B与其值
              'C': [-1, -2.6, -3.5, -4.3, -5.1] },    # 列C与其值
```

11 基于Jupyter Notebook的统计分析

```
        )

In [ ]: df2 = pd.DataFrame(
                 {'A': [60, 70, 80, 90, 100],               # 列A与其值
                  'B': [10.2, 11.6, 12.4, 14.3, 17.6],      # 列B与其值
                  'C': [-6, -12.6, -13.5, -14.3, -15.1] },  # 列C与其值
        )

In [ ]: df1.append(df2)  # 对df1追加df2
Out[ ]:     A     B     C
        0  10   0.8  -1.0
        1  20   1.6  -2.6
        2  30   2.4  -3.5
        3  40   4.3  -4.3
        4  50   7.6  -5.1
        0  60  10.2  -6.0
        1  70  11.6 -12.6
        2  80  12.4 -13.5
        3  90  14.3 -14.3
        4 100  17.6 -15.1
```

虽然追加了新的行，但追加行的索引从0开始。若要延续原有行的索引，需要指定append()方法的参数如下所示。

```
ignore_index=True
```

▼追加行数据以延续行索引

```
In [ ]: df2.append(df2, ignore_index=True)# 延续行索引
Out[ ]:     A     B     C
        0  60  10.2  -6.0
        1  70  11.6  -12.6
        2  80  12.4  -13.5
        3  90  14.3  -14.3
        4  100 17.6  -15.1
        5  60  10.2  -6.0
        6  70  11.6  -12.6
        7  80  12.4  -13.5
        8  90  14.3  -14.3
        9  100 17.6  -15.1
```

使用index选项设置行名时，也要先对追加的行数据添加行名，之后再进行追加。

▼设置行名并进行追加（data_frame_add2.ipynb）

```
In [ ]: import pandas as pd
        df1 = pd.DataFrame(
                 {'A': [10, 20, 30, 40, 50],                # 列A与其值
                  'B': [0.8, 1.6, 2.4, 4.3, 7.6],           # 列B与其值
                  'C': [-1, -2.6, -3.5, -4.3, -5.1] },      # 列C与其值
                  index = ['r1', 'r2', 'r3', 'r4', 'r5']    # 设置行名
        )

In [ ]: df2 = pd.DataFrame(
                 {'A': [60, 70, 80, 90, 100],               # 列A与其值
                  'B': [10.2, 11.6, 12.4, 14.3, 17.6],      # 列B与其值
                  'C': [-6, -12.6, -13.5, -14.3, -15.1] },  # 列C与其值
                  index = ['r6', 'r7', 'r8', 'r9', 'r10']   # 设置行名
        )

In [ ]: df1.append(df2)  # 对df1追加df2
Out[ ]:   A  B  C
        r1  10   0.8  -1.0
        r2  20   1.6  -2.6
        r3  30   2.4  -3.5
        r4  40   4.3  -4.3
        r5  50   7.6  -5.1
        r6  60  10.2  -6.0
        r7  70  11.6  -12.6
        r8  80  12.4  -13.5
        r9  90  14.3  -14.3
        r10 100 17.6  -15.1
```

秘技 302 ▸难易程度 ●●

对数据框追加列

这里是关键点！ 数据框[‘列名’] = 列数据

按如下步骤对数据框追加列。

• **列数据的追加**

```
数据框['列名'] = pandas参照.DataFrame(
                                {'列名' : [数据,数据...],
                                {'列名' : [数据,数据...]
                                  ...
)
```

▼列数据的追加

```
In [ ]: import pandas as pd
        df = pd.DataFrame(
                  {'A': [10, 20, 30, 40, 50],              # 列A与其值
                   'B': [0.8, 1.6, 2.4, 4.3, 7.6],         # 列B与其值
                   'C': [-1, -2.6, -3.5, -4.3, -5.1] },    # 列C与其值
                   index = ['r1', 'r2', 'r3', 'r4', 'r5']  # 设置行名
        )
In [ ]: df['D'] = [100, 200, 300, 400, 500]

In [ ]: df
Out[ ]:      A    B     C    D
        r1  10  0.8  -1.0  100
        r2  20  1.6  -2.6  200
        r3  30  2.4  -3.5  300
        r4  40  4.3  -4.3  400
        r5  50  7.6  -5.1  500
```

秘技 303 ▸难易程度 ●●

将CSV文件读入到数据框

这里是关键点！ read_csv()

Pandas中含有函数，可以将原始形式的数据以DataFrame形式读入到数据框。

▼将以逗号为间隔的CSV文件和以制表符为间隔的文本文件读入到数据框的函数

函数	说明
read_csv()	读入以逗号为间隔的文件
read_table()	读入以制表符为间隔的文件

read_csv()和read_table()只是间隔符不同，而内部操作一致。因此，它们在功能上没有区别，参数的指定方法也一样。

▼read_csv()和read_table()的主要选项（带有名称的参数）

```
pandas.read_csv(filepath_or_buffer,
                sep=', ',
                delimiter=None,
                header='infer',
                names=None,
                index_col=None,
```

```
                    dtype=None,
                    skiprows=None,
                    skipfooter=None,
                    nrows=None,
                    quotechar='"',
                    escapechar=None,
                    comment=None,
                    encoding=None)
```

▼read_csv()和read_table()的主要选项

选项	说明
filepath_or_buffer	指定读入的文件路径和URL
sep	间隔符。read_csv()默认，逗号，read_table()默认\t
delimiter	代替sep，使用delimiter参数指定分隔符，默认None
header	指定开头行的行数为整数，默认infer
names	通过列表指定开头行，默认None
index_col	用于行索引的列号，默认None
dtype	各列的数据型，默认None。例：{‘a’: np.float64, ‘b’: np.int32}
skiprows	需要跳过的行数（从文件开始处算起），默认None
skipfooter	需要跳过的行数（从文件末尾处算起），默认None
nrows	读入的行数，默认None
quotechar	由双引号等符号括起来的引用符，默认‘"’
escapechar	转义符，默认None
comment	指定说明行的开头字符，忽视由指定字符开始的行。默认None
encoding	字符代码。指定'utf-8'、'cp932'、'shift_jis'、'euc_jp'

将30天内每天的最高气温和每日冷饮的销售数量汇总到CSV文件中，然后将该文件读入到数据框中。

▼data.csv（使用Windows的标准码GBK保存）

```
最高气温,冷饮的销售数量
26,84
25,61
26,85
24,63
25,71
24,81
26,98
26,101
25,93
27,118
27,114
26,124
28,156
28,188
27,184
28,213
29,241
29,233
29,207
31,267
31,332
29,266
32,334
33,346
34,359
33,361
34,372
35,368
32,378
34,394
```

▼源代码（read_csv.ipynb）

```
import pandas as pd
# 使用Windows的标准码GBK读入
df = pd.read_csv("data.csv", encoding='gbk')
# 输出数据框
print(df)
```

▼输出结果

```
    最高气温  冷饮的销售数量
0     26      84
1     25      61
2     26      85
3     24      63
4     25      71
5     24      81
6     26      98
7     26     101
8     25      93
9     27     118
10    27     114
11    26     124
12    28     156
13    28     188
14    27     184
15    28     213
16    29     241
17    29     233
18    29     207
19    31     267
20    31     332
21    29     266
22    32     334
23    33     346
24    34     359
25    33     361
26    34     372
27    35     368
28    32     378
29    34     394
```

补充知识点

读入的文件名为日语时，会发生文件名不被识别从而报错的情况。因此，读入的文件名必须为英文字母和数字。另外，由于指定了正确的编码方式，所以读入内含日语的文件时不会出现文字丢失问题。

秘技

304 绘制散点图

扫码看视频

难易程度 ●●○

这里是关键点！ 基于matplotlib程序库的数据可视化

数据分析的基础是绘制散点图，所以我们将从CSV文件中读入的数据绘制成散点图。

专门创建图表的程序库中包含了matplotlib。它随Anaconda一并安装，因此只需导入就能即刻使用。而且在Jupyter Notebook中，开头声明了%matplotlib inline，所以可将创建完成的图表输出到Jupyter Notebook的界面。在Python的IDLE中使用matplotlib时，创建的图表可以显示在其他窗口中，但由于开头的%matplotlib inline声明，所以将其作为源代码的执行结果输出到下一行。

●绘制含两个变量数据的散点图

将30天内每天的最高气温和每日冷饮的销售数量汇总到CSV文件中，然后使用matplotlib.pyplot.plot()函数将该文件绘制为散点图。

• matplotlib.pyplot.plot()函数

默认绘制的是折线图。由于在第3个参数指定了“o”，所以是以点来显示。

形式	matplotlib.pyplot.plot(x轴的数据, y轴的数据[, ‘o’])

▼导入和inline的声明

```
import pandas as pd
from matplotlib import pyplot as plt
%matplotlib inline
```

▼CSV文件的读入

```
df = pd.read_csv('data.csv', encoding='gbk')
```

▼散点图的绘制

```
plt.plot(df['最高气温'],           # x轴为气温
             df['冷饮的销售数量'], # y轴为销售数量
             'o'                   # 表示点
             )
plt.xlabel('temperatur')           # x轴标签
plt.ylabel('sales')                # y轴标签
```

▼运行结果

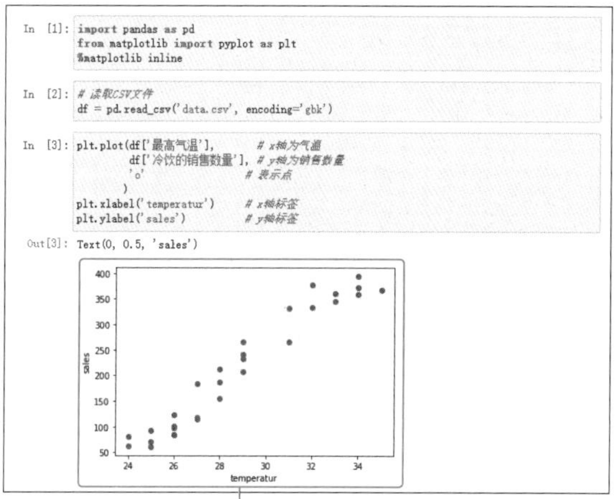

绘制散点图

秘技

305 求基本统计量

扫码看视频

难易程度 ●●○

这里是关键点！ 平均值(mean())、中位数(median())、方差(var())、标准差(std())

Pandas中基本具备了求统计的基本数据（基本统计量）的方法，可以对数据框进行操作。将CSV文件data.csv读入到数据框中，求基本统计量。

▼Pandas的导入和CSV文件的读入（aggregate.ipynb）

```
import pandas as pd
df = pd.read_csv('data.csv', encoding='gbk')
                                        # csv文件的读入
print(df)
```

▼运行结果

	最高气温	冷饮的销售数量
0	26	84
1	25	61
2	26	85
3	24	63
4	25	71
5	24	81
6	26	98
7	26	101
8	25	93
9	27	118
10	27	114
11	26	124
12	28	156
13	28	188
14	27	184
15	28	213
16	29	241
17	29	233
18	29	207
19	31	267
20	31	332
21	29	266
22	32	334
23	33	346
24	34	359
25	33	361
26	34	372
27	35	368
28	32	378
29	34	394

●求平均值

使用mean()方法求数据框中各列的平均值。

▼求各列的平均值

```
df.mean() # 平均值
```

▼运行结果

```
最高气温           28.766667
冷饮的销售数量     209.733333
dtype: float64
```

mean()方法的返回值包含在Pandas.Series类的对象，也就是一维形式的矢量中。所以要取出各结果，需要在括号中指定对象的列名。

▼仅参照特定列的结果

```
m = df.mean()
m['最高气温']
```

▼运行结果

```
28.766666666666666
```

●求中位数

使用median()方法可以返回中位数。

▼求中位数

```
df.median() # 中位数
```

▼运行结果

```
最高气温           28.0
冷饮的销售数量     197.5
dtype: float64
```

●求方差

使用var()方法可以返回方差，默认返回无偏方差。

▼求方差

```
df.var()  # 无偏方差
```

▼运行结果

```
最高气温           11.219540
冷饮的销售数量     13568.133333
dtype: float64
```

求不使用无偏估计量的方差时，指定ddof=0。

▼求不使用无偏估计量的方差

```
df.var(ddof=0)     # 样本方差
```

▼运行结果

```
最高气温           10.845556
冷饮的销售数量     13115.862222
dtype: float64
```

●求标准差

使用std()方法可以返回标准差。默认返回的是根据无偏方差求出的无偏标准差。

▼求标准差

```
df.std()           # 无偏标准差
```

▼运行结果

```
最高气温           3.349558
冷饮的销售数量     116.482331
dtype: float64
```

求不使用无偏估计量的标准差时，指定ddof=0。

▼求不使用无偏估计量的标准差

```
df.std(ddof=0)     # 样本标准差
```

▼运行结果

```
最高气温          3.293259
冷饮的销售数量    114.524505
dtype: float64
```

秘技 306 统一求基本统计量

难易程度 ●●

这里是关键点！ describe()

使用Pandas的describe()方法可以求取以下基本统计量。

· 数据的数目。
· 平均数。
· 最大值和最小值。
· 标准差。
· 第1四分位数（25%）。
· 第2四分位数（50%）。
· 第3四分位数（75%）。

将所有数值按大小排列并分成四等份，处于中间位置的数值就是四分位数。

第1四分位数是四等分后最后一份数据的中间值，第2四分位数是下一范围的中间值。第3四分位数和第4四分位数同理，是再下一范围和最上层范围数据的中间值。

▼Pandas的导入和CSV文件的读入（describe.ipynb）

```
import pandas as pd
df = pd.read_csv('data.csv', encoding='gbk')  # CSV文件的读入
```

▼求基本统计量

```
df.describe() # 基本统计量
```

▼运行结果

	最高气温	冷饮的销售数量
count	30.000000	30.000000
mean	28.766667	209.733333
std	3.349558	116.482331
min	24.000000	61.000000
25%	26.000000	98.750000
50%	28.000000	197.500000
75%	31.750000	333.500000
max	35.000000	394.000000

11-5 相关分析

秘技 307 绘制图表，获知数据间的关联性

难易程度 ●●●

这里是关键点！ 根据散点图确认相关关系

世上存在很多的数据，它们看似各说各话、毫不相关，实际却在某些方面有着千丝万缕的联系。就比如说“多做新闻广告，销售额就会增加”“今年夏天天气炎热，冰淇淋卖得很好”。

对两个数据的关联性进行统计分析并用数值表示出来，这一过程就叫作“相关分析”。进行相关分析，就可以获知显示两者关系强弱的“相关系数”。通过观察相关系数，就可以通过系数这一客观数值获知它们的关系强弱。

●一元线性回归方程和“正相关”“负相关”“不相关”的关系

相关关系指两个数据之间存在某种法则。“一个数据增长，另一个也会增长”“一个数据增长，另一个会减少”，像这样的关系就是相关关系。

这样的相关关系中还包括比例关系。比例关系即用一元方程表示数据x和数据y，具体表示为$y=ax+b$，该方程式被称为“一元线性回归方程”。

• 一元线性回归方程

$$y=ax+b$$

y是“目的变量”，x是“解释变量”。a为“切片”（x为0时y的值），b表示直线的倾斜度（解释变量x的系数）。它们的关系是：a为正时若x的值增加，则y的值也增加；a为负时若x的值增加，则y的值减少。前者为正相关，后者为负相关。

另外，也有既不属于正相关，也不属于负相关的情况。所以，相关关系共包括3种模式，分别是正相关、负相关和不相关。

●何为相关系数

在相关分析中，相关系数的强弱和两种数据属于正相关还是负相关都由-1到+1范围之间的值表示，这就是“相关系数”。

• 相关系数属于0＜1的范围

正相关情况下，两个数据的增减方向是一致的。值越接近1，表示相关性越强，+1表示完全比例关系。

• 相关系数为0时

表示完全不相关。

• 相关系数属于-1<0的范围

负相关情况下，两个数据的增减方向是相反的。值越接近-1，表示负的相关性越强。

▼相关系数

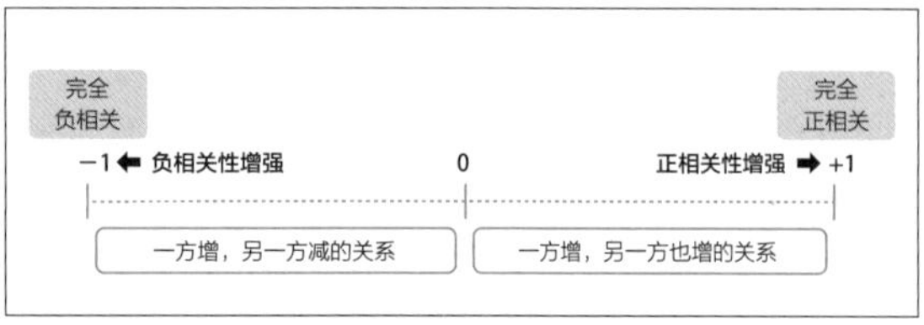

●由散点图看相关关系

我们可以使用散点图更直观地表示两个数据的相关关系。绘制散点图时需要注意：当两个数据间存在因果关系时，令“原因项”在横轴，“结果项”在纵轴。这是因为，随着原因的变化（随着表格向右移动），可以清楚地看到结果项，也就是另一个数据的变化程度。

下面我们来一起分析一下由夏天的每日气温和冷饮销售数据构成的散点图。

▼将data.csv文件读入数据框后输出

```
import pandas as pd
from matplotlib import pyplot as plt
%matplotlib inline

# CSV文件的读入
df = pd.read_csv('data.csv', encoding='gbk')

plt.plot(df['最高气温'],        # x轴为气温
         df['冷饮的销售数量'],  # y轴为销售数量
         'o'                    # 表示点
        )
plt.xlabel('temperatur')        # x轴标签
plt.ylabel('sales')             # y轴标签
```

▼创建的散点图

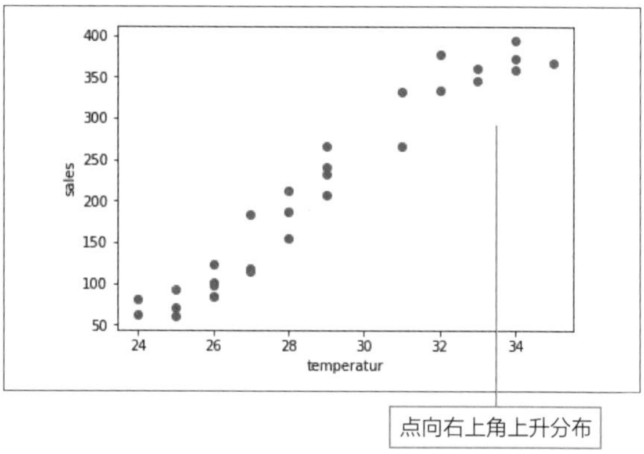

• plot()方法

绘制散点图。将第1个参数指定为分配到横轴(x)的数据，将第2个参数指定为分配到纵轴(y)的数据。将x与y相交的点绘制到图表中。另外，将由两列数据构成的数据框作为参数，则第1列为x的数据，第2列为y的数据。

形式	plot(分配到x轴的数据，分配到y轴的数据，'o')

气温越高，销售量越大。在散点图中，对气温（x轴）和当日冷饮的销售数量（y轴）的交叉部分做标记。像上图一样，“向右上角增长”的点阵排列方式表示“一方的值增加，另一方的值也增加”的关系，也就是正相关。

而与此相反的“向右下角增长”的点阵排列方式表示“一方的值增加，另一方的值减少”的关系，也就是负相关。另外，点分散分布即表示“两个数据间无明显关系”，也就是不相关。

秘技 308

求表示两数据间关系强弱的值

扫码看视频

难易程度 ●●●

这里是关键点！ 相关系数的计算

相关系数(r)即表示相关关系强弱的数值。r表示英文的correlation。相关系数一般为-1到1之间的值。

▼相关系数r

$-1 \leq r \leq 1$

相关系数的符号为正(+)时表示正相关，为负(-)时表示负相关。

而相关关系的强弱则由相关系数的绝对值$|r|$来表示。虽然没有明确规定具体多大的值才可称为相关，但一般是按照以下标准来判断相关性的强弱。

▼判断相关性强弱的标准

相关系数(绝对值)	相关性强弱
~0.3不包括0.3($|r|<0.3$)	几乎不相关
0.3~0.5不包括0.5($0.3 \leq |r|<0.5$)	相关性较弱
0.5~0.7不包括0.7($0.5 \leq |r|<0.7$)	相关
0.7以上($0.7 \leq |r|$)	相关性较强

相关关系(r)的计算公式非常复杂。

- **相关关系(r)的计算公式**

令x和y各自的样本标准差为$u_x u_y$，x和y的协方差为u_{xy}，则相关系数r为：

$$r=\frac{x\text{和}y\text{的协方差}(u_{xy})}{x\text{的样本标准差}(u_x)\times y\text{的样本标准差}(u_y)}=\frac{u_{xy}}{u_x \cdot u_y}$$

另外，令x和y的偏差积和为s_{xy}，x的偏差平方和为s_x^2，y的偏差平方和为s_y^2，则：

$$r=\frac{x\text{和}y\text{的偏差积和}s_{xy}}{\sqrt{x\text{的偏差平方和}(s_x^2)}\times\sqrt{y\text{的偏差平方和}(s_y^2)}}=\frac{s_{xy}}{s_x \cdot s_y}$$

NumPy中含有求相关系数的corrcoef()函数。

- **corrcoef()函数**

求相关系数，斯皮尔曼的等级相关系数。

形式	corrcoef(数据1，数据2)

将data.csv文件读入数据框中，求气温和冷饮销售量的相关系数。

▼数据的读入（corrcoef.ipynb）

```
import pandas as pd
import numpy as np

df = pd.read_csv('data.csv', encoding='gbk')
                                        # csv文件的读入
x  = df['最高气温']                      # 将第1列的数据代入矢量中
y  = df['冷饮的销售数量']                # 将第2列的数据代入矢量中
```

▼求气温和冷饮销售量的相关系数

```
# 求相关系数
np.corrcoef(x, y)
```

▼运行结果

```
array([[ 1.        ,  0.97024837],
       [ 0.97024837,  1.        ]])
```

相关系数为0.97024837。由“相关性强弱标准”可知，0.7以上即表示具备较强的相关性，因此根据统计，我们可获知气温和冷饮销售量的相关关系很强。

秘技 309

一元线性回归分析

难易程度 ●●●

这里是关键点！ 回归方程式$y=ax+b$

data.csv中汇总了30个夏日的气温和冷饮的销售数量。在前一条秘技中，我们已经知道气温和销售量之间有着很强的相关关系，本节将利用线性回归分析探究气温每上升1度，销售量增加多少。

●根据回归方程式求回归系数和常数项

使用具有相关关系的两个数据来分析数据的走向，为此我们可在这两个数据构成的散点图的点阵中心画一条直线。

▼在散点图中画直线

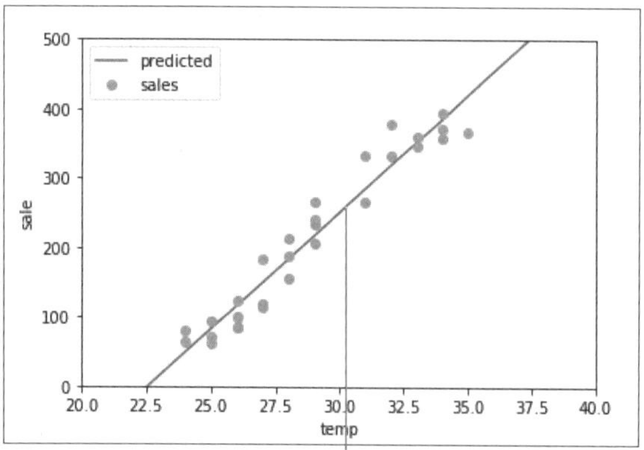

在点阵中心画了一条直线后，可以直观地观察数据走向

这样的直线被称为回归直线，而线性回归分析即利用回归直线进行模式化分析。为进行线性回归分析的回归直线必须满足以下条件。

· 通过两个数据的平均值的交叉部分。

· 与各点之间保持最近距离。

第1条并不难，但要满足第2个条件，就必须要用到一元线性回归方程。

• 一元线性回归方程

$y=ax+b$

y是“目的变量”，x是“解释变量”。气温和冷饮销售量的关系即气温为x，冷饮销售量为y。b为“切片”，即x为0时y的值。a被叫作“回归系数”，它表示直线的倾斜度。满足该方程的(x,y)表示的点在平面坐标的直线上。但是这也只是理想状态罢了，实际上会有很多点不在直线上，例如下图中的黑点。

▼与回归直线间的偏差

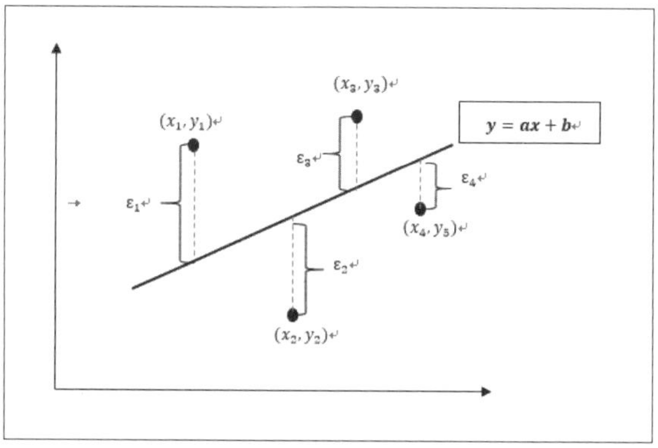

只在图中简单地标注了4个黑点，由于它们各自分散分布，所以都偏离了直线。另外，在y轴的方向上同样有偏离的ε，它将被作为基于x_i的y_i的偏差对象供我们研究。

与直线的偏差ε_i被称为“残差”。该残差为

$\varepsilon_1+\varepsilon_2+\varepsilon_3\cdots\cdots$

的合计，其值越小越好，但也会发生正向与负向残差相抵消的情况。因此我们将各残差乘方，然后合计乘方以求值能最小，表示如下。

$\varepsilon_1^2+\varepsilon_2^2+\varepsilon_3^2\cdots\varepsilon_n^2$

也就是说，对于

$y=ax+b$

这一方程式，我们用数学中的“最小二乘法”求残差ε_n^2的合计最小值。y为预测值，顶上付^。

当

$\hat{y}=ax+b$

时，实测值y与预测值的差为ε。即

$\varepsilon=\hat{y}-y$

ε是从一元线性回归方程得到的目的变量y的预测值和实测值间的误差。该误差被称为“残差”。对于数据的第i个个体，目的变量y的实测值和从一元线性回归方程得到的预测值间的残差为ε_i，即

$\varepsilon_i=y_i-\hat{y}=y_i-(ax_i+b)$

补充知识点

ε是被称为epsilon的希腊文，相当于罗马字母的e。由于它等同于Error的首字母，所以常被用作表误差的记号。

这样一来，进行如下计算就能获知残差的和（总量）。

$\varepsilon_1+\varepsilon_2+\cdots\cdots+\varepsilon_n$

但是如此一来，就会出现正负误差抵消为0的情况。为避免该情况，可以求残差的平方和。

残差平方和 $=\varepsilon_1^2+\varepsilon_2^2+\cdots\varepsilon_n^2$

残差平方ε^2合计为ε_n^2，残差平方和ε_n^2越小，一元线性回归方程就越能说明数据中的y。因此，为使ε_n^2尽可能小，就要决定a和b。这就是线性回归分析的决定方法，也就是最小二乘法。

令统计模块为$\hat{y}=ax+b$，实际数据与统计模块间的差的平方（残差平方ε^2）总数为ε_n^2，即

$$\sum\varepsilon_n^2=\sum\{y-(ax+b)\}^2$$

公式中的x、y是实测数据，a、b为未知数。

最小二乘法的目的是求ε_n^2最小时a和b的值。将该公式分解为偏微分联立方程式

$$\left.\begin{array}{l}\dfrac{\partial\varepsilon_n^2}{\partial a}=0\\\dfrac{\partial\varepsilon_n^2}{\partial b}=0\end{array}\right\}$$

就能解出ε_n^2最小时a和b的值。求解公式如下。

- **回归系数a(匹配直线的倾斜度)的计算公式**

$$a=\frac{n\cdot(\sum_{i=1}^{n}x_iy_i)-(\sum_{i=1}^{n}x_i)(\sum_{i=1}^{n}y_i)}{n\cdot(\sum_{i=1}^{n}x_i^2)-(\sum_{i=1}^{n}x_i)^2}$$

该公式还可以表示为如下形式。

$$a=\frac{\sum(x_i-\bar{x})(y_i-\bar{y})}{\sum(x_i-\bar{x})^2}=\frac{x\text{和}y\text{的偏差积和}}{x\text{的偏差平方和}}=\frac{s_xs_y}{s_{xx}}$$

- **偏差积和s_xs_y**

合计$(x-\bar{x})(y-\bar{y})$

计算x和y的偏差积和s_xs_y。偏差积和是求协方差时的分子部分。用样本量-1除偏差积和s_xs_y，得到协方差u_{xy}。

- **偏差平方和s_{xy}**

合计$(x-\bar{x})^2$

求x的偏差平方，计算偏差平方和s_{xy}。用数据个数除偏差平方和s_{xy}得方差（s^2），将其表示为s_x^2。

另外，通过以下公式求常数项b。

- **常数项b的计算公式**

$b=\bar{y}-\bar{x}a$

秘技 310

进行线性回归分析

扫码看视频

难易程度 ●●●

这里是关键点！ sklearn.linear_model.LinearRegression类

使用Python机器学习程序库中的scikit-learn创建线性回归模型，说明一元线性回归分析的步骤。scikit-learn随Anaconda一并安装，只需导入就能立刻使用。

scikit-learn中含有根据线性回归进行预测的类——linear_model.LinearRegression。

• sklearn.linear_model.LinearRegression()构造函数

生成LinearRegression类的实例。

形式	sklearn.linear_model.LinearRegression(fit_intercept=True, normalize=False, copy_X=True, n_jobs=1)	
参数	fit_intercept	若设为False，则不进行切片的计算。默认True
	normalize	若设为True，则提前将解释变量标准化。默认True
	copy_x	在存储器内复制数据后判断是否执行。默认True
	n_jobs	用于计算的作业数值。设为-1，则使用所有的CPU进行计算。默认值为1

• sklearn.linear_model.LinearRegression类的属性

可以通过以下属性参照分析结果的数值。

（续表）

属性	参照的值
coef_	回归系数
intercept_	切片的值

• sklearn.linear_model.LinearRegression类的方法

使用如下方法进行分析。

方法	说明
fit(x, y[, sample_weight])	执行线性回归模型
get_params([deep])	获取估测用参数
predict(x)	利用创建的模型进行预测
score(x, y[, sample_weight])	输出决定系数R^2
set_params(**params)	设定参数

使用下面的fit()方法进行线性回归分析。

• fit()方法

进行线性回归分析。

形式	fit(x, y[, sample_weight=None])	
参数	x	训练数据，属于解释变量。指定包含维度的矩阵
	y	目标值。必要时分配到x的dtype
	sample_weight=None	各样本的权重

此次对$y=ax+b$来说，y为最高气温，x为冷饮的销售量。具体表示如下。

```
model = linear_model.LinearRegression() # 创建LinearRegression对象
model.fit(x[:, np.newaxis], y)          # 进行线性回归分析
```

用于指定索引的括号中包含常数np.newaxis，所以可以令一维数组和矢量的列维度为1。对维持原有数组大小的次元用“:，”指定；在重新追加大小为1的维度时用np.newaxis指定。

上述x中包含了从数据框中取出的最高气温的列数据，如下所示。

```
0    26
1    25
2    26
3    24
4    25
5    24
……中间省略……
27   35
28   32
29   34
```

且其作为pandas.Series类的对象，属于一维结构的矢量。令

```
x[:, np.newaxis]
```

则如下图所示，变为列维度为1的矩阵。

```
[[26]
 [25]
 [26]
 [24]
 [25]
 [24]
……中间省略……
 [35]
 [32]
 [34]]
```

以上结果构成列维度为1的矩阵。

▼进行一元线性回归分析（linear_regression.ipynb）

```
import pandas as pd
import numpy as np
from sklearn import linear_model
%matplotlib inline
from matplotlib import pyplot as plt

df = pd.read_csv('data.csv', encoding='gbk')
x  = df['最高气温']                              # 将解释变量数据代入x
y  = df['冷饮的销售数量']                          # 将目的变量数据代入y
model = linear_model.LinearRegression()         # 创建LinearRegression对象
model.fit(x[:, np.newaxis], y)                  # 进行线性回归分析

print(model.coef_, model.intercept_)            # 获取系数a和切片b
```

▼运行结果

```
[ 33.74080525] -760.877164225
```

• **回归系数*a***

表示回归直线倾斜度的回归系数*a*为33.74080525。这是在求回归直线的系数*a*和切片*b*时，最小残差平方和的联立方程式的解。

$$\sum \varepsilon_n^2=\sum \{y-(ax+b)\}^2$$

• **切片*b***

切片*b*为－760.877164225。

本次所求回归系数*a*为33.74080525，常数项*b*为-760.877164225，令其为一元回归方程式，则

$$y=33.741x-760.877$$

表示直线倾斜度的回归系数*a*为33.741，是正数。所以最高气温越高，销售量越高，二者是正相关的关系。

而表示切片的常数项*b*，其值为负数-760.877。当x轴的最高气温为0时，*y*的值将是一个相当大的负值。

实测数据中，最高气温的最小值为24℃，最大值是35℃。在该区间中，若气温上升1℃，销售量增加33.741个。该值即为回归系数的值，它表示一元回归方程式的直线倾斜度。

●预测最高气温为30℃、31℃、36℃时的销售量

在刚才的回归方程式的*x*中代入最高气温，即可预测冷饮销售量。另外，使用LinearRegression类的predict()方法也可进行预测，本次我们选用该方法进行操作。

▼预测最高气温为30℃时的销售量

```
print(model.predict(30)) # 气温为30℃时的销售量预测
print(model.predict(36)) # 气温为36℃时的销售量预测
```

▼运行结果

```
[ 251.34699314]
[ 453.79182461]
```

气温为30℃时，预测销售量约251；气温为36℃时，预测销售量约454。

●在散点图上标示回归直线

绘制散点图，使用分析结果标示回归直线。

▼绘制散点图，标示回归直线

```
xx = np.arange(20, 40)              # 生成20～40的等差数列
yy = model.predict(xx[:, np.newaxis])# 根据回归分析结
                                       果的xx预测y的值
plt.plot(xx, yy, label='predicted')# 标示回归直线
plt.plot(x, y, 'o', label='sales') # 绘制x、y的散点图
```

```
plt.xlabel('temp')                    # x轴的标签
plt.ylabel('sale')                    # y轴的标签
plt.xlim(20, 40)                      # 设置x轴的范围
plt.ylim(0, 500)                      # 设置y轴的范围
plt.legend()                          # 表示图例
```

实测数据中，最高气温的最小值为24℃，最大值是35℃。在该区间中，若气温上升1℃，销售量增加33.741个。

▼运行结果

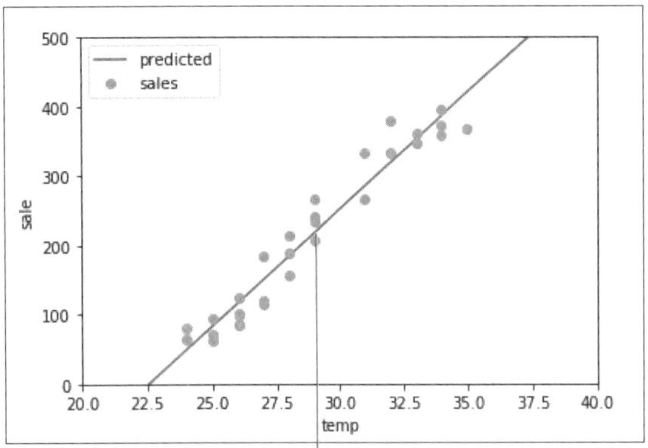

在点开始分布的地方标示回归直线

●决定系数R^2

决定系数(R^2)用以测度回归模型对样本数据的拟合程度，即评判一元回归方程式的可信赖程度。决定系数和调整后的决定系数越接近1，回归模型（直线）对样本数据的拟合程度就越高。

· **决定系数**

$$R^2=\frac{s_{\hat{y}\hat{y}}}{s_{yy}}$$

▼求决定系数R^2

```
print(model.score(x[:, np.newaxis], y)) # 决定系数
```

▼运行结果

```
0.941381899468
```

R^2的值在0到1之间，所以它越接近1，回归方程式的精度就越高。从运行结果的0.9414来看，该回归方程式的精度非常高。

秘技 **311** ▸难易程度 ●●●

多重线性回归分析

这里是关键点! 回归方程式$y=a_1x_1+a_2x_2+a_3x_{3+}\cdots+b$

当预测用到的数据超过两个时，就要从多重回归分析的角度来考虑。

汇总20家零售连锁店的年销售额及其他项目数据。包括:

· 附近的竞争店铺数量。

· 服务满意度（将问卷调查的结果数值化，该问卷将满意度划分为5个等级）。

· 商品的完备程度。

▼20家零售连锁店的年销售额及竞争店铺数、服务满意度、商品的完备程度数据（将sales.csv读入到数据框后将其输出）

	店铺	销售额	竞争店	满意度	商品的完备程度
0	赤坂店	7990	0	4	4
1	溜池店	8420	1	4	5
2	广尾店	3950	3	2	3
3	麻布店	6870	2	4	4
4	麻布十号	4520	3	3	2
5	惠比寿店	3480	2	3	3
6	高轮店	8900	0	4	4
7	西五反田	6280	1	3	3
8	东五反田	8180	1	3	4
9	不动前店	5330	1	3	3
10	饭仓店	3090	2	2	3
11	涉谷店	8600	0	3	4
12	中目黑店	3880	1	3	2
13	南青山店	7400	3	4	3
14	北青山店	4540	3	3	3
15	芝公园店	3450	2	3	3
16	泉岳寺店	2350	3	2	2
17	乃木坂店	8510	1	4	4
18	表参道店	4450	3	3	3
19	神宫前店	5320	2	3	2

```
print('竞争店\n', np.corrcoef(df['竞争店'], y))
```

●解释变量为复数时的多重回归分析

在秘技310“进行线性回归分析”中，只根据单一原因进行数据预测，例如“气温”对“销售量”。

▼气温和销售量的关系

· 销售量 ←—— 目的变量（y）
· 气温 ←—— 解释变量（x）

一元回归分析的方程式为$y=ax+b$。

其中x是“解释变量”，y是“目的变量”；x是原因，y是结果。a是表示直线倾斜度的“回归系数”，b的“常数项（切片）”是x为0时的y的值。只要具备“要预测的数据”和“预测用的数据”这两种数据，即可进行一元回归分析。本次想要预测的数据是“销售额”，而预测用的数据超过了两个，因此无法使用一元回归分析。

在一元回归分析方法的基础上进一步扩展，使用两个以上的原因（解释变量）进行预测即为“多重回归分析”。使用该方法，可以从下列多个原因中推导出结果（预测值）。

- “气温”“湿度”→销售额
- “气温”“降水概率”→销售额
- “商品数”“店铺面积”→销售额
- “开展宣传活动的天数”“降价率”“宣传页的发放数量”→销售额
- “活动天数”“会场面积”“到车站的距离”→到场人数

进行分析时的“用于预测的数据”从理论上来说不限量。

●多重回归分析的方程式

与一元回归分析的方程式$y=ax+b$相比，多重回归分析中解释变量x的数量增加了，所以方程式中ax的组合也有所增加。解释变量为x_1、x_2、x_3时的多重回归分析的方程式表示如下。

• 多重回归分析的回归方程式

$$y=a_1x_1+a_2x_2+a_3x_3+\cdots+b$$

也就是说，只要预测用数据增加，构成方程式的元素就会增加。利用竞争店的数量和顾客满意度来预测销售量时，表示如下。

$$\text{销售额} = a_1 \times \text{竞争店的数量} + a_2 \times \text{顾客满意度} + b$$

通过下面的计算公式求多重回归方程式的常数项和系数。

• 求取多重回归方程式中常数项的计算公式

对于包含3个变量（x_i、y_i、z_i）的n的数据，z为目的变量，x、y为解释变量，c为常数项，则在多重回归方程式

$$z=ax+by+c\ (a,\ b,\ c\text{为常数})$$

中，使用计算公式

$$c=\bar{z}-a\bar{x}-b\bar{y}$$

求常数项c。

• 求取多重回归方程式中系数a、b和常数项的计算公式

对于包含3个变量（x_i、y_i、z_i）的n的数据，z为目的变量，x，y为解释变量，c为切片，则在多重回归方程式

$$z=ax+by+c\ (a,\ b,\ c\text{为常数})$$

中，使用下列计算公式求常数项c。

· x的偏差平方和　s_{xx}
· y的偏差平方和　s_{yy}
· x和y的偏差积和　s_{xy}
· x和z的偏差积和　s_{xz}
· y和z的偏差积和　s_{yz}

$$\begin{pmatrix} a \\ b \end{pmatrix} = \begin{pmatrix} s_{xx} & s_{xy} \\ s_{xy} & s_{yy} \end{pmatrix}^{-1} \begin{pmatrix} s_{xz} \\ s_{yz} \end{pmatrix}$$

汇总以上操作后，可以得到下面的方程式。

• 多重回归分析的回归方程式

对于包含3个变量（x_i、y_i、z_i）的n的数据，z为目的变量，x、y为解释变量，c为常数项，则在多重回归方程式

$$z=ax+by+c\ (a,\ b,\ c\text{为常数})$$

中，使用

$$\begin{pmatrix} a \\ b \end{pmatrix} = \begin{pmatrix} s_{xx} & s_{xy} \\ s_{xy} & s_{yy} \end{pmatrix}^{-1} \begin{pmatrix} s_{xz} \\ s_{yz} \end{pmatrix}$$

求回归系数a、b，使用

$$c = \bar{z} - a\bar{x} - b - \bar{y}$$

求常数项c。

秘技 312

多重回归分析的变量相关性调查

扫码看视频

难易程度 ●●●

这里是关键点！ cor(对象数据)

作为解释变量的各原因与目的变量间实际相关性有多强？进行多重回归分析的重要内容之一就是调查相关性。

sales.csv中汇总了3个项目的原因，接下来我们就将这些相关系数汇总并进行调查。

▼调查3个项目原因的相关系数（multiple_regression.ipynb）

```
import pandas as pd
import numpy as np
from sklearn import linear_model

# 读入文件并保存到df中
df = pd.read_csv('sales.csv', encoding='gbk')

# 求竞争店的数量和销售额的相关系数
print('竞争店\n', np.corrcoef(df['竞争店'], df['销售额']))
# 求顾客满意度和销售额的相关系数
print('满意度\n', np.corrcoef(df['满意度'], df['销售额']))
# 求商品的完备程度和销售额的相关系数
print('商品的完备程度\n', np.corrcoef(df['商品的完备程度'], df['销售额']))
```

▼运行结果

```
竞争店
[[ 1. -0.6692924] [-0.6692924 1. ]]
满意度
[[ 1. 0.77567537] [ 0.77567537 1. ]]
商品的完备程度
[[ 1. 0.78037688] [ 0.78037688 1. ]]
```

“竞争店”为-0.6692924，呈负相关，也就是值越小，销售额越大。“满意度”为0.77567537，“商品的完备程度”为0.78037688，都呈正相关，也就是随着值的增长，销售额也会不断增加。

秘技 313

根据与销售额相关的3个原因预测销售额

扫码看视频

难易程度 ●●●

这里是关键点！ sklearn.linear_model.LinearRegression类

理论上多重回归分析中的解释变量数量不受限。但也并不是解释变量的数量越多，做出的预测就越正确。如果不是数据（解释变量）自身富有含义，而只是单纯地增加数量，就没有任何意义。

以想要预测的数据和预测用的数据（解释变量）间相关性的强度为前提，为使预测精确度更高，只需选择“真正需要的数据”，同时鉴别不必要的数据并将其舍弃掉。

另外需要注意的是“预测用数据（解释变量）间的关联性不能过强”。若解释变量间的关联性过强，通过分析得到的系数符号可能会逆转。

就以下我们要进行分析的sales.csv的数据而言，解释变量的相关数值都符合要求，所以我们可以使用全部解释变量进行分析。

●对数据中的所有解释变量进行多重回归分析

无论是多重回归分析还是一元回归分析，就LinearRegression对象而言，都通过fit()方法进行操作。

▼使用全部解释变量进行多重回归分析（multiple_regression.ipynb）

```
import pandas as pd
import numpy as np
from sklearn import linear_model
%matplotlib inline
from matplotlib import pyplot as plt

# 读入文件并保存到df中
df = pd.read_csv('sales.csv', encoding='gbk')

x = df.iloc[:, 2:5]                          # 竞争店、满意度、商品的完备程度
y = df['销售额']                              # 销售额的列
model = linear_model.LinearRegression()      # 创建LinearRegression对象
model.fit(x, y)                              # 进行多重线性回归分析

print('回归系数:', model.coef_)              # 获取系数a
print('切片    :', model.intercept_)         # 获取切片b
print('决定系数:', model.score(x, y))        # 获取决定系数
```

▼运行结果

```
回归系数: [ -534.36299509  1413.39831276   942.08283685]
切片    : -782.952671465
决定系数: 0.802449336563
```

●确认系数和切片

确认所有预测用数据（解释变量）的系数（回归系数），使其适用回归方程式

$$y=a_1x_1+a_2x_2+a_3x_3+\cdots+b$$

的a_1和a_2部分。

```
销售额 = -782.952671465
         + (-534.36299509) × 竞争店的数据
         + 1413.39831276   × 服务满意度的数据
         + 942.08283685    × 商品完备程度的数据
```

决定系数R^2的值为0.802449336563。3个解释变量提供了约80%的概率，表示能够说明情况。

●根据多重回归方程式，在散点图上比较预测值和实测值

使用散点图和直线来确认我们获取的多重回归方程式是否准确。使用x轴、y轴上的实测值（销售额）标示直线。然后标出一点，使其在x轴取实测值，在y轴取预测值。若预测值与实测值完全吻合，则应该所有的点都在直线上。

▼绘制散点图，标示回归直线

```
predict = model.predict(x)
# 标示x=y的直线
plt.plot(np.linspace(min(y),max(y)),  # x轴: y的值
         np.linspace(min(y),max(y))   # y轴: y的值
         )
# 绘制散点图，令实测值为横轴，预测值为竖轴
plt.plot(y,                           # x轴: y的值
         predict,                     # y轴: 预测值
         'o'
        )
plt.xlabel('y')                       # x轴标签
plt.ylabel('predict(y)')              # y轴标签
```

利用NumPy的linspace()函数创建等差数列。

• numpy.linspace()函数

形式	numpy.linspace(start, stop, num=50, endpoint=True, retstep=False, dtype=None)

▼运行结果

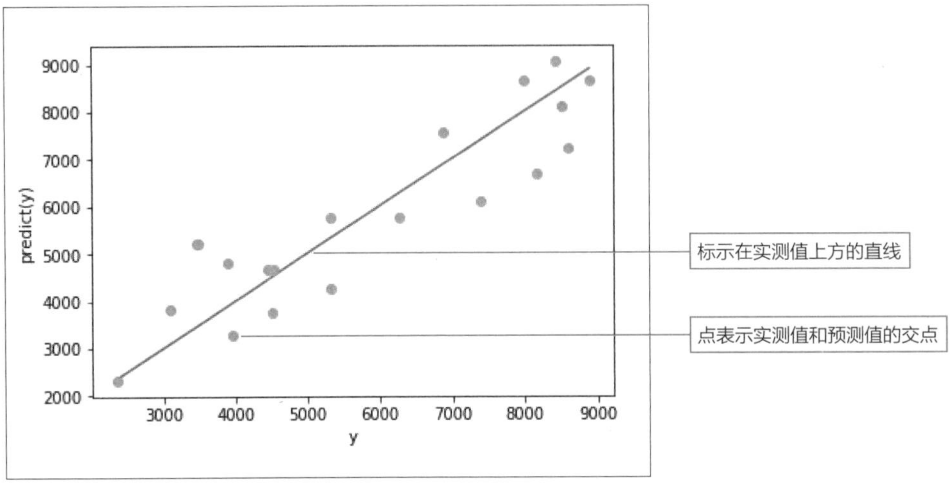

由于是预测，所以与实测值之间存在一定的误差，但预测值大致沿实测值方向分布（吻合）。